国家骨干高职院校建设项目教材

水环境监测技术

主　编　李　娟

副主编　林芳莉　夏宏生

主　审　杨冠东

中国水利水电出版社

www.waterpub.com.cn

内 容 提 要

　　本教材是国家骨干高职院校建设项目重点建设专业——水政水资源管理专业核心课程教材之一，依据国家骨干建设专业人才培养方案和课程建设的目标与要求，按照校企专家共同讨论制定的课程标准进行编写。本教材注重实践技能的培养，涵盖了水环境监测的基本工作过程。主要内容包括：了解水环境监测；水环境调查及监测方案制定；水样的采集、运输和保存；水质监测实验室基本知识；水质分析；水质自动监测系统；水环境监测报告的编制；综合实训。

　　本教材为高职高专水政水资源管理专业教学用书，也可作为相关专业教学用书或水环境监测岗位培训及水环境监测技术人员的参考用书。

图书在版编目（ＣＩＰ）数据

水环境监测技术 / 李娟主编. -- 北京 ：中国水利
水电出版社，2013.12（2021.6重印）
国家骨干高职院校建设项目教材
ISBN 978-7-5170-1583-3

Ⅰ．①水… Ⅱ．①李… Ⅲ．①水环境－环境监测－高
等职业教育－教材 Ⅳ．①X832

中国版本图书馆CIP数据核字(2013)第318360号

书　　名	国家骨干高职院校建设项目教材 **水环境监测技术**
作　　者	主编 李娟　　副主编 林芳莉 夏宏生　　主审 杨冠东
出版发行	中国水利水电出版社 (北京市海淀区玉渊潭南路1号D座　100038) 网址：www. waterpub. com. cn E - mail：sales@ waterpub. com. cn 电话：(010) 68367658（营销中心）
经　　售	北京科水图书销售中心（零售） 电话：(010) 88383994、63202643、68545874 全国各地新华书店和相关出版物销售网点
排　　版	中国水利水电出版社微机排版中心
印　　刷	天津嘉恒印务有限公司
规　　格	184mm×260mm　16开本　15.75印张　373千字
版　　次	2013年12月第1版　2021年6月第3次印刷
印　　数	3501—6500册
定　　价	**52.00元**

前言

本教材是国家骨干高职院校建设项目重点建设专业——水政水资源管理专业核心课程教材之一。

本教材针对高职高专教育的特点和培养目标，尽量做到基本知识和原理简明扼要，教学内容与实际工作一致，突出专业素质和技能的培养。教材以水环境监测工作过程为主线进行设计，共设置了8个学习情景，依次从水环境的调查、监测方案的制定、水样的采集、水样的分析测定、数据分析处理、水环境监测报告的编制几个环节进行了介绍，通过各个单项技能的培养，最终形成水环境监测的综合技能。

本教材由广东水利电力职业技术学院李娟任主编，林芳莉、夏宏生担任副主编。参加编写工作的有广东水利电力职业技术学院李娟（情景1、情景2、情景3、情景8）、广东水利电力职业技术学院林芳莉（情景4、情景5部分实验）、广东水利电力职业技术学院夏宏生和深圳水务集团东湖水厂钟雯（情景5）、中山市环境监测站彭海辉（情景6）、海河流域水环境监测中心崔文彦和天津市中水科技咨询有限责任公司宋秋波（情景7）。全书由李娟统稿，广州市微生物研究所杨冠东主审。

本教材在编写过程中，参考了大量行业内的规范和标准以及水环境监测方面的教材和专著，并邀请行业内的专家对书稿的编写进行了指导和审阅。在此，谨对参考文献的原作者和对本教材提出宝贵意见的行业专家表示衷心的感谢。

由于编者水平有限，教材中难免有疏漏和欠妥之处，敬请读者批评指正。

编者

2013 年 8 月

目录

情景 1　了解水环境监测

学习目标：本情景介绍了水环境监测的基本知识以及水质指标和水质标准。通过本情景的学习，应具备以下单项技能：

（1）了解水环境监测的基本程序。

（2）熟悉各类水环境监测项目。

（3）初步了解水环境监测的主要分析方法及其分类。

（4）熟悉各类水质指标，并了解其常用测定方法。

（5）熟悉各类水质标准，能参照水质标准判断水质类别。

应形成的综合技能：

（1）能查找相应水质标准，依据水质监测数据判断水质类别。

（2）能读懂各类水质检测报告。

1.1　水资源及水环境质量状况

1.1.1　中国水资源量及其分布

据我国水利部门 20 世纪 80 年代水资源评价的工作结果显示，我国的淡水资源总量为 28124 亿 m^3，其中多年平均地表水资源量为 27115 亿 m^3，多年平均地下水资源量为 8288 亿 m^3，两者重复量为 7279 亿 m^3。我国的淡水资源总量居世界第 6 位，但因人口基数大，人均淡水占有量仅为 2220 m^3，仅是世界平均水平的 1/4，美国的 1/5，加拿大的 1/48，被列为 13 个贫水国家之一。有资料显示，目前我国有 400 多个城市缺水，110 个城市严重缺水。

其次，我国的水资源地区分布极不平衡。总的趋势是南多北少，数量相差悬殊，占全国面积 1/3 的长江以南地区拥有全国 4/5 的水量，而面积广大的北方地区只拥有不足 1/5 的水量，其中西北内陆的水资源量仅占全国的 4.6％。由此可见，水资源的地区分布与人口、土地资源、矿产资源的配置很不适应。据水资源评价工作结果，全国各流域的水资源总量统计见表 1-1 和图 1-1。

表 1-1　　　　　　　　　全国各流域的水资源总量统计表

流域片	多年（1956～1979 年）平均值					2000 年				
	降水量	地表水资源量	地下水资源量	重复量	水资源总量	降水量	地表水资源量	地下水资源量	重复量	水资源总量
黑龙江流域片	4476	1166	431	245	1352	5416	1123	578	306	1395
辽河流域片	1901	487	194	105	577					

续表

流域片	多年（1956~1979 年）平均值					2000 年				
	降水量	地表水资源量	地下水资源量	重复量	水资源总量	降水量	地表水资源量	地下水资源量	重复量	水资源总量
海河流域片	1781	288	265	132	421	1559	125	222	78	270
黄河流域片	3691	661	406	324	744	3043	456	352	242	566
淮河流域片	2830	741	393	173	961	3062	877	499	143	1233
长江流域片	19360	9513	2464	2364	9613	19561	9924	2516	2408	10032
珠江流域片	8967	4685	1115	1092	4708	8549	4401	1110	1082	4429
浙闽台诸河片	4216	2557	613	578	2592	3724	2117	547	535	2129
西南诸河片	9346	5853	1544	1544	5853	9518	6122	1691	1689	6123
内陆诸河片	5113	1064	820	722	1200	5660	1416	988	880	1523
全　国	61889	27115	8288	7279	28124	60092	26561	8503	7363	27700

注　1. 按全国 1956~1979 年共 24 年同步期资料统计。
　　2. 和多年平均相比，1956~1979 年资料统计结果，北方河流偏丰 10%~20%，南方河流偏枯 5%~10%。

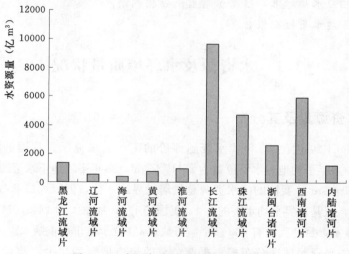

图 1-1　中国各流域片水资源总量统计

全国各省（自治区、直辖市）水资源总量统计见表 1-2 和图 1-2。

表 1-2　　　　　　　全国各省（自治区、直辖市）水资源总量统计

行政区	多年（1956~1979 年）平均值					2000 年				
	降水量	地表水资源量	地下水资源量	重复量	水资源总量	降水量	地表水资源量	地下水资源量	重复量	水资源总量
北京	105	25	26	11	40	74	6	15	5	17
天津	68	11	6	2	15	48	1	3	1	3
河北	1034	167	146	76	237	901	69	118	42	144
山西	831	115	95	66	144	734	48	68	34	82
内蒙古	3183	371	248	113	506	2500	247	233	111	370

行政区	多年（1956～1979 年）平均值					2000 年				
	降水量	地表水资源量	地下水资源量	重复量	水资源总量	降水量	地表水资源量	地下水资源量	重复量	水资源总量
辽宁	1000	325	106	67	363	735	105	75	42	137
吉林	1140	345	110	65	390	1048	306	110	64	352
黑龙江	2481	647	269	141	776	2213	479	268	127	620
上海	65	19	12	4	27	76	31			31
江苏	1017	249	115	39	325	1103	319	143	34	429
浙江	1597	885	213	201	897	1683	949	211	195	965
安徽	1590	617	167	107	677	1575	555	189	100	643
福建	2023	1168	306	306	1169	2333	1306	379	378	1307
江西	2660	1416	323	316	1422	2739	1452	345	342	1454
山东	1110	264	154	83	335	931	164	142	54	252
河南	1290	311	199	102	408	1644	476	281	87	670
湖北	2166	946	291	256	981	2229	974	299	265	1008
湖南	3020	1620	375	368	1627	3126	1759	438	432	1766
广东	3757	2111	545	522	2134	2975	1598	429	417	1609
广西	3621	1880	398	398	1880	3197	1592	385	385	1592
海南						737	443	99	84	458
重庆						1023	598	96	96	598
四川	5889	3131	802	799	3134	4508	2651	616	613	2654
贵州	2094	1035	259	259	1035	2290	1217	290	290	1217

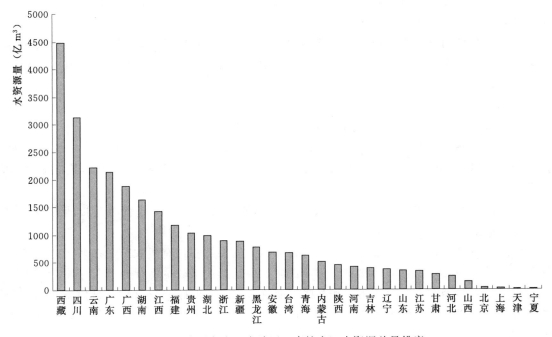

图 1-2　中国各省（自治区、直辖市）水资源总量排序

1.1.2 水环境质量状况

由于人口的不断增长和工业的迅速发展，废污水不断排入江河湖泊，使水中原有的物质组成发生变化，严重的甚至破坏已有的生态平衡，致使水体污染日趋严重。水体被污染后失去了使用价值，使我国原本就较贫乏的水资源进一步形成污染性短缺，加剧了缺水的危机。

1.1.2.1 水污染的分类

水污染分为生物污染、物理污染和化学污染3类。

1. 生物污染

生活污水，特别是医院污水和某些工业废水污染水体后，往往会带入一些病原微生物。例如，某些原来存在于人畜肠道中的病原细菌，如伤寒、副伤寒、霍乱细菌等都可以通过人畜粪便的污染而进入水体，随水流动而传播。一些病毒，如肝炎病毒、腺病毒等也常在污染水中发现。某些寄生虫病，如阿米巴痢疾、血吸虫病、钩端螺旋体病等也可通过水进行传播。防止病原微生物对水体的污染也是保护环境，保障人体健康的一大课题。

2. 物理污染

（1）悬浮物质污染。悬浮物质是指水中含有的不溶性物质，包括固体物质和泡沫塑料等。它们是由生活污水、垃圾和采矿、采石、建筑、食品加工、造纸等产生的废物泄入水中或农田的水土流失所引起的。悬浮物质影响水体外观，妨碍水中植物的光合作用，减少氧气的溶入，对水生生物不利。

（2）热污染。来自各种工业过程的冷却水，若不采取措施，而是直接排入水体，可能引起水温升高、溶解氧含量降低、水中存在的某些有毒物质的毒性增加等现象，从而危及鱼类和水生生物的生长。

（3）放射性污染。由于原子能工业的发展，放射性矿藏的开采，核试验和核电站的建立以及同位素在医学、工业、研究等领域的应用，使放射性废水、废物显著增加，造成一定的放射性污染。

3. 化学污染

污染杂质为化学物品而造成的水体污染。化学性污染根据具体污染杂质可分为6类。

（1）无机污染物质。污染水体的无机污染物质有酸、碱和一些无机盐类。酸碱污染使水体的 pH 值发生变化，妨碍水体自净作用，还会腐蚀船舶和水下建筑物，影响渔业。

（2）无机有毒物质。污染水体的无机有毒物质主要是重金属等有潜在长期影响的物质，主要有汞、镉、铅、砷等元素。

（3）有机有毒物质。污染水体的有机有毒物质主要是各种有机农药、多环芳烃、芳香烃等。它们大多是人工合成的物质，化学性质很稳定，很难被生物所分解。

（4）需氧污染物质。生活污水和某些工业废水中所含的碳水化合物、蛋白质、脂肪和酚、醇等有机物质可在微生物的作用下进行分解。在分解过程中需要大量氧气，故称之为需氧污染物质。

（5）植物营养物质。其主要是生活与工业污水中的含氮、磷等植物营养物质，以及农田排水中残余的氮和磷。

（6）油类污染物质。其主要指石油对水体的污染，尤其海洋采油和油轮事故污染最甚。

1.1.2.2　水污染与水环境现状

社会的不断发展使水资源的需求量日益增加，同时污废水的排放量也与日俱增。大量排放的污废水进入到天然的水体，使天然水体的水质发生恶化，妨碍了天然水体的正常功能，对水生生物以及人类的生产生活用水造成了不良影响，进而使水环境受到持续的污染。

据联合国环境规划署提供的资料显示，20世纪80年代以来，发展中国家水体污染日趋严重，已知的常见疾病中大约80％与水污染和饮水不卫生有关，全世界有10亿人由于饮用水被污染而受到疾病传染蔓延的威胁。中国预防医学科学院环境卫生监测所进行的饮用水监测也显示，中国的水质量问题已经非常严重，全国26个省、自治区的180个县市，有43.4％的人在喝着不安全的水。据2003年公布的中国地下水资源评价与战略问题研究显示，全国约有一半城市市区的地下水污染比较严重，地下水水质呈下降趋势，按照《地下水质量标准》进行区域评价，按分布面积统计，有63％的地下水资源可供直接饮用，17％需经适当处理后方可饮用，12％不适宜饮用但可作工农业供水水源，约8％的地下水不能直接利用，需要经过专门处理后才能利用。水环境恶化已成为经济社会可持续发展的一大隐忧。

据《2011年中国环境状况公报》报道，长江、黄河、珠江、松花江、淮河、海河、辽河、浙闽片河流、西南诸河和内陆诸河十大水系监测的469个国控断面中，Ⅰ～Ⅲ类、Ⅳ～Ⅴ类和劣Ⅴ类水质断面比例分别为61.0％、25.3％和13.7％。主要污染指标为化学需氧量、5日生化需氧量和总磷。十大水系水质类别比例见图1-3。

以珠江水系为例，珠江水系水质总体良好，33个国控断面中，Ⅰ～Ⅲ类、Ⅳ～Ⅴ类和劣Ⅴ类水质断面比例分别为84.8％、12.2％和3.0％。干流水质良好，15个国控断面中，Ⅰ～Ⅲ类和Ⅳ类水质断面比例分别为86.7％和13.3％，与上年相比，水质无明显变化。珠江广州段为轻度污染，主要污染指标为石油类和氨氮。珠江支流水质总体为优，14个国控断面中，Ⅰ～Ⅲ类和劣Ⅴ类水质断面比例

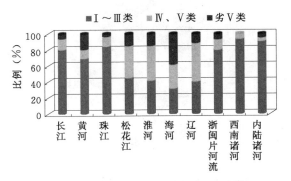

图1-3　2011年十大水系水质类别比例

分别为92.9％和7.1％，与上年相比，水质无明显变化，深圳河污染严重，主要污染指标为氨氮、总磷和5日生化需氧量。

监测的26个国控重点湖泊（水库）中，Ⅰ～Ⅲ类、Ⅳ～Ⅴ类和劣Ⅴ类水质的湖泊（水库）比例分别为42.3％、50.0％和7.7％，主要污染指标为总磷和化学需氧量（总氮不参与水质评价）。中营养状态、轻度富营养状态和中度富营养状态的湖泊（水库）比例分别为46.2％、46.1％和7.7％。具体见表1-3。

表 1－3　　　　　　　　　　　2011年重点湖泊（水库）水质状况

湖泊(水库)类型	Ⅰ类	Ⅱ类	Ⅲ类	Ⅳ类	Ⅴ类	劣Ⅴ类	主要污染指标
三湖*	0	0	0	1	1	1	总磷、化学需氧量
大型淡水湖	0	0	1	4	3	1	
城市内湖	0	0	2	3	0	0	
大型水库	1	4	3	1	0	0	

* 三湖是指太湖、滇池和巢湖。

三湖中，太湖湖体水质总体为Ⅳ类，主要污染指标为总磷和化学需氧量，与上年相比水质无明显变化，湖体总体为轻度富营养状态；滇池湖体水质总体为劣Ⅴ类，主要污染指标为化学需氧量和总磷，与上年相比，水质无明显变化，湖体总体为中度富营养状态，与上年相比，营养状态由重度富营养好转为中度富营养；巢湖湖体水质总体为Ⅴ类，主要污染指标为总磷、石油类和化学需氧量，与上年相比，湖体水质由Ⅳ类变为Ⅴ类，水质有所下降，湖体总体为轻度富营养状态。

除"三湖"外监测的其他9个大型淡水湖泊，达赉湖为劣Ⅴ类水质，洪泽湖、南四湖和白洋淀为Ⅴ类水质，博斯腾湖、洞庭湖、镜泊湖和鄱阳湖为Ⅳ类水质，洱海为Ⅲ类水质，主要污染指标为化学需氧量、总磷和氨氮。

监测的5个城市内湖中，东湖（武汉）、玄武湖（南京）和昆明湖（北京）为Ⅳ类水质，西湖（杭州）和大明湖（济南）为Ⅲ类水质，主要污染指标为总磷和5日生化需氧量。

监测的9座大型水库中，千岛湖（浙江）为Ⅰ类水质，丹江口水库（湖北、河南）、密云水库（北京）、门楼水库（山东）和大伙房水库（辽宁）为Ⅱ类水质，于桥水库（天津）、崂山水库（山东）和董铺水库（安徽）为Ⅲ类水质，松花湖（吉林）为Ⅳ类水质。

全国共200个城市开展了地下水水质监测，共计4727个监测点。优良—良好—较好水质的监测点比例为45.0%，较差—极差水质的监测点比例为55.0%，具体见图1－4。其中，4282个监测点有连续监测数据，与上年相比，17.4%的监测点水质好转，67.4%的监测点水质保持稳定，15.2%的监测点水质变差。

全国废水排放总量为652.1亿t，其中化学需氧量排放总量为2499.9万t，氨氮排放总量为260.4万t，具体见表1－4。

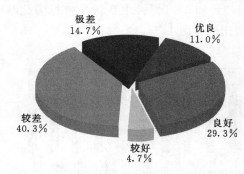

图1－4　2011年全国地下水水质类别比例

表 1－4　　　　　　　　　　　2011年全国废水中主要污染物排放量

COD（万t）					氨氮（万t）				
排放总量	工业源	生活源	农业源	集中式	排放总量	工业源	生活源	农业源	集中式
2499.9	355.5	938.2	1186.1	20.1	260.4	28.2	147.6	82.6	2.0

全国近岸海域水质总体一般，主要污染指标为无机氮和活性磷酸盐。四大海区中，黄海近岸海域水质良好，南海近岸海域水质一般，渤海和东海近岸海域水质差，见图1－5

和图1-6。9个重要海湾中，黄河口和北部湾水质良好，胶州湾和辽东湾水质差，渤海湾、长江口、杭州湾、闽江口和珠江口水质极差。

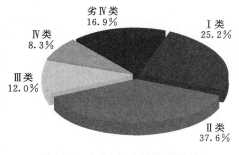

图1-5　2011年全国近岸海域
水质类别比例

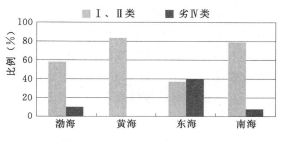

图1-6　2011年四大海区近岸
海域水质类别比例

总体来说，较之往年的统计数据，水污染问题因为政府部门的重视与投入，取得了一定的改善，但是我国水污染形势仍然严峻，需要长期、持续地对水环境进行密切的监测、严格的控制及积极的治理，才能有望实现水资源的可持续发展。

1.2　水 环 境 监 测

1.2.1　水环境监测的对象和目的

为了保护水资源，防治水污染，必须对水环境进行监测，加强水环境污染的分析工作，弄清污染物的来源、种类、分布迁移、转化和消长规律。

水环境监测的对象，可分为受纳水体的水质监测和水的污染源监测。前者包括地表水（如江、河、湖、库、大海等）和地下水；后者包括工业废水、生活污水、医院污水等。

水环境监测就是通过适当的方法对影响环境质量的因素（即环境质量指标）的代表值进行测定，从而确定水环境质量及其变化趋势，为水环境研究、规划、管理和污染防治等提供基础资料和科学依据。水环境监测为国家合理开发、利用和保护水资源提供系统的水质资料，是一项非常重要的基础工作。

1.2.2　水环境监测的基本程序

水环境监测主要包括以下工作内容：

（1）受领任务。任务主要来自环境保护主管部门的指令，单位、组织或个人的委托、申请和监测机构的安排3个方面。环境监测必须有确切的任务来源依据。

（2）明确目的。根据任务下达者的要求和需求，确定针对性较强的监测工作的具体目的。

（3）现场调查。根据监测目的，进行现场调查研究，摸清主要污染源的来源、性质及排放规律，污染受体的性质及污染源的相对位置以及水文、地理、气象等环境条件和历史情况等。

（4）方案设计。根据现场调查情况和有关技术规范要求，认真做好监测方案设计，并据此进行现场布点作业，做好标识和必要准备工作。

（5）采集样品。按照设计方案和规定的操作程序，实施样品采集，对某些需现场处置的样品，应按规定进行处置包装，并如实记录采样实况和现场实况。

（6）运送保存。按照规范方法需求，将采集的样品和记录及时、安全地送往实验室，办好交接手续。

（7）分析测试。按照规定程序和规定的分析方法，对样品进行分析，如实记录检测信息。

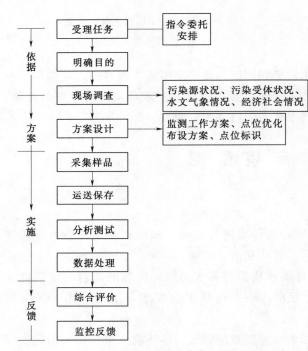

图 1-7　水环境监测的一般工作程序

（8）数据处理。对测试数据进行处理和统计检验，整理入库（数据库）。

（9）综合评价。依据有关规定和标准进行综合分析，并结合现场调查资料对监测结果作出合理解释，写出研究（预测结论和对策建议）报告，并按规定程序报出。

（10）监督控制。依据主管部门指令或用户需求，对监测对象实施监督控制，保证法规政令落到实处。

（11）反馈处置。对监测结果的意见申诉和对策执行情况进行反馈处理，不断修正工作，提高服务质量。

水环境监测的一般工作程序包括明确监测依据、制定监测方案、方案实施、结果反馈 4 个阶段，涵盖以上罗列的各项工作内容，可用图 1-7 进行说明。

1.2.3　水环境监测项目

要了解水环境质量的好坏，必须通过对水中的特定项目进行监测分析，了解各个监测项目在水中含量的多少，以此来进行判断。水环境的监测项目大体可归纳为以下几类。

1. 物理性监测项目

物理性监测项目包括水温、颜色、臭味、悬浮物 SS、电导率、浊度、矿化度、氧化还原电位等。

2. 金属化合物类监测项目

金属化合物类监测项目包括汞、镉、铜、铅、锌、铬、锑、铊、铀、铁、锰、钙、镁等化合物。

3．非金属无机物类监测项目

非金属无机物类监测项目包括酸度、碱度、pH 值、溶解氧、氯化物、氟化物、含氮化合物、含磷化合物、硫化物等。

4．有机化合物类监测项目

有机化合物类监测项目包括化学需氧量 COD、高锰酸盐指数、溶解氧 DO、生化需氧量 BOD_5、总有机碳 TOC、总需氧量 TOD、总磷 TP、总氮 TN、挥发酚、矿物油等。

5．生物类监测项目

生物类监测项目包括细菌总数、粪大肠菌群、总大肠菌群数、叶绿素 a 浓度等。

常见的监测项目（如水温、固体悬浮物 SS、碱度、pH 值、溶解氧 DO、氯化物、化学需氧量 COD、高锰酸盐指数、生化需氧量 BOD_5、铁、氨氮等）将在后面章节作具体介绍。

1.2.4 水环境监测的分析方法

在大量实践基础上，对各类水体的水质都编制了相应的测试分析方法技术规范，分为国家标准分析方法、统一分析方法和等效方法 3 个层次。其中，国家标准分析方法由国家规定，方法成熟、准确度高，是用于评价其他测试分析方法的基准方法；统一分析方法为暂时确定的全国统一的分析方法，待方法成熟、完善后可上升为国家标准分析方法；等效方法常采用比较新的技术，测试简便、快速，但必须经过方法验证和对比试验，证明其与标准方法或统一方法是等效的才能使用。每个分析方法各有其适用范围，应首选国家标准分析方法，如果没有相应的标准分析方法，应优先选用统一分析方法，最后选用试用方法或新方法做等效试验，报经上级批准才能使用。

按照测试方法所依据的原理，水环境监测常用的分析方法可分为化学分析法、仪器分析法和在线分析法 3 大类。

1.2.4.1 化学分析法

化学分析法是以化学反应为基础的分析方法，分为重量分析法和滴定分析法两种。

1．重量分析法

重量分析法是将待测物质以沉淀的形式析出，经过过滤、烘干，天平称重，通过计算得出待测物质的量。重量分析准确度比较高，但此法操作繁琐、费时，它主要用于水中不可滤残渣（悬浮物）、总残渣（总固体、溶解性总固体）等测定。

2．滴定分析法（又称容量分析）

滴定分析是用一种已知准确浓度的溶液（标准溶液），滴加到含有被测物质的溶液中，根据反应完全时消耗标准溶液的体积和浓度，计算出被测物质的含量。滴定分析方法简便，测定结果的准确度也较高，不需贵重的仪器设备，被广泛采用，这是一种重要的分析方法。

根据化学反应类型的不同，滴定分析分为酸碱滴定法（中和法）、氧化还原滴定法、沉淀滴定法（沉淀容量法）、配位滴定法（络合滴定法）4 种方法。主要用于水中酸碱度、氨氮、溶解氧（DO）、化学需氧量（COD）、生化需氧量（BOD_5）、高锰酸盐指数、氰化物、氯化物、硬度及酚等许多无机物和有机物的测定。

1.2.4.2　仪器分析法

仪器分析法利用被测物质的某种物理或物理化学性质，借助成套的物理仪器，来测定水样中的组分和含量。由于这类分析方法一般需要较精密的仪器，因此称为仪器分析法。仪器分析法的优点是灵敏度高、选择性强、简便快速，可以进行多组分分析、容易实现连续自动分析。缺点是大多仪器设备价格昂贵，使用要求较高，使其推广受到一定的限制。

根据分析原理和仪器的不同，水环境监测中常用到光学分析法（包括分光光度法、原子光谱法、分子光谱法）、电化学分析法（电导分析法、电位分析法等）和色谱分析法（气相色谱法、液相色谱法等）。常用的仪器分析方法将在后面相关章节做详细介绍。

1.2.4.3　在线分析法

在线分析法是指利用水质在线自动监测系统，对水质指标进行在线分析。一套完整的水质在线自动监测系统能够及时、准确、连续地对监测目标的水质情况及其变化进行实时监测，达到及时掌握主要流域重点断面水体的水质情况、对重大水质污染事故进行预警以及监督排放达标情况等目的。

综上，可列出水环境监测分析方法的分类如图 1-8 所示。

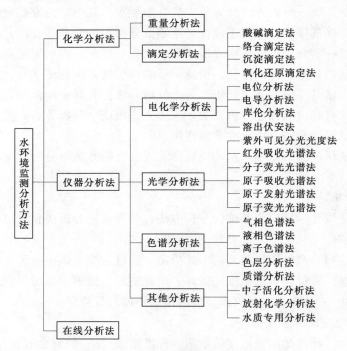

图 1-8　水环境监测分析方法分类

1.3　水质指标与水质标准

水质是指水及其中杂质共同表现的综合特性，水质指标表示水中杂质的种类和数量，是衡量水质好坏的标准和尺度。同时针对水中存在的具体杂质或污染物，提出了相应的最低数量或浓度的限制和要求，即水质的质量标准。这些水质指标和水质标准是着重于保障人体健康用水要求、保护鱼类和其他水生生物资源及其针对工、农业用水要求而提出的。

1.3.1 水质指标

1.3.1.1 物理指标

1. 水温

水的物理、化学性质与水温有密切关系。水中溶解性气体（如 O_2、CO_2 等）的溶解度、水中生物和微生物活动、盐度、pH 值以及碳酸钙饱和度等都受水温变化的影响。水温用水温计测定，是现场观测的水质指标之一。

2. 臭味和臭阈值

纯净的水无味无臭，含有杂质的水通常有味，如天然水中含有绿色藻类和原生动物时会发生腥味，水中含有分解的有机体或铁、硫等矿物质的化合物时均会产生各种不同的气味。无臭无味的水虽不能保证是安全的，但有利于饮水者对水质的起码信任。臭是检验原水和处理水质必测项目之一，根据臭的测定结果，可以推测水的污染性质和程度。检验水中臭味可用文字描述法和臭阈值法，文字描述法采用臭强度报告，臭强度可用无、微弱、弱、明显、强和很强 6 个等级描述。而臭阈值是水样用无臭水稀释到闻出最低可辨别的臭气浓度的稀释倍数。饮用水要求不得有异臭异味。其臭阈值不得大于 2。臭阈值是评价处理效果和追查污染源的一种手段，有

$$臭阈值 = \frac{A+B}{A}$$

式中　A——水样体积，mL；

　　　B——无臭水体积，mL。

3. 颜色和色度

纯净的水无色透明，混有杂质的水一般有色不透明。例如，天然水中含有黄腐酸（又称富里酸）呈黄褐色，含有藻类呈绿色或褐色，含有泥沙呈黄色，含有铁的氧化物呈黄褐色，含有硫化氢的水，硫化氢氧化后析出的硫则会使水呈浅蓝色。工业废水由于受到不同物质的污染，颜色各异。

有颜色的水可用表色和真色来描述。

（1）表色。水中呈色的杂质可处于悬浮、胶体或溶解 3 种状态，包括悬浮杂质在内所构成的水色为"表色"。测定的是未经静置沉淀或离心的原始水样的颜色，只用定性文字描述，如废水和污水的颜色呈淡黄色、黄色、棕色、绿色、紫色等。当然，对含有泥土或其他分散很细的悬浮物水样，虽经适当预处理仍不透明时，也只测表色。

（2）真色。除去悬浮杂质后的水，由胶体及溶解杂质所造成的颜色称为真色。水质分析中一般只对天然水的真色进行定量测定，并以色度作为一项水质指标，是水样的光学性质的反映。

颜色的测定：测定较清洁水样，如天然水和饮用水的色度，可用铂钴标准比色法和铬钴比色法。如水样较浑浊，可事先静置澄清或离心分离除去浑浊物质后进行测定，但不得用滤纸过滤。水的颜色往往随 pH 值的改变而不同，因此测定时必须注明 pH 值。

铂钴标准比色法：以氯铂酸钾和氯化钴配成标准比色系列，然后将水样与此标准色列

进行目视比色，记录与水样色度相同的铂钴标准色列的色度。规定铂的浓度为1mg/L和钴的浓度为0.5mg/L时产生的颜色为1度。铂钴标准比色法色度稳定，易长期使用，但氯铂酸钾价格较贵。

铬钴比色法：以重铬酸钾和硫酸钴配制标准比色系列，采用目视比色法测定水样的色度。该法所用重铬酸钾便宜易得，但标准色列不易长久保存。

测定受工业污染的地面水和工业废水的颜色，除用文字描述法外，还可采用稀释倍数法和分光光度法测定。

多数清洁的天然水的色度一般为15～25度，湖泊沼泽水的色度可达60度以上，饮用水的色度按规定要求一般不得超过15度。作为某些特殊工业用水，如造纸、纺织、染色等，对水的色度都有严格的要求，使用前后需要对水进行脱色处理。

4. 浊度

由于水中含有悬浮及胶体状态的杂质而引起水产生浑浊的程度称为浊度。浊度是天然水和饮用水的一项重要水质指标，是水可能受到污染的重要标志之一，当浊度较高时，将引起水中生物生态发生变化。地面水常含有泥沙、黏土、有机质、微生物、浮游生物及无机物等悬浮物质而呈浑浊状态，如黄河、长江、海河等主要大河水都比较浑浊，其中黄河是典型的高浊度水河流。地下水比较清澈透明，浊度很小，往往水中 Fe^{2+} 被氧化后生成 Fe^{3+}，使水呈黄色浑浊状态。生活污水和工业废水中含有各种有机物、无机物杂质，尤其悬浮状态污染物含量较多，因而大多数是相当浑浊，一般只做不可滤残渣测定而不做浊度测定。

浊度对水的透明度有影响，但不等同于色度，某些颜色很深的水透明度却很高。浊度也不能等同于悬浮物质含量（不可滤残渣），虽然水的浑浊在相当程度上由悬浮物造成，但是悬浮物质含量是水中可以用滤纸截留的物质重量，是一种直接数量，而浊度则是一种光学效应，表现出的是光线透过水层时受到阻碍的程度。水中悬浮物质对光线透过时所发生的阻碍程度，也是水样的光学性质的反映，与该物质在水中的含量以及颗粒大小、形状和表面反射性能有关，因此浊度与以 mg/L 表示的不可滤残渣（悬浮物质）的含量难免有相关关系。

一般标准浊度单位规定，1mg 漂白土/L 所产生的浊度为 1 度。近年来，多采用甲脒聚合物（硫酸肼与 6 次甲基四胺形成的白色高分子聚合物）标准溶液，并规定 1.25mg 硫酸肼/L 和 12.5mg 6 次甲基四胺/L 水中形成的甲脒聚合物所产生的浊度为 1 度，称为甲脒浊度单位。浊度可以用浊度仪进行测定，用甲脒聚合物标准溶液校准散射光浊度仪测定浊度，所得浊度计量单位则用散射浊度单位 NTU 表示。我国城市供水水质标准规定浊度不超过 1NTU，某些工业用水，如造纸、纺织、染色、半导体集成电路等用水，对浊度有一定的要求，视具体行业而定。

5. 残渣

残渣分为总残渣（也称总固体）、总可滤残渣（又称溶解性总固体）和总不可滤残渣（又称悬浮物）3 种。残渣在许多方面对水质有不利影响：残渣含量高的水，很可能是被污染或者含有过多的矿物质，一般不适于饮用，因可能引起不适的生理反应；高度矿化的水对许多工业用水也不适用。

（1）总残渣。

将水样混合均匀后，在已称至恒重的蒸发皿中于水浴或蒸汽浴上蒸干，然后在103～105℃烘箱中烘至恒重，增加的重量为总残渣，有

$$总残渣 = \frac{(A-B) \times 1000 \times 1000}{V} \quad mg/L$$

式中　A——水样总残渣及蒸发皿重，g；

　　　B——蒸发皿净重，g；

　　　V——水样体积，mL。

通过总残渣测定，可初步推测出水质的状况，判断是否适用于城镇生活用水或工业方面的应用。

（2）总可滤残渣。

总可滤残渣又称可溶性固体或可溶性蒸发残渣，分为103～105℃烘干和180℃烘干的总可滤残渣两种。将混合均匀的水样，通过标准玻璃纤维滤膜的滤液，于蒸发皿中蒸发并在103～105℃或180℃烘干后称至恒重的物质称为总可滤残渣，有

$$总可滤残渣 = \frac{(A-B) \times 1000 \times 1000}{V} \quad mg/L$$

式中　A——烘干残渣加蒸发皿重，g；

　　　B——蒸发皿重，g；

　　　V——水样体积，mL。

（3）总不可滤残渣。

总不可滤残渣又称悬浮物，不可滤残渣含量一般表示废水污水污染的程度。

将充分混均水样过滤后，截留在标准玻璃纤维滤膜上的物质，在103～105℃烘干至恒重。如果悬浮物堵塞滤膜并难以过滤，总不可滤残渣可由总残渣与总可滤残渣之差计算，有

$$总不可滤残渣 = \frac{(A-B) \times 1000 \times 1000}{V} \quad mg/L$$

式中　A——滤膜加残渣重，g；

　　　B——滤膜重，g；

　　　V——水样体积，mL。

或

$$总不可滤残渣 = 总残渣 - 总可滤残渣$$

（4）可沉降物。

可沉降物又称为可沉降固体，用体积法或重量法测定。用于地面水、咸水以及生活污水和工业废水中的测定。可沉降物浓度为沉降处理法和沉淀设备等提供设计依据。

体积法：水样在特质锥形筒（英霍夫锥形管）内静置1h后所沉下的总污物数量，以mL/L表示。

重量法：由总不可滤残渣与上层液中不可沉降物浓度之差求得，以mg/L表示。其中上层液中不可沉降物浓度测定：将已充分混匀水样倒入玻璃容器中，静置1h后，虹吸沉

降面与液面一半处上层液，按 103～105℃烘干的总不可滤残渣程序求得。

$$可沉降物 = C_1 - C_2 \quad mg/L$$

式中　C_1——总不可滤残渣，mg/L；

　　　C_2——不可沉降物浓度，mg/L。

水中残渣还可根据挥发性能分为挥发性残渣和固定性残渣。

挥发性残渣又称总残渣灼烧减重。该指标可粗略地代表水中有机物含量和铵盐及碳酸盐等部分含量。测定方法：水样测定总残渣后，于 600℃下灼烧 30min，冷却后由 2mL 蒸馏水湿润残渣，在 103～105℃烘箱内烘干至恒重，所减少的重量即为挥发性残渣，有

$$挥发性残渣 = \frac{(W_1 - W_2) \times 1000 \times 1000}{V} \quad mg/L$$

式中　W_1——总残渣重，g；

　　　W_2——总残渣灼烧后重，g；

　　　V——水样体积，mL。

固定性残渣可由总残渣与挥发性残渣之差求得。可粗略代表水中无机盐类的含量。

6. 电导率

电导率又称比电导。电导率表示水溶液传导电流的能力，它可间接表示水中可滤残渣（即溶解性固体）的相对含量。通常用于检验蒸馏水、去离子水或高纯水的纯度、监测水质受污染情况以及用于锅炉水和纯水制备中的自动控制等。电导率的标准单位是西门子/米（S/m），多数水样的电导率很低，所以，一般实际使用单位为毫西门子/米（mS/m），1mS/m 相当于 $10\mu\Omega/cm$（微欧姆/厘米），单位间的互换关系是：1 mS/m＝0.01 mS/cm＝$10\mu\Omega/cm$＝$10\mu S/cm$。

电导率用电导率仪测定。

7. 紫外吸光度值

由于生活污水、工业废水，尤其是石油废水的排放，天然水中含有许多有机污染物，这些污染物，尤其含有芳香烃和双键或羰基的共轭体系，在紫外光区都有强烈吸收。对特定水系来说，其所含物质组成一般变化不大，所以，利用紫外吸光度（UVA）作为新的评价水质有机物污染综合指标将有普遍意义。

8. 氧化还原电位

氧化还原电位（ORP）是水体中多种氧化物质与还原物质进行氧化还原反应的综合指标之一，其单位用毫伏（mV）表示。在水处理尤其废水生物处理中越来越受到重视。已经证明 ORP 是厌氧消化过程中一个较为理想的过程控制参数。20 世纪 80 年代之后，人们发现 ORP 在脱氮（N）除磷（P）过程中起到重要的指示作用。近年来，在好氧活性污泥法降解含碳有机物过程中，已有用 ORP 的数值或变化率作为反应时间的计算机控制参数的研究。例如，在间歇式活性泥法（SBR）处理石油废水过程中，以 ORP 的数值或变化率作为反应时间控制参数的应用研究已取得一定进展。

1.3.1.2　微生物指标

未经处理的生活污水、医院废水排入水体，将某些病原菌引入水体，致使水中原有的微生物分布发生变化而造成水体污染。因此，常以水中微生物的种类和数量作为判断生物

性污染程度的指标。这类指标在水样采集后需要立即进行分析，以免水中生存的微生物使水中所含成分产生生物化学反应。

水中微生物指标主要有细菌总数、大肠菌群等。

细菌总数：指 1mL 水样在营养琼脂培养基中，于 37℃培养 24h 后，所生长细菌菌落的总数。水中细菌总数是用来判断饮用水、水源水、地面水等污染程度的标志。我国饮用水中规定菌落总数不大于 100CFU/mL［CFU（Colony - Forming Units）指菌落形成单位］。

大肠菌群：大肠菌群可采用多管发酵法、滤膜法和延迟培养法测定。我国饮用水中规定大肠菌群不多于 3 个/L。

1.3.1.3　化学指标

天然水和一般清洁水中最主要的离子成分有阳离子（Ca^{2+}、Mg^{2+}、Na^+、K^+）和阴离（HCO_3^-、SO_4^{2-}、Cl^- 和 SiO_3^{2-}）八大基本离子，再加上量虽少、但起重要作用的 H^+、OH^-、CO_3^{2-}、NO_3^- 等，可以反映出水中离子的基本概况。而污染较严重的天然水、生活污水、工业废水可看作在此基础上又增加了杂质成分。表示水中杂质及污染物的化学成分和特性的综合性指标，主要有 pH 值、酸度、碱度、硬度、酸根、总含盐量、高锰酸盐指数、UVA、TOC、COD、DO、TOD 等。

1. pH 值

水的 pH 值是溶液中氢离子浓度或活度的负对数，由于水的 H^+ 浓度很小，在应用上很不方便，故而用 pH 值来反映水溶液的酸碱度，pH 值是常用的水质指标之一。

$$pH = -lg\ [H^+]$$

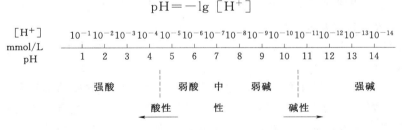

图 1-9　水的 pH 值应用表

pH＝7 时，水中 $[H^+] = [OH^-]$，此时水溶液为中性；pH＜7 水呈酸性；pH＞7 水呈碱性。由于水中大都含有碳酸盐和重碳酸盐，所以天然水的 pH 值一般都在 7～8 之间。当水中含有大量的游离二氧化碳，或受酸性工业废水等污染时，水的 pH 值会降低；某些山区、林区或沼泽地带流出的水，由于含有大量的腐殖酸，水的 pH 值也会较低。酸性水对混凝土、金属管道等具有腐蚀作用。当水中含有碱性物质（如碳酸盐或氢氧化物）时，水的 pH 值会增高，碱性水可能引起某些溶解性盐类的析出，改变水的原有特性。水的 pH 值在 6.5～9.5 之间不影响人的正常饮用，也不会对设备和管道产生不良作用。

pH 值用比色法或玻璃电极法测定。

（1）比色法。根据酸碱指示剂在特定 pH 值范围的水溶液中产生不同颜色来测定 pH 值。比较方便、快捷的方法是利用 pH 试纸测定水的 pH 值，常用的 pH 试纸有两种：一种是广泛的 pH 试纸，pH 范围为 1～14；另一种是精密 pH 试纸，可以比较精确地测定一定范围的 pH 值。使用时，用玻璃棒蘸取待测水样到试纸上，然后根据试纸的颜色变化对照比色卡，确定水样的 pH 值。还有一种比色法是化学分析法，即向已知 pH 值的一系列缓冲溶液中加入适当的指示剂制成标准比色管，测定时取与缓冲溶液同量的水样，加入同一种指示剂，与标准比色管目测比较，以确定水样的 pH 值。酸碱滴定分析时，常用指示剂的颜色变化来判断滴定终点。比色法适用于色度和浊度都很低的天然水、饮用水等，但对于 pH 值大于 10 或小于 3 的水样测定误差较大，且不适用于有色、混浊或含较高游离氯、氧化剂、还原剂的水样。

（2）玻璃电极法。这是测定 pH 值的国家规定方法，具体可见《水质 pH 值的测定玻璃电极法》（GB 6920—86）。该方法是以 pH 玻璃电极为指示电极，饱和甘汞电极为参比电极，将二者与被测溶液组成原电池，此电池产生的电位差与被测溶液的 pH 值之间的关系符合电极电位的能斯特方程。在 25℃时，溶液中每变化 1 个 pH 单位，电位差改变为59.16mV，据此用仪器可以直接读出 pH 值。pH 计的种类虽多，操作方法也不尽相同，但都是依据上述原理测定溶液 pH 值的。为简化操作、使用方便和适于现场使用，已广泛使用复合 pH 值电极制成多种袖珍式和笔式 pH 计。玻璃电极测定法准确、快速，受水体色度、浊度、胶体物质、氧化剂、还原剂及盐度等因素的干扰程度小。

2. 酸度和碱度

酸度是指水中所含能给出 H^+ 物质的总量，包括强无机酸（如 HNO_3、HCl、H_2SO_4 等）、弱酸（如碳酸、醋酸、单宁酸等）和水解盐（如硫酸亚铁和硫酸铝等），这些物质能够放出 H^+ 或经过水解能产生 H^+。酸度用 mg/L（以 $CaCO_3$ 计）表示。

碱度是指水中能够接受 H^+ 物质的总量，包括水中重碳酸盐碱度（HCO_3^-）、碳酸盐碱度（CO_3^{2-}）和氢氧化物碱度（OH^-），水中的 HCO_3^-、CO_3^{2-} 和 OH^- 3 种离子的总量称为总碱度。一般天然水中只含有 HCO_3^- 碱度，碱性较强的水中含有 CO_3^{2-} 和 OH^- 碱度。碱度用 mg/L（以 $CaCO_3$ 计）表示。

酸碱度反映出水体 pH 值的变化，对化学反应速率、化学物质的形态和生物化学过程均会产生影响。酸度和碱度均采用酸碱指示剂滴定法或电位滴定法测定，酸碱滴定法利用酸碱指示剂的颜色变化指示滴定终点，电位滴定法则是在滴定过程中通过测量电位变化以确定滴定终点。

3. 硬度

水的硬度一般定义为 Ca^{2+}、Mg^{2+} 离子的总量，包括总硬度、碳酸盐硬度和非碳酸盐硬度。由 $Ca(HCO_3)_2$ 和 $Mg(HCO_3)_2$ 及 $MgCO_3$ 形成的硬度为碳酸盐硬度，又称暂时硬度，因这些盐类煮沸后就分解形成沉淀。由 $CaSO_4$、$MgSO_4$、$CaCl_2$、$MgCl_2$、$CaSiO_3$、$Ca(NO_3)_2$ 和 $Mg(NO_3)_2$ 等形成的硬度为非碳酸盐硬度，又称永久硬度，在常压下沸腾水样体积不变时，它们不生成沉淀，只有在水分不断蒸发，使它们的含量超过了饱和浓度极限时才会生成沉淀，生成的沉淀即为水垢，水垢对锅炉会产生不利的作用，因影响热量的传导，严重时会引起锅炉爆炸。

硬度的单位除以 mg/L（以 $CaCO_3$ 计）表示外，还常用 mmol/L、德国硬度、法国硬度表示。它们之间的关系是：

1mmol/L 硬度＝100.1 $CaCO_3$/L＝5.61 德国度＝10 法国度

1 德国度＝10mgCaO/L

1 法国度＝10mg CaCO₃/L

我国和世界其他许多国家习惯上采用的是德国度（简称"度"）。

硬度可采用络合滴定法进行测定。

4. 总含盐量

总含盐量又称全盐量，也称矿化度。表示水中各种盐类的总和，也就是水中全部阳离子和阴离子的总量。总含盐量与总可滤残渣在数值上的关系是

$$总含盐量 = 总可滤残渣 + \frac{1}{2}HCO_3^-$$

这是因为总可滤残渣测定时将水样在 $103 \sim 105℃$ 下蒸发烘干，此时水中的 HCO_3^- 将变成 CO_3^{2-}，伴有 CO_2 和 H_2O 的逸失。这部分逸失的量约等于原水中 HCO_3^- 含量的一半，即

$$2HCO_3^- \xrightarrow[103 \sim 105℃]{\Delta} CO_3^{2-} + CO_2 \uparrow + H_2O$$

总含盐量过高会造成管道和构筑物的腐蚀，使污水下渗进而污染地下水；用于农业灌溉时，会导致土壤盐碱化，使农作物低产或不能生长。

5. 有机污染物综合指标

有机污染物综合指标主要有溶解氧（DO）、高锰酸盐指数、化学需氧量（COD）、生物化学需氧量（BOD_5^{20}）、总有机碳（TOC）和活性炭氯仿萃取物（CCE）等。由于有机污染物的种类非常多，且组成复杂，很难逐项进行测定，只有在必要时才对某种有机物进行单项分析测定。这些综合指标可作为水中有机物总量的水质指标，它们在水质分析中有着重要意义，并取得广泛应用。

由于生活污水和工业废水不断进入水体，天然水体中的有机污染物持续增加，这些污染物的特点是进行生物氧化分解，消耗水中的溶解氧，在缺氧条件下发酵腐败，使水质恶化，破坏水体功能。同时，水中的有机污染物含量超标，细菌大量繁殖，传播疾病的可能性大大增加，在水质安全方面是十分危险的，因此，必须对水环境中的有机污染物进行监测。

6. 放射性指标

水中放射性物质主要来源于天然和人工核素两方面。这些物质不时地产生 α、β 及 γ 放射性。随着放射性物质在核科学及其动力发展中以及在工业、农业、医学等方面的广泛使用，给环境也带了一些放射性污染，必须注意防护，并引起高度警戒。放射性物质除引起外照射（如 γ 射线）外，还会通过饮水、呼吸和皮肤接触进入人体内，引起内照射（如 α、β 射线），导致放射性损伤、病变甚至死亡。因此，对天然水体规定了放射性物质的容许浓度，限制放射性物质不得超过容许浓度值。

测定水中 α 和 β 放射性强度用 α、β 测量仪测定。

7. 有毒物质

有毒物质分为无机物和有机物两大类，主要来源于工业废水。无机有毒物质主要是重金属（如铅、铜、锌、铬、镉、汞等）和一些非金属（如砷、硒）及氰化物。有机有毒物

质主要是带有苯环的芳香族化合物，往往具有难以生物降解的特性，甚至具有致癌性。

含有有毒物质的工业废水，一旦排入水体或者用于农业灌溉，将会影响鱼类、水生生物的生存和农作物的生长。在高浓度时，会杀死水中生物和农作物；在低浓度时，则可在生物体内富集，并通过食物链逐级浓缩，最后影响到人体。因此，虽然这类有毒物质的含量不会太大，但作为水环境污染和保护的主要控制对象，必须进行严格的监测和控制，作为单项水质指标进行专门测定。

1.3.2　水质标准

水质标准是表示生活饮用水、工农业用水等各种用途的水中污染物质的最高容许浓度或限量阈值的具体限制和要求。因此，水质标准实际是水的物理、化学和生物学的质量标准。这些水质标准都是为保障人群健康的最基本的卫生条件和按各种用水及其水源的要求而提出的。

水质标准分为国家正式颁布的统一规定和企业标准。前者是要求各个部门、企业单位都必须遵守的具有指令性和法律性的规定；后者虽不具法律性，但对水质提出的限制和要求，在控制水质、保证产品质量方面有积极的参考价值。

不同用途的水其水质要求有不同的质量标准，比如有地表水环境质量标准、地下水环境质量标准、饮用水水质标准、农用灌溉水水质标准和污水综合排放标准等。

1.3.2.1　地表水环境质量标准

我国 1983 年首次颁布了《地面水环境质量标准》（GB 3838—83），并分别于 1988 年和 1999 年进行了两次修订，颁布了《地面水环境质量标准》（GB 3838—88）和《地表水环境质量标准》（GHZB 1—1999）。为贯彻《中华人民共和国环境保护法》和《中华人民共和国水污染防治法》，防治水污染，保护地表水水质，保障人体健康，维护良好的生态系统，国家环境保护总局 2002 年正式将《地表水环境质量标准》列为国家环境质量标准，并与国家质量监督检验检疫总局联合发布《地表水环境质量标准》（GB 3838—2002），自 2002 年 6 月 1 日开始实施。《地面水环境质量标准》（GB 3838—88）和《地表水环境质量标准》（GHZB 1—1999）同时废止。

《地表水环境质量标准》（GB 3838—2002）将标准项目分为地表水环境质量标准基本项目、集中式生活饮用水地表水源地补充项目和集中式生活饮用水地表水源地特定项目，共计 109 项，其中地表水环境质量标准基本项目 24 项，集中式生活饮用水地表水源地补充项目 5 项，集中式生活饮用水地表水源地特定项目 80 项。

地表水环境质量标准基本项目适用于全国江河、湖泊、运河、渠道、水库等具有使用功能的地表水水域；集中式生活饮用水地表水源地补充项目和特定项目适用于集中式生活饮用水地表水源地一级保护区和二级保护区。集中式生活饮用水地表水源地特定项目由县级以上人民政府环境保护行政主管部门根据本地区地表水水质特点和环境管理的需要进行选择，集中式生活饮用水地表水源地补充项目和选择确定的特定项目作为基本项目的补充指标。具有特定功能的水域，执行相应的专业用水水质标准。

《地表水环境质量标准》（GB 3838—2002）依据地表水水域环境功能和保护目标，按功能高低依次划分为 5 类：

Ⅰ类 主要适用于源头水、国家自然保护区。

Ⅱ类 主要适用于集中式生活饮用水地表水源地一级保护区、珍稀水生生物栖息地、鱼虾类产卵场、仔稚幼鱼的索饵场等。

Ⅲ类 主要适用于集中式生活饮用水地表水源地二级保护区、鱼虾类越冬场、洄游通道、水产养殖区等渔业水域及游泳区。

Ⅳ类 主要适用于一般工业用水区及人体非直接接触的娱乐用水区。

Ⅴ类 主要适用于农业用水区及一般景观要求水域。

对应地表水上述5类水域功能，将地表水环境质量标准基本项目标准值也分为5类，不同功能类别分别执行相应类别的标准值。水域功能类别高的标准值严于水域功能类别低的标准值。同一水域兼有多类使用功能的，执行最高功能类别对应的标准值。一般以Ⅲ类水位污染标准界限，若监测数据超过其上限，即为超标，对这样的参数应进行统计说明。

《地表水环境质量标准》（GB 3838—2002）参见附录1。

1.3.2.2 地下水环境质量标准

为保护和合理开发地下水资源，防止和控制地下水污染，保障人民身体健康，促进经济建设，国家技术监督局1993年12月30日批准了《地下水质量标准》（GB/T 14848—93），并于1994年10月1日起实施。本标准适用于一般地下水，不适用于地下热水、矿水、盐卤水。

《地下水质量标准》（GB/T 14848—93）依据我国地下水水质现状、人体健康基准值及地下水质量保护目标，并参照生活饮用水以及工业、农业用水水质要求，将地下水质量划分为5类：

Ⅰ类 主要反映地下水化学组成的天然低背景含量。适用于各种用途。

Ⅱ类 主要反映地下水化学组分的天然背景含量。适用于各种用途。

Ⅲ类 以人体健康基准值为依据，主要适用于集中式生活饮用水水源及工、农业用水。

Ⅳ类 以农业和工业用水要求为依据，除适用于农业和部分工业用水外，适当处理后可作为生活饮用水。

Ⅴ类 不宜饮用，其他用水可根据使用目的选用。

以地下水为水源的各类专门用水，在地下水质量分类管理基础上，可按有关专门用水标准进行管理。

《地下水质量标准》（GB/T 14848—93）参见附录2。

1.3.2.3 污水综合排放标准

为贯彻《中华人民共和国环境保护法》、《中华人民共和国水污染防治法》和《中华人民共和国海洋环境保护法》，控制水污染，保护江河、湖泊、运河、渠道、水库和海洋等地面水以及地下水水质的良好状态，保障人体健康，维护生态平衡，促进国民经济和城乡建设的发展，国家技术监督局于1996年10月4日批准了《污水综合排放标准》（GB 8978—1996），代替原来的《污水综合排放标准》（GB 8978—88），并于1998年1月1日开始实施。

本标准按照污水排放去向，分3级标准执行，分年限规定了69种水污染物最高允许排放浓度及部分行业最高允许排水量。适用于现有单位水污染物的排放管理，以及建设项目的环境影响评价、建设项目环境保护设施设计、竣工验收及其投产后的排放管理。

按照国家综合排放标准与国家行业排放标准不交叉执行的原则，造纸、船舶、船舶工业、海洋石油开发、纺织染整、肉类加工、合成氨、钢铁、航天推进剂使用、兵器、磷肥、烧碱、聚氯乙烯工业执行行业排放标准，其他水污染物排放均执行本标准。新增加国家行业水污染物排放标准的行业，按其适用范围执行相应的国家水污染物行业标准，不再执行本标准。

《污水综合排放标准》（GB 8978—1996）参见附录 3。

思　考　题

1. 什么是水体污染？水体污染可以分为哪几类？
2. 简述我国的水环境现状。
3. 什么是水环境监测？水环境监测的对象和目的是什么？
4. 水环境监测的工作环节有哪些？
5. 水环境监测的项目有哪些？可以归纳为哪几类？
6. 水环境监测的分析方法有哪些？各自的原理是什么？
7. 常用的水质指标有哪些？分别反映了监测水体的什么性质？
8. 我国已颁布的水质标准主要有哪些？
9. 《地表水环境质量标准》将我国的地表水分为哪几类？如何判别水质类型？
10. 《地下水质量标准》将我国地下水划分为哪几类？
11. 《污水综合排放标准》分几级标准执行？

情景 2　水环境调查及监测方案制定

学习目标：本情景根据水体类别的不同依次介绍了地表水、地下水、水污染源监测方案的制定，包括前期的调查研究和资料收集、监测断面和采样点的设置、采样时间和采样频率的确定以及监测项目的确定。通过本情景的学习，应具备以下单项技能：

（1）掌握监测水体相关基础资料的调查和收集。

（2）重点掌握地表水监测断面和采样点的设置。

（3）熟悉各类水体的采样时间和采样频率。

（4）熟悉各类水体主要监测项目。

应形成的综合技能：能够制定简单的水质监测方案。

受领环境监测任务后，首先要明确监测目的，然后就是制定详细的监测方案。监测方案的内容包括对基础资料进行调查分析，确定监测对象、确定监测断面和设置采样点，合理安排采样时间和采样频率，选定采样方法和分析测定技术以及方案的实施计划等。监测方案是一项监测任务的总体构思和设计，必须根据有关技术规范要求和现场调查情况认真制定。

2.1　地表水监测方案的制定

制定地表水监测方案应首先确定河流上游的污染源及其特征污染物，再者确定该河流的性质，比如景观用水或者饮用水源等，然后按照国家地表水或污水排放标准规定的项目确定监测方案。监测方案主要应包括以下几方面：

（1）基础资料的调查和收集。

（2）监测断面和采样点的设置。

（3）确定采样时间和频率。

2.1.1　基础资料的调查和收集

为了合理、经济、有效地布设监测断面及采样位置，需对欲监测水体的有关资料进行调查研究和收集，内容包括：

（1）水体的水文、气候、地质、地貌特征。

（2）水体沿岸城市分布和工业布局、污染源分布、排污情况和城市给排水情况。

（3）水体沿岸资源（包括森林、矿产、土壤、耕地、水资源）现状，特别是植被破坏和水土流失情况。

（4）历年的水质资料。

（5）水体功能区划情况，各类用水功能区的分布，特别是饮用水源分布和重点水源保护区。

（6）实地勘察现场的交通状况、河宽、水深、河床结构、河床比降、岸边标志等，对于湖泊，还需要了解生物和沉积物特点、间温层分布，容积、平均深度、等深线和水更新时间等。

（7）原有的水质监测资料、水文实测资料、水环境研究成果。如果缺少某些必要的资料，必须设置若干调查断面进行水质、水文实测。

注：河流调查范围系指污染源排污口以下的河段长度；湖泊调查半径以排污口为圆心，调查面积为半圆形水域。

2.1.2　监测断面和采样点设置

在对调查和收集来的基础资料进行综合分析的基础上，根据监测目的和监测项目合理地确定监测断面和采样点的位置，尽可能以最少的断面和采样点获取足够的有代表性的水环境信息，同时还要考虑实际采样时的可行性和方便性。

2.1.2.1　监测断面的设置

1. 河流监测断面的设置

河流监测断面的具体布设位置及注意事项如下：

（1）有大量污废水排入河流的主要居民区，工业区的上、下游应布设对照断面、控制断面和消减断面。污染严重的河段可根据排污口分布及排污状况设置若干控制断面，控制的排污量不得小于本河段总量的 80%。

（2）河口的主要入口和出口。

（3）供水水源地、水生生物保护区及水源型地方病发病区、水土流失严重区应设置断面。

（4）本河段内有较大支流汇入时，应在汇合点支流上游处及充分混合后的干流下游处布设断面。

（5）出入境国际河流、重要省际河流等水环境敏感水域，在出入本行政区界处应布设断面。

（6）河流或水系背景断面可设置在上游接近河流源头处，或未受人类活动明显影响的河段。

（7）城市主要供水水源地上游 1000m 处应布设断面。

（8）重要河流的入海口应布设断面。

（9）断面位置应避开死水区、回水区、排污口处，尽量选择顺直河段、河床稳定、水流平稳、水面宽阔、无急流、无浅滩处。

（10）监测断面尽可能与水文测验断面重合一致，以便利用其水文参数。

为完整评价江河水系的水质，需要设置背景断面、对照断面、控制断面和消减断面。

背景断面：设在基本未受人类活动影响的清洁河段。

对照断面：为了解流入河段前的水体水质状况，设在河流进入城市或工业区以前的地方，避开各种废水、污水流入或回流处。

控制断面：为评价监测河段两岸污染源对水体水质的影响而设置。具体数目应依据城市的工业布局和排污口分布情况而定，设在排污口下游与河水基本混匀处（为 500～1000m）。

消减断面：消减作用是指河流受纳废水和污水后，经稀释扩散和自净作用使污染物浓度明显下降。消减断面通常设在城市或工业区最后一个排污口下游1500m 以外处。

河流监测断面布设的一般做法如图 2-1 所示。

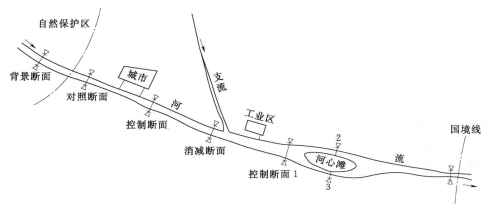

图 2-1　河流监测断面布设

2. 湖泊、水库监测断面的设置

湖泊、水库中监测断面的设置要综合考虑汇入的河流数量、径流量、季节变化情况，沿岸污染源的影响，水文条件特性等因素。监测断面按以下要求设置：

（1）在湖泊、水库主要出入口、中心区、滞流区、饮用水源地、鱼类产卵区和游览区等应设置断面。

（2）主要排污口汇入处，视其污染物扩散情况在下游 100～1000m 处设置1～5条断面或半断面。

（3）峡谷型水库，应在水库上游、中游、近坝区及库层与主要库湾回水区布设采样断面。

（4）湖泊、水库无明显功能分区，可采用网格法均匀布设，网格大小依湖、库面积而定。

（5）湖泊、水库的采样断面应与断面附近水流方向垂直。

湖泊、水库的监测断面布设如图 2-2所示。

2.1.2.2　采样垂线和采样点的设置

设置监测断面后，应根据水面的宽度确定断面上的采样垂线，再根据垂线上的水深确定采样点的数目和位置。

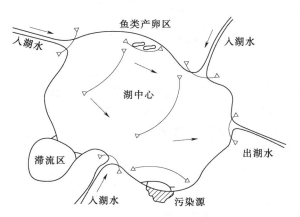

图 2-2　湖泊、水库的监测断面布设

1. 河流采样点位的确定

对江河水系，当水面宽度小于 50m 时，只设一条中泓垂线；水面宽 50～100m 时，在左右近岸水流明显处各设一条垂线；水面宽度大于 100m 时，设左、中、右 3 条垂线。监测断面采样垂线布设方法如表 2-1 所示。

表 2-1　　　　　　　　　　　　河流水质监测断面垂线设置

水面宽（m）	垂线数	说　　明
≤50	1 条（中泓垂线）	（1）断面上垂线的布设应避开岸边污染带。有必要对岸边污染带进行监测时，可在污染带内酌情增设垂线
50～100	2 条（左、右近岸有明显水流处）	（2）对无排污河段并有充分数据证明断面上水质均匀时，可只设一条中泓垂线
>100	3 条（左、中、右）	

在一条垂线上，当水深不大于 5m，只在水面下 0.5m 处设一个采样点；水深不足 1m，在 1/2 水深处设采样点；水深为 5～10m，在水面下 0.5m 和河底以上 0.5m 处各设一个采样点；水深大于 10m，设 3 个采样点，即在水面下 0.5m 处、河底以上 0.5m 处及 1/2 水深处各设一个采样点。垂线上采样点的设置按不同水深布设如表 2-2 所示。

表 2-2　　　　　　　　　　河流水质监测断面垂线上采样点的设置

水深（m）	采样点数	说　　明
≤5	1 点（水面下 0.5m 处）	（1）水深不足 1m 时，设在 1/2 水深处
5～10	2 点（水面下 0.5m、河底上 0.5m）	（2）河流封冻时，设在冰下 0.5m 处
>10	3 点（水面下 0.5m，1/2 水深、河底上 0.5m）	（3）若有充分数据证明垂线上水质均匀，可酌情减少采样点数

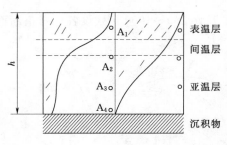

图 2-3　湖、库间温层水质
监测采样点设置示意图

A₁—表温层中；A₂—间温层下；A₃—亚温层中；
A₄—在沉积物与水介质交界面
上约 1m 处；h—水深

2. 湖泊、水库采样点位置的确定

通常，湖泊、水库只设置监测垂线，在主要出入口、下游和主要排污口下游断面，垂线和垂线上的采样点设置要求与河流基本相同。湖库区的不同水域，如进水区、出水区、深水区、浅水区、湖心区、岸边区，按水体类别设置监测垂线，若无明显功能分区，则可用网格法均匀设置监测。

对于有温度分层现象的湖、库，应先做水温、溶解氧的探索性检测后再确定垂线上采样点的位置。湖、库间温层及其点位分布示意见图 2-3。

监测断面和垂线经水环境监测主管部门审查确认后，在地图上标明准确位置，并在岸边设置固定标志，比如竖石柱、打木桩等，或岸边有明显的天然标志也可作为断面的标识。每次采样应严格以标志物为准，在同一位置上进行采样，以保证每次采集水样的代表性和可比性。

2.1.3 确定采样时间和采样频率

2.1.3.1 采样频率的确定原则

（1）力求以最低的采样频率，取得最有时间代表性的样品。

（2）充分考虑水体功能、影响范围及有关水文要素。

（3）既要满足反映水质状况的需要，又实际可行。

2.1.3.2 采样频率及采样时间

（1）饮用水源地全年采样不少于12次，采样时间根据具体情况选定。

（2）长江，黄河、珠江、淮河、松花江、辽河、海滦河等水系干流全年采样不少于12次，每月中旬采样。

（3）一般中、小河流全年采样6次。采样时间按枯、丰、平3期，每期采样2次。有冰封期或洪水期的地区分别增加冰封期、洪水期采样。

（4）流经城市或工业区、污染较重的河流、游览水域，全年采样不少于12次，遇到特殊自然情况或发生水污染事故，应随时增加采样频次。

（5）湖泊及水库。设有专门监测站的湖、库，每月采样不少于1次，全年采样不少于12次。其他湖、库全年采样2次，枯、丰水期各1次。有污水排入、污染较重的湖、库应酌情增加采样次数。

（6）潮汐河流全年按枯、丰、平3期，每期采样两天，分别在大潮期（溯、望）和小潮期（上弦、下弦）进行，每次应采当天涨、退潮水样分别测定。涨潮水样应在各断面涨平时采样，退潮水样应在各断面退平时采样。

（7）排污渠全年采样不少于3次。

（8）背景断面每年采样1次。

（9）列入必测项目的挥发酚、氰化物、氟化物、砷、汞、6价铬、铅、镉、石油类等，若多年未见检出，又无排放源，可每年采样一次，在污染较重水期进行。但一旦检出后，仍按上述规定采样。

（10）底泥每年在枯水期采样1次。

2.1.4 地表水监测项目

反映水环境质量的指标众多，具体选择哪些指标作为水环境监测项目，取决于水体目前和将来的用途，随水体功能和污染源的类型不同，监测项目的选取也不同。因水环境污染物种类繁多，可达成千上万种，不可能也无必要对其进行一一监测，因此，根据实际情况和监测目的，选择水环境质量标准中要求控制的监测项目进行监测，同时要考虑涵盖对人和生物危害大、对地表水环境影响范围广的污染物。所选监测项目测定方法可靠，应有国家或行业标准分析方法、行业性监测技术规范、行业统一分析方法。

各地区可根据本地区污染源的特征和水资源与水环境保护功能的划分，酌情增加某些选测项目。例如，《地表水环境质量标准》（GB 3838—2002）（见附录1）中规定的基本水质指标项目为24项，如水温、pH值、溶解氧、化学需氧量等，是水质评价时必须要求的；若水体为集中式生活饮用水地表水源地，需补充几个项目（悬浮物、氯化物、铁、锰、硫酸盐、硝酸盐），还可根据需要在集中式生活饮用水地表水源地特定的 80 个项目中选若干项。

地表水监测项目见表 2－3 [选自《地表水和污水监测技术规范》（HJ/T 91—2002）]。潮汐河流必测项目增加氯化物。饮用水保护区或饮用水源的江河除监测常规项目外，必须注意剧毒和"三致"有毒化学品的监测。

表 2－3　　　　　　　　　　地 表 水 监 测 项 目

地点	必 测 项 目	选 测 项 目①
河流	水温、pH 值、溶解氧、高锰酸盐指数、化学需氧量、BOD₅、氨氮、总氮、总磷、铜、锌、氟化物、硒、砷、汞、镉、铬（6价）、铅、氰化物、挥发酚、石油类、阴离子表面活性剂、硫化物和粪大肠菌群	总有机碳、甲基汞，其他项目参照表 2-7 根据纳污情况由各级相关环境保护主管部门确定
集中式饮用水源地	水温、pH 值、溶解氧、悬浮物②、高锰酸盐指数、化学需氧量、BOD₅、氨氮、总磷、总氮、铜、锌、氟化物、铁、锰、硒、砷、汞、镉、铬（6价）、铅、氰化物、挥发酚、石油类、阴离子表面活性剂、硫化物、硫酸盐、氯化物、硝酸盐和粪大肠菌群	三氯甲烷、四氯化碳、三溴甲烷、二氯甲烷、1，2—二氯乙烷、环氧氯丙烷、氯乙烯、1，1—二氯乙烯、1，2—二氯乙烯、三氯乙烯、四氯乙烯、氯丁二烯、六氯丁二烯、苯乙烯、甲醛、乙醛、丙烯醛、三氯乙醛、苯、甲苯、乙苯、二甲苯③、异丙苯、氯苯、1，2—二氯苯、1，4—二氯苯、三氯苯④、四氯苯⑤、六氯苯、硝基苯、二硝基苯⑥、2，4—二硝基甲苯、2，4，6—三硝基甲苯、硝基氯苯⑦、2，4—二硝基氯苯、2，4—二氯苯酚、2，4，6—三氯苯酚、五氯酚、苯胺、联苯胺、丙烯酰胺、丙烯腈、邻苯二甲酸二丁酯、邻苯二甲酸二（2—乙基己基）酯、水合肼、甲乙基铅、吡啶、松节油、苦味酸、丁基黄原酸、活性氯、滴滴涕、林丹、环氧七氯、对硫磷、甲基对硫磷、马拉硫磷、乐果、敌敌畏、敌百虫、内吸磷、百菌清、甲萘威、溴氰菊酯、阿特拉津、苯并（a）芘、甲基汞、多氯联苯⑧、微囊藻毒素—LR、黄磷、钼、钴、铍、硼、锑、镍、钡、钒、钛、铊
湖泊水库	水温、pH 值、溶解氧、高锰酸盐指数、化学需氧量、BOD₅、氨氮、总磷、总氮、铜、锌、氟化物、硒、砷、汞、镉、铬（6价）、铅、氰化物、挥发酚、石油类、阴离子表面活性剂、硫化物和粪大肠菌群	总有机碳、甲基汞、硝酸盐、亚硝酸盐，其他项目参照表 2-7，根据纳污情况由各级相关环境保护主管部门确定
排污河（渠）	根据纳污情况，参照表 2-7 中工业废水监测项目	

① 监测项目中，有的项目监测结果低于检出限，并确认没有新的污染源增加可减少监测频次。根据各地经济发展情况不同，在有监测能力（配置 GC/MS）的地区每年应监测 1 次选测项目。
② 悬浮物在 5mg/L 以下时，测定浊度。
③ 二甲苯指邻二甲苯、间二甲苯和对二甲苯。
④ 三氯苯指 1，2，3—二氯苯、1，2，4—三氯苯和 1，3，5—三氯苯。
⑤ 四氯苯指 1，2，3，4—四氯苯、1，2，3，5—四氯苯和 1，2，4，5—四氯苯。
⑥ 二硝基苯指邻二硝基苯、间二硝基苯和对二硝基苯。
⑦ 硝基氯苯指邻硝基氯苯、间硝基氯苯和对硝基氯苯。
⑧ 多氯联苯指 PCB-1016、PCB-1221、PCB-1232、PCB-1242、PCB-1248、PCB-1254 和 PCB-1260。

2.2　地下水监测方案的制定

储存在土壤和岩石空隙（孔隙、裂隙、溶隙）中的水统称为地下水。地下水埋藏在地层的不同深度，相对地面水而言，其流动性和水质参数的变化比较缓慢。地下水质监测方案的制订过程与地面水基本相同。

2.2.1　调查研究和收集资料

设置采样点前，应对监测对象的有关资料进行调查研究和收集，以保证采样点的合理性和有效性。通常，布设采样点前应进行调查，包括以下几个方面：

（1）收集、汇总监测区域的水文、地质等方面的有关资料和以往的监测资料，如地质图、剖面图、测绘图、水井的成套参数、含水层、地下水补给、径流和流向以及温度、湿度、降水量等。

（2）调查监测区域内城市发展、工业分布、资源开发和土地利用情况，尤其是地下工程规模、应用等；了解化肥和农药的施用面积和施用量；查清污水灌溉、排污、纳污和地面水污染现状。

（3）测量或查知水位、水深，以确定采水器和泵的类型，所需费用和采样程序。

（4）在完成以上调查的基础上，确定主要污染源和污染物，并根据地区特点与地下水的主要类型把地下水分成若干个水文地质单元。

2.2.2　设置采样点

由于地质结构复杂，使地下水采样点的布设也变得复杂。地下水一般呈分层流动，侵入地下水的污染物、渗滤液等可沿垂直方向运动，也可沿水平方向运动；同时，各深层地下水（也称承压水）之间也会发生串流现象。因此，布点时不但要掌握污染源分布、类型和污染物扩散条件，还要弄清地下水的分层和流向等情况。通常布设两类采样点，即对照监测井和控制监测井群。监测井可以是新打的，也可利用已有的水井。

对照监测井设在地下水流向的上游不受监测地区污染源影响的地方。

控制监测井设在污染源周围不同位置，特别是地下水流向的下游方向。渗坑、渗井和堆渣区的污染物，在含水层渗透性较大的地方易造成带状污染，此时可沿地下水流向及其垂直方向分别设采样点；在含水层渗透小的地方易造成点状污染，监测井宜设在近污染源处。污灌区等面状污染源易造成块状污染，可采用网格法均匀布点。排污沟等线状污染源，可在其流向两岸适当地段布点。

地下水采样井的布设密度，应根据水文地质条件、地下水运动规律及地下水污染程度确定，应有足够覆盖面，能反映本地区地下水环境质量状况与特征，一般宜控制在同一类型区内水位基本监测井数的 10% 左右。重要水源地、地下水水化学特性复杂或地下水污染严重地区可适当加密。在已经掌握地下水动态规律的地区可相应减少 10%～20%。

布设的采样井应有固定和明显的天然标志物，如果没有，应设立人工标志物，然后按顺序编号，并将编号的采样井位标在地区分布图上，根据确定的流向，画出地下水位流向图。

2.2.3　确定采样时间和采样频率

对于常规性监测，要求在丰水期和枯水期分别采样测定；有条件的地区根据地方特点，可按四季采样测定；已建立长期观测点的地方可按月采样测定。一般每一采样期至少采样监测一次；对饮用水源监测点，每一采样期应监测两次，其间隔至少10d；对于有异常情况的监测井，应酌情增加采样监测次数。

监测方案其他内容同地表水监测方案。

2.2.4　地下水监测项目

地下水监测选择《地下水质量标准》（GB/T 14848—93）中要求控制的监测项目，以满足地下水质量评价和保护的要求。地下水常规监测项目见表2-4。

表 2-4　　　　　　　　　　　　　　　地下水常规监测项目

必 测 项 目	选 测 项 目
pH 值、总硬度、溶解性总固体、氨氮、硝酸盐氮、亚硝酸盐氮、挥发性酚、总氰化物、高锰酸盐指数、氟化物、砷、汞、镉、6价铬、铁、锰、大肠菌群	色、嗅和味、浑浊度、氯化物、硫酸盐、碳酸氢盐、石油类、细菌总数、硒、铍、钡、镍、六六六、滴滴涕、总α放射性、总β放射性、铅、铜、锌、阴离子表面活性剂

2.3　水污染源监测方案的制定

2.3.1　调查研究

水污染源包括工业废水、城市污水等，工业废水是指工业生产过程中排出的水，城市污水则指居民生活过程中产生的含公共污染物的水，包括生活污水、医院污水等。污染源监测主要用环境监测手段确定污染物的排放来源、排放浓度、污染物种类等，为控制污染源排放和环境影响评价提供依据，同时也是解决污染纠纷的主要依据。因此，在制订监测方案时，首先要进行调查研究，收集有关资料，查清用水情况、废水或污水的类型、主要污染物及排污去向和排放量，车间、工厂或地区的排污口数量及位置，废水处理情况，是否排入江、河、湖、海，流经区域是否有渗坑等。具体如下。

2.3.1.1　工业用水情况调查

需要调查清楚单位总用水量、循环用水量、生产用水量、生活用水量、设备蒸发量和渗漏损失量，运用水平衡算法、用水系数法或现场测量法估算各种废水排放量。

1. 水平衡计算法

$$Q_废 = Q_总 - Q_生产 - Q_管理$$

式中　$Q_废$——工业废水排放量，t/d；

　　　$Q_总$——全厂总用水量，t/d；

　　　$Q_生产$——工业生产消耗用水量，t/d；

$Q_{管理}$——管理用水量，t/d。

2．用水系数法

$$Q = qM$$

式中　Q——全厂总用水量，t/d；

q——单位产品用水量，包括损耗水量，t/d；

M——产品产量。

3．现场测量法

采用管道流量计、水表等仪器在现场测量实际流量。

2.3.1.2　废水类型调查

主要通过现场调查，弄清楚污染源废水属于物理污染、化学污染、生物污染及生物化学污染及混合污染废水中的哪一类型，以便确定监测项目。

2.3.1.3　废水去向调查

弄清楚排污口的数量、位置以及与废水排放有关的工艺流程，确定其排放规律，了解其排放方式和去向，以便制定监测控制计划，如监测点位的布置、采样时间和频率的确定以及采样和监测方法的选择等。

2.3.2　设置采样点

水污染源一般经管道或渠、沟排放，截面积比较小，不需设置监测断面，而直接确定采样点位。

1．工业废水

（1）在车间或车间处理设施的废水排放口设置采样点监测一类污染物，即毒性大、对人体健康产生长远不良影响的污染物，主要包括汞、镉、砷、铅及其无机化合物、6价铬的无机化合物、有机氯和强致癌物质等。

（2）在工厂废水总排放口布设采样点，监测二类污染物，即除第一类污染物外的所有污染物，包括悬浮物、硫化物、挥发酚、氰化物、有机磷、石油类、铜、锌、氟及其无机化合物、硝基苯类、苯胺类等。

（3）已有废水处理设施的工厂，在处理设施的总排放口布设采样点。如需了解废水处理效果，还要在处理设施进口设采样点。

（4）采样点应设在排污渠道较直、水量稳定、上游没有污水汇入处的渠段。

2．城市污水

（1）城市污水管网：采样点设在非居民生活排水支管接入城市污水干管的检查井；城市污水干管的不同位置；污水进入水体的排放口等。

（2）城市污水处理厂：在污水进口和处理后的总排口布设采样点。如需监测各污水处理单元效率，应在各处理设施单元的进、出口分别设采样点。另外，还需设污泥采样点。

工业废水和生活污水入河排污口处应设置采样点；此外，在废污水入河排污口的上下游适当位置应设置采样点。

采样点位的确定必须建立在全面掌握与污染源污水排放有关的工艺流程、污水类型、排放规律、污水管网走向等情况的基础上。排污单位需向地方水环境监测部门提供废水监测基本信息登记表（见表 2-5），由地方水环境监测部门核实后确定采样点位。经确认的采样点是法定排污监测点，一经确定，不得随意改动。

表 2-5　　　　　　　　　　　　　废水监测基本信息登记表

污染源名称：		行业类型：	
联系地址：		主要产品：	
（1）总用水量（m³/a）：　　　新鲜水量（m³/a）：　　　回用水量（m³/a）： 　　　其中：生产用水（m³/a） 　　　水平衡图（另附图）			
（2）主要原、辅材料： 　　　生产工艺： 　　　排污情况：			
（3）厂区平面布置图及排水管网布置图（另附图）			
（4）废水处理设施情况： 　　　设计处理量（m³/a）：　　实际处理量（m³/a）：　　　年运行小时数（h/a）： 　　　废水处理基本工艺方框图（另附图） 　　　废水性质：　　　　　　　　　　　　　排放规律： 　　　排放去向：			
废水处理设施处理效果			
污染因子	原始废水（mg/L）	处理后出水（mg/L）	去除率（%）
备注			

2.3.3　确定采样时间和采样频率

工业废水和城市污水的排放量和污染物浓度随工厂生产及居民生活情况常发生变化，采样时间和频率应根据实际情况确定。

1. 工业废水

企业自控监测频率根据生产周期和生产特点确定，一般每个生产周期不得少于 3 次，周期在 8h 以内的，每小时采 1 次样；周期大于 8h 的，每 2h 采 1 次样。确切频率由监测部门进行加密监测，获得污染物排放曲线（浓度—时间、流量—时间、总量—时间）后确定。监测部门监督性监测每年不少于 1 次；如被国家或地方环境保护行政主管部门列为年度监测的重点排污单位，应增加到每年 2～4 次。

2. 城市污水

对城市管网污水，可在一年的丰、平、枯水季，从总排放口分别采集一次流量比例混合样测定，每次进行 1d，每 4h 采样一次。在城市污水处理厂，为指导调节处理工艺参数和监督外排水水质，每天都要从部分处理单元和总排放口采集污水样，对一些项目进行例行监测。

表 2-6 中列出了各种水样类型的采样频率和时间。

表 2 - 6　　　　　　　　　　　　　　污染源监测的采样频率和时间

分类	监测对象	水样名称	采 样 频 率 和 时 间	监测目标	备注
车间排放口	连续稳定生产	平均混合水样	一个生产周期内等间隔采样数次	平均浓度	（1）宜在采样同时测定废（污）水流量变化（2）宜采用自动采水器和连续比例采样器
		定时水样或平均比例混合水样	宜每月测 1 次，每次连续测一个生产周期	最大浓度和平均浓度	
	连续不稳定生产	平均混合水样	每周至少 2 次	平均浓度	
		定时水样	每周至少测 2 次，每次宜 1h 采样 1 次，连续测一个大致的生产周期	最大浓度和平均浓度	
	无规律间歇排污	定时水样	每月监测 2 次，每次生产中至少采样 5 次	平均浓度	
工厂	总排放口	定时水样或平均比例混合水样	一个生产周期内每隔若干小时采样 1 次	掌握排放规律和出现最大浓度时段	
			平均每季度采样 1 次	平均浓度	
	废水均化调节池出口	平均混合水样或瞬时水样	每月 2 次	平均浓度	
城市厂	污水管网	平均混合水样或瞬时水样	每月 1 次，按统计法确定频率	平均浓度	
	污水总排放口	定时水样或平均比例混合水样	结合江河水质例行监测，一年中在丰、平、枯水季测 1 次	平均浓度	
			每次进行 1d，每 4h 采样 1 次，宜按流量变化比例采样	平均浓度	

2.3.4　污染源监测项目

按《污染源监测项目选择污水综合排放标准》（GB 8978—1996）及有关行业水污染物排放标准中要求控制的监测项目进行监测，以期有效地反映水污染状况。

1. 工业废水监测项目

工业废水监测项目见表 2 - 7［选自《地表水和污水监测技术规范》（HJ/T 91—2002）］。

表 2 - 7　　　　　　　　　　　　　工业废水监测项目

类　型	必　测　项　目	选　测　项　目[①]
黑色金属矿山（包括磷铁矿、赤铁矿、锰矿等）	pH 值、悬浮物、重金属[②]	硫化物、锑、铋、锡、氯化物
钢铁工业（包括选矿、烧结、炼焦、炼铁、炼钢、连铸、轧钢等）	pH 值、悬浮物、COD、挥发酚、氰化物、油类、6 价铬、锌、氨氮	硫化物、氟化物、BOD_5、铬
选矿药剂	COD、BOD_5、悬浮物、硫化物、重金属	
有色金属矿山及冶炼（包括选矿、烧结、电解、精炼等）	pH 值、COD、悬浮物、氰化物、重金属	硫化物、铍、铝、钒、钴、锑、铋

续表

类　型		必　测　项　目	选　测　项　目^①
非金属矿物制品业		pH 值、悬浮物、COD、BOD₅、重金属	油类
煤气生产和供应业		pH 值、悬浮物、COD、BOD₅、油类、重金属、挥发酚、硫化物	多环芳烃、苯并（a）芘、挥发性卤代烃
火力发电（热电）		pH 值、悬浮物、硫化物、COD	BOD₅
电力、蒸汽、热水生产和供应业		pH 值、悬浮物、硫化物、COD、挥发酚、油类	BOD₅
煤炭采造业		pH、悬浮物、硫化物	砷、油类、汞、挥发酚、COD、BOD₅
焦化		COD、悬浮物、挥发酚、氨氮、氰化物、油类、苯并（a）芘	总有机碳
石油开采		COD、BOD₅、悬浮物、油类、硫化物、挥发性卤代烃、总有机碳	挥发酚、总铬
石油加工及炼焦业		COD、BOD₅、悬浮物、油类、硫化物、挥发酚、总有机碳、多环芳烃	苯并（a）芘、苯系物、铝、氯化物
化学矿开采	硫铁矿	pH 值、COD、BOD₅、硫化物、悬浮物、砷	
	磷矿	pH 值、氟化物、悬浮物、磷酸盐（P）、黄磷、总磷	
	汞矿	pH 值、悬浮物、汞	硫化物、砷
无机原料	硫酸	酸度（或 pH 值）、硫化物、重金属、悬浮物	砷、氟化物、氯化物、铝
	氯碱	碱度（或酸度、或 pH 值）、COD、悬浮物	汞
	铬盐	酸度（或碱度、或 pH 值）、6 价铬、总铬、悬浮物	汞
有机原料		COD、挥发酚、氰化物、悬浮物、总有机碳	苯系物、硝基苯类、总有机碳、有机氯类、邻苯二甲酸酯等
塑料		COD、BOD₅、油类、总有机碳、硫化物、悬浮物	氯化物、铝
化学纤维		pH 值、COD、BOD₅、悬浮物、总有机碳、油类、色度	氯化物、铝
橡胶		COD、BOD₅、油类、总有机碳、硫化物、6 价铬	苯系物、苯并（a）芘、重金属、邻苯二甲酸酯、氯化物等
医药生产		pH 值、COD、BOD₅、油类、总有机碳、悬浮物、挥发酚	苯胺类、硝基苯类、氯化物、铝

续表

类 型		必 测 项 目	选 测 项 目①
染料		COD、苯胺类、挥发酚、总有机碳、色度、悬浮物	硝基苯类、硫化物、氯化物
颜料		COD、硫化物、悬浮物、总有机碳、汞、6价铬	色度、重金属
油漆		COD、挥发酚、油类、总有机碳、6价铬、铅	苯系物、硝基苯类
合成洗涤剂		COD、阴离子合成洗涤剂、油类、总磷、黄磷、总有机碳	苯系物、氯化物、铝
合成脂肪酸		pH值、COD、悬浮物、总有机碳	油类
聚氯乙烯		pH值、COD、BOD_5、总有机碳、悬浮物、硫化物、总汞、氯乙烯	挥发酚
感光材料,广播电影电视业		COD、悬浮物、挥发酚、总有机碳、硫化物、银、氰化物	显影剂及其氧化物
其他有机化工		COD、BOD_5、悬浮物、油类、挥发酚、氰化物、总有机碳	pH值、硝基苯类、氯化物
化肥	磷肥	pH值、COD、BOD_5、悬浮物、磷酸盐、氟化物、总磷	砷、油类
	氮肥	COD、BOD_5、悬浮物、氨氮、挥发酚、总氮、总磷	砷、铜、氰化物、油类
合成氨工业		pH值、COD、悬浮物、氨氮、总有机碳、挥发酚、硫化物、氰化物、石油类、总氮	镍
农药	有机磷	COD、BOD_5、悬浮物、挥发酚、硫化物、有机磷、总磷	总有机碳、油类
	有机氯	COD、BOD_5、悬浮物、硫化物、挥发酚、有机氯	总有机碳、油类
除草剂工业		pH值、COD、悬浮物、总有机碳、百草枯、阿特拉津、吡啶	除草醚、五氯酚、五氯酚钠、2.4—D、丁草胺、绿麦隆、氯化物、铝、苯、二甲苯、氨、氯甲烷、联吡啶
电镀		pH值、碱度、重金属、氰化物	钴、铝、氯化物、油类
烧碱		pH值、悬浮物、汞、石棉、活性氯	COD、油类
电气机械及器材制造业		pH值、COD、BOD_5、悬浮物、油类、重金属	总氮、总磷
普通机械制造		COD、BOD_5、悬浮物、油类、重金属	氰化物
电子仪器、仪表		pH值、COD、BOD_5、氰化物、重金属	氟化物、油类

续表

类　型		必　测　项　目	选　测　项　目①
造纸及纸制品业		酸度（或碱度）、COD、BOD₅、可吸附有机卤化物（AOX）、pH 值、挥发酚、悬浮物、色度、硫化物	木质素、油类
纺织染整业		pH 值、色度、COD、BOD₅、悬浮物、总有机碳、苯胺类、硫化物、6 价铬、铜、氨氮	总有机碳、氯化物、油类、二氧化氯
皮革、毛皮、羽绒服及其制品		pH 值、COD、BOD₅、悬浮物、硫化物、总铬、6 价铬、油类	总氮、总磷
水泥		pH 值、悬浮物	油类
油毡		COD、BOD₅、悬浮物、油类、挥发酚	硫化物、苯并（a）芘
玻璃、玻璃纤维		COD、BOD₅、悬浮物、氰化物、挥发酚、氟化物	铅、油类
陶瓷制造		pH 值、COD、BOD₅、悬浮物、重金属	
石棉（开采与加工）		pH 值、石棉、悬浮物	挥发酚、油类
木材加工		COD、BOD₅、悬浮物、挥发酚、pH 值、甲醛	硫化物
食品加工		pH 值、COD、BOD₅、悬浮物、氨氮、硝酸盐氮、动植物油	总有机碳、铝、氯化物、挥发酚、铅、锌、油类、总氮、总磷
屠宰及肉类加工		pH 值、COD、BOD₅、悬浮物、动植物油、氨氮、大肠菌群	石油类、细菌总数、总有机碳
饮料制造业		pH 值、COD、BOD₅、悬浮物、氨氮、粪大肠菌群	细菌总数、挥发酚、油类、总氮、总磷
兵器工业	弹药装药	pH 值、COD、BOD₅、悬浮物、锑恩锑（TNT）、地恩锑（DNT）、黑索今（RDX）	硫化物、重金属、硝基苯类、油类
	火工品	pH 值、COD、BOD₅、悬浮物、铅、氰化物、硫氰化物、铁（Ⅰ、Ⅱ）氰络合物	肼和叠氮化物（叠氮化钠生产厂为必测）、油类
	火炸药	pH 值、COD、BOD₅、悬浮物、色度、铅、TNT、DNT、硝化甘油（NG)、硝酸盐	油类、总有机碳、氨氮
航天推进剂		pH 值、COD、BOD₅、悬浮物、氨氮、氰化物、甲醛、苯胺类、肼、一甲基肼、偏二甲基肼、三乙胺、二乙烯三胺	油类、总氮、总磷
船舶工业		pH 值、COD、BOD₅、悬浮物、油类、氨氮、氰化物、6 价铬	总氮、总磷、硝基苯类、挥发性卤代烃
制糖工业		pH 值、COD、BOD₅、色度、油类	硫化物、挥发酚
电池		pH 值、重金属、悬浮物	酸度、碱度、油类
发酵和酿造工业		pH 值、COD、BOD₅、悬浮物、色度、总氮、总磷	硫化物、挥发酚、油类、总有机碳

类　型	必 测 项 目	选 测 项 目①
货车洗刷和洗车	pH 值、COD、BOD$_5$、悬浮物、油类、挥发酚	重金属、总氮、总磷
管道运输业	pH 值、COD、BOD$_5$、悬浮物、油类、氨氮	总氮、总磷、总有机碳
宾馆、饭店、游乐场所及公共服务业	pH 值、COD、BOD$_5$、悬浮物、油类、挥发酚、阴离子洗涤剂、氨氮、总氮、总磷	粪大肠菌群、总有机碳、硫化物
绝缘材料	pH 值、COD、BOD$_5$、挥发酚、悬浮物、油类	甲醛、多环芳烃、总有机碳、挥发性卤代烃
卫生用品制造业	pH 值、COD、悬浮物、油类、挥发酚、总氮、总磷	总有机碳、氨氮
生活污水	pH 值、COD、BOD$_5$、悬浮物、氨氮、挥发酚、油类、总氮、总磷、重金属	氯化物
医院污水	pH 值、COD、BOD$_5$、悬浮物、油类、挥发酚、总氮、总磷、汞、砷、粪大肠菌群、细菌总数	氟化物、氯化物、醛类、总有机碳

注　表中所列必测项目、选测项目的增减，由县级以上环境保护行政主管部门认定。
①　选测项目同表 2-3 注①。
②　重金属系指 Hg、Cr、Cr（VI）、Cu、Pb、Zn、Cd、和 Ni 等，具体监测项目由县级以上环境保护行政主管部门确定。

2. 生活污水监测项目

结合生活污水的用水特性，生活污水的监测项目主要包括化学需氧量、生化需氧量、悬浮物、氨氮、总氮、总磷、阴离子洗涤剂、细菌总数和大肠菌群等。

3. 医院污水监测项目

医院污水的监测项目包括 pH 值、色度、浊度、悬浮物、余氯、化学需氧量、生化需氧量、致病菌、细菌总数和大肠菌群等。

思 考 题

1. 水环境监测的方案主要包括哪些内容？

2. 监测地表水时，应对被监测水体的背景做哪些调查？

3. 监测地表水时，如何布设监测断面和采样点？

4. 进行地表水监测时，如何确定采样时间和采样频率？

5. 监测地表水时通常需要监测哪些项目？

6. 如何制定地下水监测方案？

7. 监测地下水时通常需要监测哪些项目？

8. 制定水污染源监测方案前应该对哪些方面进行调查？如何计算工业用水量？

9. 如何制定污染源监测方案？

10. 监测水污染源时通常需要监测哪些项目？

情景3 水样的采集、运输和保存

学习目标: 本情景介绍了地表水、地下水以及污废水的水样采集方法,以及水样现场测定和保存、管理和运输技术。通过本情景的学习,应具备以下单项技能:

(1) 熟悉采样前的准备工作,掌握主要水质采样器的使用方法。

(2) 掌握不同水体的采样方法,能够填写采样记录表。

(3) 熟悉需要现场测定的项目以及需要准备的器材。

(4) 掌握主要的水样保存技术,熟悉水样的管理和运输注意事项。

应形成的综合技能:能够制定简单的采样计划,对水样进行规范的采集和管理。

3.1 采 样 前 的 准 备

3.1.1 制定采样计划

在采样前采样负责人应充分了解该项监测任务的目的和要求,制定详细的采样计划并组织实施。采样负责人应对要采样的监测断面周围情况了解清楚,并熟悉采样方法、采样容器的洗涤、样品的保存技术。在有现场测定项目和任务时,还应了解有关现场测定技术。

采样计划应包括采样垂线和采样点位、测定项目、采样方法、采样质量保证措施、采样时间和路线、采样器材、采样人员及分工、交通工具(常使用船只)以及需要进行的现场测定项目和安全保证等。

3.1.2 确保水样的代表性

供化验用的水样必须有足够的代表性。从水样取出后到分析结束之前,应尽量避免外来污染,避免水中原有成分发生明显变化,这是水质调查工作中十分重要的一环。如果所取水样没有代表性,或者成分已经发生了变化,后面的工作做得再好,也得不到正确的结果,有问题也不易查出来。因此,必须注意水样的采集与保存,采水要用采水器、水样瓶和固定液。

3.1.2.1 确定水样类型

为了采集具有代表性的水样,需要根据分析目的和现场的实际情况来选择水样类型和采样方法。通常,水样类型有以下几种。

1. 瞬时水样

瞬时水样是指在某一定的时间和地点从水中(天然水体或废水排水口)随机采集的分

散水样。其特点是监测水体的水质比较稳定，瞬时采集的水样已具有很好的代表性。当水体的组成随时间发生变化时，则要在适当时间间隔内进行瞬时采样；当水体的组成发生空间变化时，则要在各个相应的部位采样。

2．混合水样

（1）等时混合水样（平均混合水样）。

等时混合水样是指某一时段内（一般为 1d 或一个生产周期），在同一采样点按照相等时间间隔采集等体积的多个水样，经混合均匀后得到等时混合水样。此采样方式适用于废水流量较稳定（变化小于 20% 时）但水体中污染物浓度随时间有变化的废水。

（2）等比例混合水样（平均比例混合水样）。

等比例混合水样是指某一时段内，在同一采样点所采集水样量随时间或流量成比例变化，经混合均匀后得到等比例混合水样。一般在有自动连续采样器的条件下，在一段时间内按流量比例连续采集，混合均匀得到流量比例混合水样。比例混合水样分为连续比例混合水样和间隔比例混合水样两种。

3．综合水样

综合水样是指在不同采样点同时采集的各个瞬时水样经混合后所得到的水样。综合水样在各点的采样时间虽然不能同时进行，但力求接近，以保证水样的可比性。

综合水样是获得平均浓度的重要方式，如在河流主流、多个支流同时采样，或在各个排污口同时采样，以混合后得到的综合水样的水质分析结果，来反映综合的水质状况。这样不仅可以保证监测结果的代表性，而且节省了工作量。

4．单独水样

对于水体成分的分布很不均匀（如油类或悬浮固体），或某些成分在放置过程中很容易发生变化（如溶解氧或硫化物），又或某些成分的现场固定方式相互影响（如氰化物或 COD 等综合指标）这几种情况，如果从采样大瓶中取出部分水样来进行这些项目的分析，其结果往往已失去了代表性。这时必须采集单独水样，分别进行现场固定和后续分析。

3.1.2.2　选择合适的采样器和水样瓶

地表水、地下水、废水和污水采样前，首先要根据监测内容和监测项目的具体要求，选择适合的水样容器（采样器、水样瓶），并于使用前用自来水冲去灰尘和其他杂物，晾干备用。

1．水样瓶的选择

水样瓶的选择一般要求具备化学性质稳定、不吸附欲测组分、易清洗并可反复使用、大小和形状适宜等特性。

水样瓶常用的材料有高压聚乙烯塑料（P）、玻璃（G）两种，一般情况下均可采用，当容器对水样中某种组分有影响时，则应选用适合的容器。比如，普通玻璃瓶不但可以给水样增加许多杂质，还能吸附水中许多微量成分；聚乙烯类塑料瓶能强烈地吸附磷酸盐和油，造成水样磷酸盐测定结果的误差。所以，根据不同的项目要选择适宜的水样瓶。通常，塑料容器常用于测定金属、放射性元素和其他无机物，玻璃容器常用作测定有机物和生物类等。

《地表水和污水监测技术规范》（HJ/T 91—2002）中，对具体监测项目采样容器的材质做出了明确的规定，每个指标对水样容器的要求如表3-1所示。

表 3-1

水样保存和容器的洗涤

项目	采样容器	保存剂及用量	保存期	采样量(mL)①	容器洗涤
浊度*	G. P.		12h	250	I
色度*	G. P.		12h	250	I
pH值*	G. P.		12h	250	I
电导*	G. P.		12h	250	I
悬浮物**	G. P.		14d	500	I
碱度**	G. P.		12h	500	I
酸度**	G. P.		30d	500	I
COD	G.	加 H_2SO_4，$pH \leqslant 2$	2d	500	I
高锰酸盐指数**	G.		2d	500	I
DO*	溶解氧瓶	加入硫酸锰，碱性KI叠氮化钠溶液，现场固定	24h	250	I
BOD₅**	溶解氧瓶		12h	250	I
TOC	G.	加 H_2SO_4，$pH \leqslant 2$	7d	250	I
F⁻**	P		14d	250	I
Cl⁻**	G. P.		30d	250	I
Br⁻**	G. P.		14h	250	I
I⁻	G. P.	NaOH，pH＝12	14h	250	I
SO₄²⁻**	G. P.		30d	250	I
PO₄³⁻	G. P.	NaOH，H_2SO_4 调 pH＝7，CHCl₃ 0.5%	7d	250	IV
总磷	G. P.	HCl，H_2SO_4，$pH \leqslant 2$	24h	250	IV
氨氮	G. P.	H_2SO_4，$pH \leqslant 2$	24h	250	I
NO₂⁻－N**	G. P.		24h	250	I
NO₃⁻－N**	G. P.		24h	250	I
总氮	G. P.	H_2SO_4，$pH \leqslant 2$	7d	250	I
硫化物	G. P.	1L水样加NaOH至pH＝9，加入5%抗坏血酸5mL，饱和EDTA 3mL，滴加饱和Zn（AC）₂至胶体产生，常温蔽光	24h	250	I
总氰	G. P.	NaOH，$pH \geqslant 9$	12h	250	I
Be	G. P.	HNO₃，1L水样中加浓 HNO₃ 10mL	14d	250	III
B	P	HNO₃，1L水样中加浓 HNO₃ 10mL	14d	250	I
Na	P	HNO₃，1L水样中加浓 HNO₃ 10mL	14d	250	II
Mg	G. P.	HNO₃，1L水样中加浓 HNO₃ 10mL	14d	250	II
K	P.	HNO₃，1L水样中加浓 HNO₃ 10mL	14d	250	II
Ca	G. P.	HNO₃，1L水样中加浓 HNO₃ 10mL	14d	250	II
Cr（VI）	G. P.	NaOH，pH＝8～9	14d	250	III

续表

项目	采样容器	保存剂及用量	保存期	采样量(mL)①	容器洗涤
Mn	G. P.	HNO_3，1L 水样中加浓 HNO_3 10mL	14d	250	Ⅲ
Fe	G. P.	HNO_3，1L 水样中加浓 HNO_3 10mL	14d	250	Ⅲ
Ni	G. P.	HNO_3，1L 水样中加浓 HNO_3 10mL	14d	250	Ⅲ
Cu	P	HNO_3，1L 水样中加浓 HNO_3 10mL②	14d	250	Ⅲ
Zn	P	HNO_3，1L 水样中加浓 HNO_3 10mL②	14d	250	Ⅲ
As	G. P.	HNO_3，1L 水样中加浓 HNO_3 10mL，DDTC 法，HCl 2mL	14d	250	Ⅰ
Se	G. P.	HCl，1L 水样中加浓 HCl 2mL	14d	250	Ⅲ
Ag	G. P.	HNO_3，1L 水样中加浓 HNO_3 2mL	14d	250	Ⅲ
Cd	G. P.	HNO_3，1L 水样中加浓 HNO_3 10mL②	14d	250	Ⅲ
Sb	G. P.	HCl，0.2%（氢化物法）	14d	250	Ⅲ
Hg	G. P.	HCl 1%如水样为中性，1L 水样中加浓 HCl 10mL	14d	250	Ⅲ
Pb	G. P.	HNO_3，1% 如水样为中性，1L 水样中加浓 HNO_3 10mL②	14d	250	Ⅲ
油类	G	加入 HCl 至 pH≤2	7d	250	Ⅱ
农药类**	G	加入抗坏血酸 0.01～0.02g 除去残余氯	24h	1000	Ⅰ
除草剂类**	G	（同上）	24h	1000	Ⅰ
邻苯二甲酸酯类**	G	（同上）	24h	1000	Ⅰ
挥发性有机物**	G	用 1+10HCl 调至 pH=2，加入 0.01～0.02 抗坏血酸除去残余氯	12h	1000	Ⅰ
甲醛**	G	加入 0.2～0.5g/L 硫代硫酸钠除去残余氯	24h	250	Ⅰ
酚类**	G	用 H_3PO_4 调至 pH=2，用 0.01～0.02g 抗坏血酸除去残余氯	24h	1000	Ⅰ
阴离子表面活性剂	G. P.		24h	250	Ⅳ
微生物**	G	加入硫代硫酸钠至 0.2～0.5g/L 除去残余物，4℃保存	12h	250	Ⅰ
生物**	G. P.	不能现场测定时用甲醛固定	12h	250	Ⅰ

注　1. *表示应尽量作现场测定；**表示低温（0～4℃）避光保存。

　　2. G 为硬质玻璃瓶；P 为聚乙烯瓶（桶）。

　　3. ①为单项样品的最少采样量。

　　　②如用溶出伏安法测定，可改用 1L 水样中加 19mL 浓 $HClO_4$。

　　4. Ⅰ、Ⅱ、Ⅲ、Ⅳ表示 4 种洗涤方法。

　　5. 经 160℃ 干热灭菌 2h 的微生物、生物采样容器，必须在两周内使用，否则应重新灭菌；经 121℃ 高压蒸汽灭菌 15min 的采样容器，如不立即使用，应于 60℃ 将瓶内冷凝水烘干，两周内使用。细菌监测项目采样时不能用水样冲洗采样容器，不能采混合水样，应单独采样后 2h 内送实验室分析。

水样瓶使用时应注意以下几点：

（1）容器的封口塞材料尽量与容器材质一致，如塑料容器用塑料螺口盖、玻璃容器用玻璃磨口塞。

（2）有机物和某些细菌监测用的水样容器不能用橡皮塞，碱性液样品不能用玻璃塞。在特殊情况下需用软木塞或橡皮塞时，必须用稳定的金属箔或聚乙烯薄膜包裹，最好有蜡封。

（3）禁止使用纸团和布料做塞子。

（4）储水容器必须按规定洗涤干净，并用混合均匀的待测水样荡洗2～3次后方可灌注水样。

（5）使用前，应按照类型和项目对水样瓶进行编号，贴上标签。标签粘贴在不易磨损、碰撞的部位。

2. 采样器的选择

采样器必须符合下述条件：

（1）能准确取得所需水层的水样，其他水层的水样不得进入。

（2）采水器的内壁与导管不应与水样发生反应，即不改变水样的组成。

（3）在采取水样及将水样放入水样瓶时，均不应激起水泡，即不改变水中溶解气体的含量。如取深层水样或需在采样器内测定水温时，还必须有足够的热绝缘性。

采水器材质的选择同以上水样瓶。

采水器的形式很多，常用的采样器有水桶（或瓶）、单层采水器、急流采水器、溶解氧采水器、有机玻璃采水器等，结构较复杂的有深层采水器、泵式采水器、电动采水器、自动采水器、连续自动定时采水器等，视具体情况选用。

用得比较方便的是采水桶，塑料（聚乙烯）材质，用于采集表层（0.3～0.5m）水样，采集水样时注意不能混入漂浮于水面上的物质。

单层采水器有玻璃或塑料材质的，视监测项目的需要选取，一般用于采集深层水，底部带重锤，沉入水中进行水样采集。将采样容器沉降至所需深度（可从绳上的标度看出），上提细绳打开瓶塞，待水样充满容器后提出。它结构简单，使用方便，但水样与空气接触，不适用于测定溶解氧，如图3-1所示。

急流采水器用于采集水流急的水样。它将一根长管固定在铁框上，钢管是空心的，管内装橡皮管，管的上部橡皮管用铁夹夹紧，下部的橡皮管与瓶塞上的短玻璃管相接，橡皮塞上另有一长玻璃管直通至采样瓶底。采水样前，需要将采样瓶的橡皮塞塞紧，然后沿船深方向垂直伸入特定的水深处打开钢管上部的橡皮管夹，水样即沿长玻璃管流入样瓶内，瓶内空气由短玻璃管沿橡胶管排出。此种采水器是隔绝空气采样，可测水中溶解性气体，如图3-2所示。

测定溶解气体的水样常用溶解氧采样器（双瓶采样器）采集，将采样器沉入要求水深处后打开上部的橡胶管夹，水样进入小瓶（采样瓶）并将空气驱入大瓶，从连接大瓶短玻璃管的橡胶管排出，直到大瓶中充满水样，提出水面后迅速密封，如图3-3所示。

有机玻璃采水器由桶体、带轴的两个半圆上盖和活动底板等组成，筒体容积有1～5L不等，常用的一般为2L，主要用于水生生物样品的采集，也适用于除细菌指标与油类以外水质样品的采集。使用时注意先夹住出水口橡皮管，再将两个半圆形上盖打开。让采水器保持与水面垂直沉入水中，底部入水口则自动开启。下沉深度应在系绳上有所标记，当沉入所需深度时，稍停片刻即可上提系绳，上盖和下入水口自动关闭，提出水面后，不要碰及下底，以免水样泄漏。将出水口橡皮管的铁夹松开，放掉少量水样，再伸入容器口，将水样注入容器进行分装，如图3-4所示。

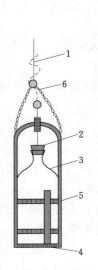
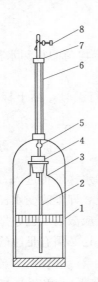
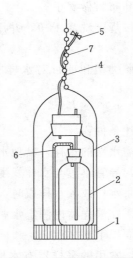
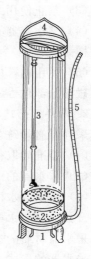

图3-1　单层采水器
1—绳子；2—带有软绳
的橡胶塞；
4—铅锤；5—铁框；
6—挂钩

图3-2　急流采水器
1—铁框；2—长玻璃管；
3—采样瓶；4—橡胶塞；
5—短玻璃管；6—钢管；
7—橡胶管；8—夹子

图3-3　溶解氧采样器
1—带重锤的铁框；2—小瓶；
3—大瓶；4—橡胶管；
5—夹子；6—塑料管；
7—绳子

3-4　有机玻璃采水器
1—进水阀门；2—压重
铅阀；3—温度计；
4—溢水门；
5—橡皮管

采集水样量大时，可采用泵式采水器来抽取水样。使用时，在采样头采取过滤措施防止泥沙碎片等杂物进入采样瓶中，如图3-5所示。

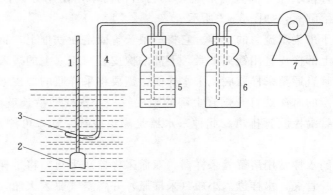

图3-5　泵式采水器
1—细绳；2—重锤；3—采样头；4—采样管；5—采样瓶；6—安全瓶；7—泵

为了提高采样的效率，实现实时监测，国内外已开始采用自动采样设备，图3-6所示为废污水自动采水器，利用定时关启的电动采样泵抽取水样，可以自动采集瞬时水样，也可以制备等时混合水样或连续比例混合水样，提高了采样的效率及水样的代表性。国产自动采水器型号很多，常用的有772型、773型，用于地表表层、深层水采样和地下水采样；还有778型、806型，用于地表表层、深层水采样。

3.1.2.3 洗涤水样容器

容器在使用前应进行充分、仔细的洗涤，先用毛刷刷净，除去灰尘和油垢，玻璃瓶可用洗液浸泡，并用自来水冲洗干净后，再分别按特殊要求进行处理。要注意两点：一是测定铬，不能用铬酸洗液洗瓶；二是测磷酸盐、汞等重金属，要用1N硝酸（1mol/L）浸泡水样瓶。《地表水和污水监测技术规范》（HJ/T 91—2002）中，对洗涤方法进行了统一规范，洗涤方法分为Ⅰ、Ⅱ、Ⅲ、Ⅳ 4类（见表3-1）。

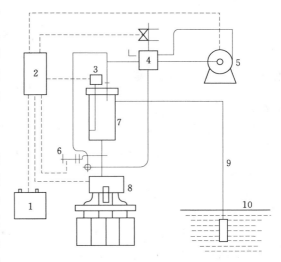

图3-6 废污水自动采水器

1—蓄电池；2—电子控制箱；3—传感器；4—电磁阀；
5—真空泵；6—夹紧阀；7—计量瓶；8—切换器；
9—采水管；10—废污水池

Ⅰ类：洗涤剂洗1次，自来水洗3次，蒸馏水洗1次。

Ⅱ类：洗涤剂洗1次，自来水洗2次，（1+3）HNO₃荡洗1次，自来水洗2次，蒸馏水洗1次。

Ⅲ类：洗涤剂洗1次，自来水洗2次，（1+3）HNO₃荡洗1次，自来水洗3次，去离子水洗1次。

Ⅳ类：铬酸洗液洗1次，自来水洗3次，蒸馏水洗1次。必要时再用蒸馏水、去离子水清洗。

用于细菌检验的水样容器，除按Ⅰ类方法进行普通洗涤外，还要做灭菌处理，并在14d内使用，灭菌方式为将玻璃容器和塞子置于160℃干燥箱内干热灭菌2h，或用高压蒸汽在121℃下灭菌15min。

水样容器在使用前应严格按照技术规范的要求进行洗涤。清洗后应做质量检验，若因洗涤不彻底而有待测物质检出时，应对整批容器进行重新洗涤。

3.1.3 确定采样量

水样的采集量由监测项目和分析方法决定，不同的监测项目对水样的用量有不同的要求，表3-1中列举的采样量已考虑重复分析和质量控制的需要，并留有余地。如需分析多个监测项目，则根据监测项目的多少来计算水样总需求量。供一般物理、化学分析的项目用水量为2～3L，如待测项目很多，则需要采集5～10L，经充分混合后装于1～2L水样瓶中。

水样采入或装入容器中后，应立即按照表3-1所列的要求加入保存剂进行固定。

3.2　采　集　水　样

3.2.1　地表水样的采集

3.2.1.1　采样方法及方式

地表水通常采集瞬时水样，有重要支流的河段，有时需要采集综合水样或平均比例混合水样。根据实际情况选择合适的采样器，例如采集表层水时，可用采水桶采集水样；采集一定深度的水样，可用有机玻璃采样器采集水样。

采样时，可借助船只、桥梁、涉水或索道等形式进行采样。

1. 船只采样

利用船只到指定的地点，按深度要求，把采水器浸入水面下采样，采样时应位于上游一侧采集水样，避免船只的浮油污染水样。该方法比较灵活，适用于水体较深的河流、水库和湖泊的采样，但不容易固定采样地点，往往使数据不具有可比性。同时，一定要注意采样人员的安全。

2. 桥梁采样

确定采样断面应考虑交通方便，并应尽量利用现有的桥梁采样。在桥上采样安全、可靠、方便、不受天气和洪水的影响，适合于频繁采样，并能在横向和纵向准确控制采样点位置。

3. 涉水采样

较浅的小河和靠近岸边水浅的采样点可涉水采样，但要避免搅动沉积物而使水样受污染。涉水采样时，采样者应站在下游，向上游方向采集水样。

4. 缆道采样

在地形复杂、险要，地处山区，流速较快的河流，可架设缆道进行采样。

5. 冰上采样

冰上采样适用于北方冬季冰冻河流、湖泊和水库。

3.2.1.2　注意事项

（1）采样时不可搅动水底部的沉积物。

（2）采样时应保证采样点的位置准确。必要时使用定位仪（GPS）定位。

（3）认真填写"水质采样记录表"，用签字笔或硬质铅笔在现场记录，字迹应端正、清晰，项目完整。

（4）保证采样按时、准确、安全。

（5）采样结束前，应核对采样计划、记录与水样，如有错误或遗漏，应立即补采或重采。

（6）如采样现场水体很不均匀，无法采到有代表性样品，则应详细记录不均匀的情况和实际采样情况，供使用该数据者参考，并将此现场情况向环境保护行政主管部门反映。

（7）测定油类的水样，应在水面至水的表面下 300mm 采集柱状水样，并单独采样，全部用于测定。采样瓶（容器）不能用采集的水样冲洗。

（8）测溶解氧、生化需氧量和有机污染物等项目时的水样，必须注满容器，不留空间，并用水封口。

（9）如果水样中含沉降性固体（如泥沙等），则应分离除去。分离方法为：将所采水样摇匀后倒入筒形玻璃容器（如 1～2L 量筒），静置 30min，将已不含沉降性固体但含有悬浮性固体的水样移入盛样容器并加入保存剂。测定水温、pH 值、DO、电导率、总悬浮物和油类的水样除外。

（10）测定湖库水 COD、高锰酸盐指数、叶绿素 a、总氮、总磷时的水样，静置 30min 后，用吸管一次或几次移取水样，吸管进水尖嘴应插至水样表层 50mm 以下位置，再加保存剂保存。

（11）测定油类、BOD_5、DO、硫化物、余氯、粪大肠菌群、悬浮物、放射性等项目要单独采样。

3.2.1.3 采样记录

采样后要立即填写水质采样记录表，如表 3-2 所列，表中包括采样现场描述和现场测定项目两部分内容，均应认真填写。为了评价水环境状况的需要，水质监测应与水文参数的测量同步进行，所以记录表中应记录同步的水文气象参数。

表 3-2 地表水质采样记录表

监测站名_____ 年 度_____

编号	河流（湖库）名称	采样月日	断面名称	采样位置				气象参数					流速（m/s）	流量（m³/s）	现场测定记录						备注
				断面号	垂线号	点位号	水深（m）	气温（℃）	气压（kPa）	风向	风速（m/s）	相对湿度（%）			水温（℃）	pH值	溶解氧（mg/L）	透明度（cm）	电导率（μS/cm）	感观指标描述	

采样人员_____ 记录人员_____

3.2.2 地下水样的采集

3.2.2.1 采样方法

地下水的水质比较稳定，一般采集瞬时水样即能有较好的代表性。常用的采样方法有井口采样、钻井采样、抽取采样和深度采样等。

1. 井口采样

井口采样适用于供水水源水质的常规监测或监督饮用水的水质状况。采样时直接用采样瓶从井口水龙头或生产井排液管中收集水样，也可以从距离配水系统最近的水龙头或井口储水箱中取样。

2. 钻井采样

钻井采样适用于了解劣质地下水所处的水平位置和研究含水层内地下水水质沿垂向变化情况。通常在钻挖测井过程中用抓斗式采样器或气提泵采集样品。

3. 抽取采样

抽取采样适用于地下水质在竖直方向是均匀的地方，或所要求的是近似平均成分的垂直混合样品。采样时直接通过一根安放于测井内的管子抽吸水样或经采样瓶虹吸抽取，也可以通过气动法压缩气体（一般用氮气）将水柱从测井内推至地面。

4. 深度采样

深度采样适用于样品的来源是已知的情况和不稳定性分析参数的采样。采样时将深水采样器放至井中，让它在指定深度灌满水，然后将采样器提至地面，并将水样转入采样瓶中。

3.2.2.2 注意事项

（1）对需测水位的井水，在采样前应先测地下水位。

（2）从井中采集水样，必须在充分抽汲后进行，抽汲水量不得少于井内水体积的 2 倍，采样深度应在地下水水面 0.5m 以下，以保证水样能代表地下水水质。

（3）采样时采样器放下与提升的动作要轻，避免搅动井水及底部沉积物。

（4）对封闭的生产井可在抽水时从泵房出水管放水阀处采样，采样前应将抽水管中存水放净。

（5）对于自喷的泉水，可在涌口处出水水流的中心采样。采集不自喷泉水时，将停滞在抽水管的水汲出，新水更替之后，再进行采样。

（6）采样前，除 5 日生化需氧量、有机物和细菌类监测项目外，先用采样水荡洗采样器和水样容器 2~3 次。

（7）测定溶解氧、5 日生化需氧量和挥发性、半挥发性有机污染物项目的水样，采样时水样必须注满容器，上部不留空隙。但对准备冷冻保存的样品则不能注满容器，否则冷冻之后，因水样体积膨胀使容器破裂。测定溶解氧的水样采集后应在现场固定，盖好瓶塞后需用水封口。

（8）测定 5 日生化需氧量、硫化物、石油类、重金属、细菌类、放射性等项目的水样应分别单独采样。

（9）各监测项目所需水样采集量见表 3-1，表中采样量已考虑重复分析和质量控制的需要，并留有余地。

（10）在水样采入或装入容器后，立即按表 3-1 的要求加入保存剂。

（11）采集水样后，立即将水样容器瓶盖紧、密封，贴好标签，标签设计可以根据各站具体情况，一般应包括监测井号、采样日期和时间、监测项目和采样人等。

（12）用墨水笔在现场填写"地下水采样记录表"，字迹应端正、清晰，各栏内容填写齐全。

（13）采样结束前，应核对采样计划、采样记录与水样，如有错误或漏采，应立即重采或补采。

表 3 - 3

地 下 水 采 样 记 录 表

监测站名 _____

| 监测井编号 | 监测井名称 | 采样日期 | | | 采样时间 | 采样方法 | 采样深度 (m) | 气温 (℃) | 天气状况 | 现 场 测 定 记 录 | | | | | | | | | 样品性状 | 样品瓶数量 |
		年	月	日						水位 (m)	水量 (m³/s)	水温 (℃)	色	嗅和味	浑浊度	肉眼可见物	pH 值	电导率 (μS/cm)		

备 注 _____

固定剂加入情况 _____

采样人员 _____   记录人员 _____

3.2.2.3 采样记录

地下水采样记录包括采样现场描述和现场测定项目记录两部分，各省可按表 3 - 3 的格式设计全省统一的采样记录表。每个采样人员应认真填写"地下水采样记录表"。

3.2.3 污废水样品的采集

1. 采样方法及方式

由于工业废水是流量和浓度都随时间变化的非稳态流体，可根据能反映其变化并具有代表性的采样要求，采集合适的水样（瞬时水样、等时混合水样、等时综合水样、等比例混合水样和流量比例混合水样、单独水样等）。对于生产工艺连续、稳定的企业，所排放废水中的污染物浓度及排放流量变化不大，仅采集瞬时水样就具有较好的代表性；对于排放废水中污染物浓度及排放流量随时间变化无规律的情况，可采集等时混合水样、等比例混合水样或流量比例混合水样，以保证采集水样的代表性。测定废水中的 pH 值、溶解氧、硫化物、细菌学指标、余氯、化学需氧量、油脂类和其他可溶性气体等项目的废水不宜混合，要瞬时采集单独废水样，并予以尽快测定，不能及时分析的应采取相应保存方法。

废水和污水的采样方式如下：

（1）浅水采样。可用容器直接采集，或用聚乙烯塑料长柄采水勺采集。在排污管道或渠道中采样时，应在具有液体流动的部位采集水样。

（2）深层水采样。适用于废水或污水处理池中的水样采集，可使用专用的深层采样器采集。

（3）自动采样。利用自动采样器或连续自动定时采样器采集。可在一个生产周期内，按时间程序将一定量的水样分别采集在不同的容器中；自动混合采样时采样器可定时、连续地将一定量的水样或按流量比采集的水样汇集于一个容器中。

2. 注意事项

（1）根据排污口污染物排放情况，合理选择废水样品采集类型。

（2）用样品容器直接采样时，必须用水样冲洗 3 次后再行采样。但当水面有浮油时，采油的容器不能冲洗。

（3）采样时应注意除去水面的杂物、垃圾等漂浮物。

（4）用于测定悬浮物、BOD_5、硫化物、油类、余氯的水样，必须单独定容采样，全部用于测定。

（5）在选用特殊的专用采样器（如油类采样器）时，应按照该采样器的使用方法采样。

（6）凡需现场监测的项目，应进行现场监测。其他注意事项可参见地表水质监测的采样部分。

3. 采样记录

采样时应认真填写"污废水采样记录表"，具体格式可由各省制定。

表 3 - 4 　　　　　　　　　　污 废 水 采 样 记 录 表

监测站名＿＿＿＿＿＿＿＿＿＿＿＿＿＿＿＿＿　　　年　度＿＿＿＿＿＿＿＿＿＿＿＿＿＿

序号	企业名称	行业名称	采样口	采样口位置车间或出厂口	采样口流量(m³/s)	采样时间月日	颜色	嗅	备注

现场情况描述：

治理设施运行状况：

采样人员：＿＿＿＿＿＿＿＿＿＿＿　　企业接待人员：＿＿＿＿＿＿＿＿＿＿＿　　记录人员：＿＿＿＿＿＿＿＿＿＿＿

3.3　水 样 的 现 场 测 定

各种水质的水样从采集到分析这段时间里，由于物理、化学、生物的作用会发生不同程度的变化，这些变化使得进行分析的样品已不再是采样时的样品，从而使水样失去代表性。因此，采集水样后应尽快进行分析测定，以免在存放过程中引起水质变化。

某些特别容易发生变化的项目要求现场测定，如 pH 值、电导率、水中的溶解氧、二氧化碳、硫化氢、游离氯等水质参数。

1. 现场测定器材准备

现场测定需要准备的器材如下：

（1）测站位置图、现场采样记录表、采样瓶、标签、采样器、保存剂、绳索和工具等。

（2）现场测定参数所需要的缓冲溶液、标准溶液、蒸馏水、化学试剂及移液管等玻璃器皿。

（3）现场过滤设备及滤膜。

（4）细菌采样设备及无菌广口瓶、保护纸等。

（5）采样救生设备。

2. 现场测定参数

（1）pH 值、电导率、溶解氧、水温、透明度、氧化还原电位及浊度等水质参数应在采样点现场测定或就地测定。

（2）水位、流速、流量、气温、气压等水文气象参数应尽可能地与水质现场测定参数同步进行，水文测量按有关规范进行。

（3）潮汐河流现场采样应同时测量潮位。

3. 现场资料记载

现场测定应详细记载河流、湖泊水库名称、采样断面、断面位置、采样日期和时间、采样人员、采样天气情况、现场测定参数及质量控制与测站描述等，见采样记录表。

现场测定质量控制应记载现场平行样的份数、现场空白样和现场加标样处置情况等。除记载现场测定参数外，还应记载可能对水质产生影响的一般现场观测信息，包括水的异常颜色、异常气味、水藻过量生长、水面油膜及死鱼等现象。所有现场测定与记载应完整、清楚、准确，并在离开采样点之前完成。

3.4　水样的保存和运输

3.4.1　水样的保存

由于各种条件所限（如仪器、场地等），往往只有少数测定项目可在现场进行（温度、电导率、pH值等），大多数项目仍需送往实验室内进行测定。有时因人力、时间不足，还需要在实验室内存放一段时间后才能分析。因此，从采样到分析检验之间这段时间里，水样的保存是个很重要的问题，水样在采集后，如不妥善保存，水中所含物质发生物理、化学和生物学的变化是很普遍的。

3.4.1.1　水样变化的原因

（1）水中的细菌、藻类和其他生物可能消耗、释放或改变水中一些组分的化学形态，如溶解氧、二氧化碳、生化需氧量、pH值、碱度、硬度、氮、磷和硅化物等。通常，污水或污染严重的水样比天然水和较清洁水样更不稳定。

（2）水样中的某些组分可能因水中的溶解氧或通过与空气接触而被氧化，如有机化合物、亚铁离子、硫化物等。

（3）有些组分可能沉淀，如碳酸钙、金属等。

（4）pH值、电导率、二氧化碳、碱度、硬度等可能因从空气中吸收二氧化碳而改变。

（5）溶解状态和胶体状态的金属以及某些有机化合物可能被吸附在盛水器内壁或水样中固体颗粒的表面。

（6）一些聚合物可能会分解，如缩聚的无机磷和聚合的硅酸。

如此等等变化通常与水样的性质、环境温度、光线的作用及盛水器的性质等有关。要想完全制止水样在存放期间内的物理、化学和生物学变化是很困难的，水样保存的基本要求只能是应尽量减少其中各种待测组分的变化。

3.4.1.2　水样的保存方法

原则上讲，从采样到分析的时间间隔应越短越好。水样的保存期限主要取决于待测物的浓度、化学组成和物理、化学性质，不同的水样允许存放的时间也有所不同，根据一般经验，清洁水样保存时间以不超过72h，轻度污染水样不超过48h，受污染水样不超过12h为宜，污水存放时间则越短越好。为了保持水质，水样若不能及时进行分析，最好在保存时间内给予适当的处理。在环境监测中，水样保存的方法主要有以下几种。

1. 冷藏或冰冻保存

一般应保存在5℃以下（在3～4℃内为宜）的低温暗室内，这样可使生物活性受到抑制，生物、化学作用显著降低。

除了低温冷藏外，有的水样还需要深冷冰冻储存，因水样结冰会导致体积膨胀，一般选用塑料容器。将水样保存在 $-18\sim-22℃$ 的深冷条件下，对磷、氮、硅化合物以及生化需氧量等的稳定性都大有益处。分析时，应先将水样瓶置于温度为 $40\sim50℃$ 的水浴中，振荡、溶化并混匀后才能使用。

2. 加入化学试剂保存

水样保存的另一种方法是加入化学试剂。加入的方法可以是在采样后立即往水样中投加化学试剂，也可以是事先将化学试剂加到水样容器里，易变质的保存剂不能预先添加。对化学试剂的一般要求是有效、方便、经济并且应对测定无干扰和无不良影响。

不同水样和不同的被测物要求使用不同的保存药剂，最常用的保存药剂是酸。加酸保存能控制水样的 pH 值。例如，测定痕量金属的水样中，通常需加入 $0.05\sim0.1mol/L$ 的硝酸或盐酸，将水样酸化至 pH 值为 $1\sim2$，能大大抑制金属离子产生絮凝和沉降，并减少容器表面的吸附。测 COD 和脂肪也需将水样酸化保存。

加碱保存也能抑制和防止微生物的代谢过程。在测定氰化物或挥发酚的水样中，必须加入 NaOH 调节 pH 值至 $10\sim11$，使之生成稳定的酚盐。

加酸或加碱均会使水样体积增加，要注意计入分析结果。

加氯仿或氯化汞也常被用来抑制和防止微生物的代谢过程。例如，测定氨氮、硝酸盐氮、化学需氧量时常加入 $HgCl_2$，用来抑制生物的氧化还原作用。但它们本身是有毒的，因此要小心使用。

有的测定项目需用专门的保存药剂，如测硫化物需用硝酸锌等。

3. 其他措施

有时，水样采集后在现场立即采取一些措施，如过滤等，对水样的保存也是很有益的。水样中的藻类和细菌常可以因经过过滤而被截留，这样就可大大减小和防止水样中的生物活性作用。这种方法十分方便，过滤用的滤膜孔径常用 $0.5\mu m$。

如果要区分被测物是溶解状态还是悬浮状态时，如金属、磷等，也需要采样后立即过滤，否则这两种形态在水样储存期间会互相转化。当然，过滤器材应清洁，避免引入新的污染，同时还应防止过滤过程中由于 CO_2 的逸失或溶入而引起 pH 值的改变。

有的测定项目可在现场做完一部分分析步骤，使被测物"固定"在水样中，转变为稳定的形态。剩下的步骤可携回实验室内继续完成，如温克勒法测定溶解氧就是例子。

常见测定项目的水样保存方法见表 3-1。

3.4.2 水样的管理和运输

1. 样品的管理

除用于现场测定的样品外，大部分水样都要运回实验室进行分析测定。对于现场测试的样品，应严格记录现场检测结果并妥善保管；运回实验室分析测定的样品，则应认真填写采样记录或标签，并粘贴在采样容器上，标签具体内容如下：

样品编号_____

采样断面_____

采样站位_____

添加固定剂的种类和数量＿＿＿＿＿＿＿＿＿＿＿＿＿＿＿＿

检测项目＿＿＿＿＿＿＿＿＿＿＿＿＿＿＿

采 样 者＿＿＿＿＿＿＿＿＿＿＿＿＿＿＿＿＿

登 记 者＿＿＿＿＿＿＿＿＿＿＿＿＿＿＿＿＿

采样时间＿＿＿＿＿＿＿＿＿年＿＿＿＿月＿＿＿＿日

在样品瓶壁贴上已填好的标签，与采样记录核对后，应立即填写样品登记表，一式3份。登记表内容同标签，格式如表3-5和表3-6所示。

表3-5 **水 样 登 记 表**

监测站名＿＿＿＿＿＿＿＿＿＿＿＿＿＿＿＿ 年 度＿＿＿＿＿＿＿＿＿＿

样品编号	采样河流（湖、库）	采样断面及采样点	采样时间（月．日）	添加剂种类	数量	分析项目	备注

送样人员：＿＿＿＿＿＿＿ 接样人员：＿＿＿＿＿＿＿ 送检时间：＿＿＿＿＿＿＿

表3-6 **污 水 水 样 登 记 表**

监测站名＿＿＿＿＿＿＿＿＿＿＿＿＿＿＿＿ 年 度＿＿＿＿＿＿＿＿＿＿

样品编号	企业名称	行业名称	采样口名称	采样时间（月．日）	备注

送样人员：＿＿＿＿＿＿＿ 接样人员：＿＿＿＿＿＿＿ 送检时间：＿＿＿＿＿＿＿

2. 样品的运输

（1）水样采集后应立即送回实验室，根据采样点的地理位置和各项目的最长可保存时间选用适当的运输方式，在现场采样工作开始之前就应安排好运输工作，以防延误。

（2）样品装运前应逐一与样品登记表、样品标签和采样记录进行核对，核对无误后分类装箱。

（3）塑料容器要塞进内塞，拧紧外盖，贴好密封带，玻璃瓶要塞紧磨口塞，并用细绳将瓶塞与瓶颈拴紧，或用封口胶、石蜡封口。待测油类的水样不能用石蜡封口。

（4）需要冷藏的样品，应配备专门的隔热容器，并放入制冷剂。

（5）冬季应采取保温措施，以防样品瓶冻裂。

（6）为防止样品在运输过程中因震动、碰撞而导致损失或沾污，最好将样品装箱运输。装运用的箱和盖都需要用泡沫塑料或瓦楞纸板作衬里或隔板，并使箱盖适度压住样品瓶。

（7）样品箱应有"切勿倒置"和"易碎物品"的明显标识。

（8）样品运输时要有专人押运，送到实验室时，接样人员与送样人员双方应在样品登记表上签名，以示负责。

思 考 题

1. 水样的类型有哪些？分别对应在什么情况下需要采集？

2. 采样前应做哪些准备？

3. 如何制定采样计划？

4. 采样器有哪些材质？应如何选择？

5. 水样容器应如何清洗？

6. 采样器的类型有哪些？如何操作？各自的特点是什么？

7. 如何确定采样量？

8. 地表水的采样方法有哪些？采样时应注意什么？

9. 地下水的采样方法有哪些？采样时应注意什么？

10. 污废水的采样方法有哪些？采样时应注意什么？

11. 需要现场测定的项目有哪些？应准备的测定器材包括哪些？

12. 采集的水样应如何进行保存和管理？

13. 水样在运输的过程中应注意什么？

14. 采样记录表包含哪些信息？哪些需要在采样现场进行填写？

情景 4　水质监测实验室基本知识

学习目标：本情景介绍了实验室常用的仪器和设备的用途和使用方法，溶液的配制以及监测数据的误差分析和数据处理方法。通过本情景的学习，应具备以下单项技能：

(1) 熟悉实验室常用仪器的名称、规格、用途和使用注意事项。

(2) 熟悉实验室常用的设备型号和用途。

(3) 能对常用的容器进行洗涤、干燥和保存。

(4) 能根据实验的需要正确选择量器，掌握量器的使用方法。

(5) 掌握溶液的配制方法和相关计算。

(6) 理解误差的种类及其产生的原因，准确处理实验数据。

应形成的综合技能：能按照操作规范配制各种溶液。

4.1　常用仪器及设备

4.1.1　玻璃器皿

水质监测实验室在制备和提纯以及采集样品、处理分析样品、制备和储存各种溶液及标准溶液时，都需要使用大量的玻璃器皿。

玻璃器皿按材质分，可分为软质玻璃器皿、硬质玻璃器皿和高硅氧玻璃器皿。软质玻璃器皿有钙钠玻璃和钾玻璃，具有一定的化学稳定性、热稳定性和机械强度，透明性好，易于灯焰加工，但热膨胀系数较大，易于破碎，因此多制成不需要加热的仪器，如试剂瓶、漏斗、干燥器、量筒、玻璃管等。硬质玻璃也称硼硅玻璃，具有耐高温、耐腐蚀、耐电压、抗冲击性能好及膨胀系数小等特征，是可以用来加热的玻璃仪器，如烧杯、烧瓶、试管及蒸馏仪器等。高硅氧玻璃由二氧化硅、硼酸和碱性氧化物结合制成的具有网状结构的一种玻璃，它的熔点高，比石英的熔点仅低 100℃ 左右，有时可替代熔融的石英制品。

玻璃仪器的种类很多，各种不同要求的实验室还用到一些特殊的玻璃仪器，为了解和正确使用它，在此主要介绍一般通用的玻璃仪器。仪器名称、规格、用途及使用注意事项如表 4-1 所示。

表 4-1　　　　　　　　　　　　　常用玻璃器皿

名　称	规　格	主要用途	注意事项
烧杯 	容量/（mL） 25，50，100，250，400，500，800，1000，2000	配制溶液，溶解处理样品	(1) 加热时需在底部垫石棉网，防止因局部加热而破裂 (2) 杯内待加热液体的体积不要超过总容积的 2/3 (3) 加热腐蚀性液体时，杯口要盖表面皿

54

续表

名　称	规　格	主要用途	注 意 事 项
锥形瓶	容量（mL） 50，100，250，500，1000	用于容量滴定分析，加热处理试样	（1）加热时应置于石棉网上，以使之受热均匀 （2）瓶内液体应为容积的1/3左右
碘量瓶	容量（mL） 100，250，500，1000	碘量法、其他生成挥发物的定量分析	瓶塞应配套，漏水不能使用
平（圆）底烧瓶	容量（mL） 250，500，1000	加热及蒸馏液体	（1）加热时应置于石棉网上 （2）可加热至高温，注意不要使温度变化过于剧烈
圆底烧瓶	容量（mL） 50，100，250，500，1000	蒸馏	（1）加热时应置于石棉网上 （2）可加热至高温，注意不要使温度变化过于剧烈
量筒	容量（mL） 5，10，25，50，100，250，500，1000，3000	粗略量取一定体积的液体	（1）不能用量筒加热溶液 （2）不可作溶液配制的容器使用 （3）操作时要沿壁加入或倒出液体
容量瓶	容量（mL） 5，10，25，50，100，200，250，500，1000，2000	用于配制体积要求准确的溶液，定容分无色和棕色两种，棕色用于盛放避光溶液	（1）磨塞要保持原配、漏水的容量瓶不能用 （2）不能用火加热也不能在烤箱内烘烤 （3）不能在其中溶解固体试剂 （4）不能盛放碱性溶液
滴定管	容量（mL） 25，50，100	滴定分析中的精密量器，用于准确测量滴加到试液中的标准溶液的体积	（1）活塞要原配 （2）漏水不能使用 （3）不能加热 （4）碱式滴定管不能用来装与胶管作用的溶液

名　称	规　格	主要用途	注意事项
移液管　吸量管 	容量（mL） 　无分度移液管：1，2，5，10，25，50，100； 　直管式吸量管：0.1，0.5，1，2.5，10； 　上小直管式吸量管：1，2，5，10	滴定分析中的精密量器，用于准确量取一定体积的溶量	（1）使用前洗涤干净，用待吸液润洗 （2）移液时，移液管尖与受液容器壁接触，待溶液流尽后，停留15s，再将移液管拿走 （3）除吹出式移液管外，不能将留在管尖内的液体吹出 （4）不能加热，管尖不能碰坏
比色瓶 50mL	容量（mL） 10，25，50，100（具塞，不具塞）	比色分析	（1）比色时必须选用质量、口径、厚薄、形状完全相同的成套使用 （2）不能用毛刷擦洗，不可加热
滴瓶	容量（mL） 　30，50，125，250，有无色、棕色	常用盛装逐滴加入的试剂溶液	（1）磨口滴头要保持原配 （2）放碱性试液的滴瓶应该用橡皮塞，以防长时间不用而打不开 （3）滴管不能倒置，不要将溶液吸入胶头
细口瓶，广口瓶	容量（mL） 　30，60，125，500，1000，2000，有无色和棕色两种，棕色盛放避光试剂	也称试剂瓶，细口瓶盛放液体试剂，广口瓶盛放固体试剂或糊状试剂溶液	（1）不能用火直接加热 （2）盛放碱溶液要用胶塞或软木塞 （3）取用试剂时，瓶盖应倒放 （4）长期不用时应在瓶口与磨塞间衬纸条，以便在需要时顺利打开
洗瓶	容量（mL） 250，500，1000	洗涤仪器	（1）不能装自来水 （2）可以自己装配

名　称	规　格	主要用途	注意事项
冷凝管	长度（mm） 320，370，490，直形，球形，蛇形冷凝管	用于冷却蒸馏出的液体	（1）装配仪器时，先装冷却水胶管，再装仪器 （2）装配时从下口进冷却水，从上口出冷凝液，开始进水需缓慢，水流不能太大 （3）使用时不应骤冷骤热
干燥器	直径（mm） 160，210，240，300；分普通干燥器和真空干燥器	用于冷却和保存已经烘干的试剂、样器或已恒重的称量瓶，坩埚	（1）盖子与器体的磨口处涂适量的凡士林，以保证密封 （2）放入干燥器的物品温度不能过高 （3）开启顶盖时不要向上拉，而应向旁边水平错开，顶盖取下后要翻过来放稳，经常更换干燥剂
漏斗	直径（mm） 45，55，50，80，100，120	用于过滤或倾注液体	（1）不可直接使用火加热，过滤的液体也不能太热 （2）过滤时，漏斗颈尖端要紧贴承装容器的内壁 （3）滤纸铺好后应低于漏斗上边缘5mm
分液漏斗	容积（mL） 50，100，125，150，250，500，1000	分开两种密度不同又互不混溶的液体，作反应器的加液装置	（1）活塞上要涂凡士林，使之转动灵活，密合不漏 （2）活塞、旋塞必须保持原配 （3）长期不用时，在磨口处垫一纸条 （4）不能用火加热
研体	直径（mm） 60，80，100，150，190	研磨固体试剂	不能撞击，不能加热
表面皿	直径（mm） 45，60，75，90，100，120，150，200	用于盖烧杯及漏斗等，防止灰尘落入或液体沸腾液体飞溅产生损失，做点滴板	不能用火直接加热

续表

名　称	规　格	主要用途	注意事项
称量瓶 高壁　　低壁	容量（mL） 10，20，25，40，60， 5，10，15，30，45	称量或烘干样品，基准试剂，测定固体样品中水分	（1）洗净，烘干（但不能盖紧瓶盖烘烤），置于干燥器中备用 （2）磨口塞要原配 （3）称量时不要用手直接拿取，应用洁净的纸带或用棉纱手套 （4）烘干样品时不能盖紧磨塞

在水质监测实验中，还常用带有标准磨口的玻璃仪器，统称标准磨口玻璃仪器。这些仪器可以与相同编号的标准磨口相互连接。这样既可免去塞子及钻孔等手续，又能避免反应物或产物拔塞子玷污。

由于玻璃仪器大小及用途不一，故有不同编号的标准磨口。通常应用的标准磨口有10、14、19、24、29、34、40 和50 等多种，这些数字编号指最大端直径 mm 数。相同编号的内、外磨口可以紧密相连。

使用标准磨口玻璃仪器时须注意以下几点：

（1）磨口处必须洁净，若粘有固体杂质，则会使磨口对接不紧密，导致漏气，若固体杂物较硬，还会损坏磨口。

（2）用后立即拆卸洗净，若长期放置，磨口的连接处常会粘牢，难以拆开。

（3）除非反应中有强碱，一般使用时不涂润滑剂，以免玷污反应物或产物。

常见的一些标准磨口玻璃仪器如图 4-1 所示。

4.1.2　石英器皿

石英玻璃的主要成分是二氧化硅，除氢氟酸外，不与其他酸发生作用。熔点在 1650℃以上，热膨胀系数小，只有玻璃的 1/17，耐压性能好，抗化学腐蚀能力强。此外，石英对紫外光的透光性好，适用于紫外光部分的比色皿。石英烧杯和石英皿适用于蒸发溶液，而不会带入碱金属，常用于痕量元素的分析。但石英器皿价格较贵，且比玻璃更脆，易破损，使用时需特别小心。

4.1.3　塑料类器皿

塑料器皿按材质可分为聚乙烯器皿、聚丙烯器皿和聚四氟乙烯器皿。

1. 聚乙烯器皿

聚乙烯是一种软质材料，呈乳白色，很像石蜡，是一种最轻的塑料，温度降低时变硬，有高度耐寒性，-80℃时才完全失去弹性，介电性能好。低压聚乙烯的熔点为 120～130℃，高压聚乙烯熔点为 110～115℃。

聚乙烯的化学稳定性和力学性能好，可代替某些玻璃金属和木质品等。在室温下，不受浓盐酸、氢氟酸、磷酸或强碱溶液的影响，只被浓硫酸（＞60%）、浓硝酸、溴水及其

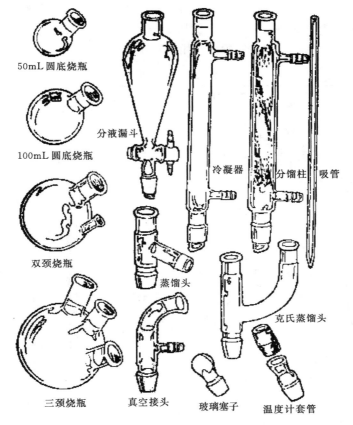

50mL 圆底烧瓶
100mL 圆底烧瓶
双颈烧瓶
三颈烧瓶
分液漏斗
蒸馏头
真空接头
冷凝器
分馏柱
吸管
克氏蒸馏头
玻璃塞子
温度计套管

图 4-1 标准磨口玻璃仪器

他强氧化剂慢慢侵蚀,有机溶剂会侵蚀聚乙烯塑料,故不能用塑料瓶储存,聚乙烯塑料可储存水、标准溶液和某些试剂溶液,比玻璃容器优越,尤其适于痕量物质分析。

2. 聚丙烯器皿

聚丙烯熔点较聚乙烯高,为 130~140℃,小于 150℃时外观形状不变,因而是一种很有发展前途的材料。它力学性能好、介电性能好且不受温度和频率的影响,与大部分化学试剂不发生作用,高于 $80^{\circ}C$ 开始溶于芳香族碳氢化合物,室温下难溶于有机化合物。

3. 聚四氟乙烯器皿(氟塑料)

聚四氟乙烯外观白而光滑、似蜡,绝缘性好,不受环境及电场的影响。它的熔点是塑料中最高的,达 380~385℃,使用温度范围为 -100~250℃。其薄膜的柔软性在 100℃之下不变,不被水浸润,具有冷流动性,在压力为 20~25MPa 时,常温下可连续流动。聚四氟乙烯不与任何化学物质起作用,也不受氧气和紫外线的影响,稳定性超过了金和铂,有"塑料王"之称,可用于制造烧杯、蒸发皿、坩埚、滴定管及分液的活塞、搅拌棒和表面皿等。

4.1.4 常用瓷制器皿

瓷制器皿主要优点是耐高温,其次是对酸、碱的稳定性比玻璃好,灼烧失重小,价格便宜，因此在实验室中广泛使用。由于瓷制器皿的主要成分仍然是硅酸盐，在高温下被 NaOH、KOH、Na_2CO_3 腐蚀，因此，不能用于碱溶法分解样品，也不能用氢氟酸在瓷器皿中分解处理样品。表 4-2 列出实验室常用瓷器皿。

表 4-2　　　　　　　　　　　　　　　　常用瓷器皿

名　称	常用规格	主要用途	注意事项
蒸发皿	容量（mL） 无柄：35，50，100，150，200，300，500，1000； 有柄：30，50，80，100，150，200，300，500，1000	蒸发浓缩液体 用于 700℃ 以下物料灼烧	（1）能耐高温，但不宜骤冷 （2）一般在铁环上直接用火加热，但须在预热后再提高加热强度
坩埚	容量（mL） 高型：15，20，30，50， 中型：2，5，10，15，30，50，100； 低型：15，25，30，45，50	灼烧沉淀，处理样品	（1）能耐高温，但不宜骤冷 （2）根据灼烧物质的性质选用不同材料的坩埚
研体	直径（mm） 普通型：60，80，100，150，190；深型：100，120，150，180，205	混合、研磨固体物料	（1）不能作反应容器，放入物质量不超过容积的 1/3 （2）绝对不允许研磨强氧化剂（如 $KClO_4$） （3）研磨时不得敲击
点滴板	孔数：6，12，上釉瓷板，分黑、白两种	定性点滴试验，观察沉淀生成或颜色	（1）白色点液板用于有色沉淀，显色试验 （2）黑色点滴板用于白色、浅色沉淀，显色试验
布氏漏斗	外径（mm） 51，67，85，106，127，142，171，215，269	用于抽滤物料	（1）漏斗和吸滤瓶大小要配套，滤纸直径略小于漏斗内径 （2）过滤前，先抽气，结束时，先断开抽气管与滤瓶连接处再停抽气，以防止液体倒吸

续表

名　称	常用规格	主要用途	注意事项
白瓷板	长×宽×高（mm） 152×152×5	滴定分析时垫于滴定板上，便于观测滴定时的颜色变化	

4.1.5　常用器具

玻璃器皿、瓷制器皿使用过程中常配备台架、夹持等工具及实验中配套使用的器具。常用的器具见表 4－3。

表 4－3　　　　　　　　常 用 器 具

名　称	用　途	名　称	用　途
水浴锅	用于加热反应器皿，电热恒温水浴使用更为方便	滴定台　滴定夹	夹持滴定管
铁架台和三角架	固定放置反应容器，如要加热，在铁环或铁三脚架上要垫石棉网或泥三角	移液管（吸管）架	放置各种规格的移液管（吸量管）
石棉网	加热容器时，垫在容器和热源之间，使受热均匀	漏斗架	放置漏斗进行过滤

名　　称	用　　途	名　　称	用　　途
泥三角	架放直接加热的小蒸发皿	试管架	放置试管
万能夹　烧瓶夹	夹持冷凝管，烧瓶等	比色管架	放置比色管

4.1.6　实验室常用的仪器设备

4.1.6.1　天平

天平种类较多，各类天平对应的精度如表 4-4 所示。

表 4-4　　　　　　　　　　　　　　天 平 的 精 度

天 平 类 型		精　　　度
托盘天平		0.1g
普通天平		0.001g
分析天平	半自动光电天平	0.1mg
	全自动光电天平	
	电子分析天平	
微量天平		0.01mg
超微量天平		0.001mg

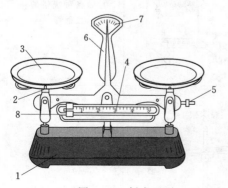

图 4-2　托盘天平

1—底座；2—托盘架；3—托盘；4—标尺；5—平衡螺母；6—指针；7—分度盘；8—游码

1. 托盘天平

托盘天平也称架盘天平或者普通药用天平，如图 4-2 所示，分度值一般在 0.1～0.2g 内，最大载荷可达 5000g。用于称量准确度要求不高的实验材料。称量时，取两张质量相当的纸，放在两边天平盘上，调节好零点，然后在左边天平盘上加入欲称样品，在右边天平盘上加砝码。加砝码的顺序一般是从大的开始加起，如果偏重再换小砝码。大砝码放在托盘中间，小砝码放在大砝码周围。称量完毕后将砝码放入砝码盒，两个天平盘放在一边，以免天平经常处于摆动状态。称量时不许用手拿取砝码，化学试剂不许直接放在天平盘上。

2.光电分析天平

光电分析天平或称电光分析天平，分度值为 0.0001g（0.1mg），所以又称万分之一天平，最大荷载为 100g 或者 200g。目前我国使用最多的是 TG－328A（全自动电光分析天平）和 TG－328B（半自动电光分析天平）。TG－328A 全部采用机械加码，称物盘在右边；TG－328B 部分采用机械加码（图 4－3），称物盘在左边。以上各种天平从结构上讲都是等臂双盘天平。

3.单盘天平

单盘天平（图 4－4）只有一个放称量物的天平盘，盘和砝码都放在天平梁的同一臂上，另一臂是质量一定的配重砣。这种天平一般都具有机械加码和光学读数装置，称量速度比等臂双盘天平快得多。目前我国采用较多的是 DT－100 和 TG－729 型单盘天平。

4.电子分析天平

（1）电子天平的称量原理。

电子天平的原理一般都是利用电磁力或

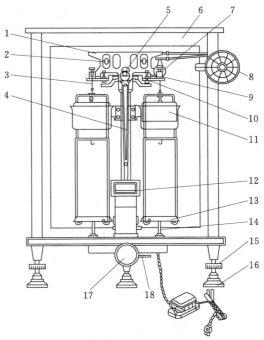

图 4－3 半机械加码电光天平结构

1—横梁；2—平衡砣；3—吊耳；4—指针；5—支点刀；6—框罩；7—圈码；8—指数盘；9—支力销；10—托翼；11—阻尼内筒；12—投影屏；13—秤盘；14—盘托；15—螺旋脚；16—垫脚；17—升降旋钮；18—调屏拉杆

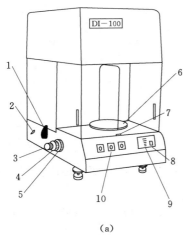
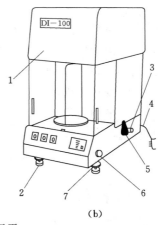

（a） （b）

图 4－4 单盘天平

（a）

1—停动手钮；2—电源开关；3—0.1～0.9g 减码手轮；4—1～9g 减码手轮；5—10～90g 减码手轮；6—秤盘；7—圆水准器；8—微读数字窗口；9—投影屏；10—减码数字窗口

（b）

1—顶罩；2—减震脚垫；3—零调手钮；4—外接电源线；5—停动手钮；6—微读手钮；7—调整脚螺钉

电磁力矩平衡的原理进行称量。电子天平的传感器装在秤盘的下方，在电路接通瞬间，稳压二极管将电源电压稳定，并为间隙式光电断路器光电二极管提供一个恒压源。光电二极管发出一束稳定的光源，光电三极管接收到光信号后，处于饱和导通状态。15V电源经光电三极管集电极加到增益调整电阻 R_3 和 R_4 上，在 R_3 和 R_4 上产生的电压信号经 R_5 输入到高精度集成运算放大器IC同相端，放大后由IC的6脚输出，直接合到功率三极管基极。功率管导通，电感线圈得电。电子分析天平内、外部结构如图4-5和图4-6所示。

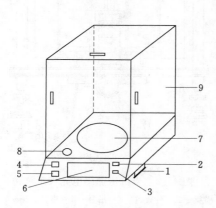

图4-5　电子分析天平外部结构

1—插座；2—〈ON/OFF〉开启显示器键；3—〈ZERO〉
清零键；4—〈CAL〉校准功能键；5—单位转换键；
6—读数显示器；7—称量盘；
8—水平仪；9—玻璃门

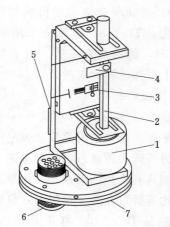

图4-6　电子分析天平内部结构

1—电感式称重传感器；2—称重机构连杆；
3—功率管；4—狭缝调整板；
5—电阻R；6—插座；
7—天平底座

当电感线圈中有电流通过时，称重机构在电感线圈电磁力的作用下向上移动，狭缝调整板挡住部分光电二极管发出的光源。光电三极管基极电流减小，集电极电流下降，可调电阻 R_3 和 R_4 上电压下降，引起电路中各点的电流电压降低，最终实现将称重机构上浮位移控制在传感器线性变化范围内。

（2）电子分析天平的使用方法。

1）仪器的使用。

a. 天平的安放。应放置于房间角落的稳定操作台上，并使之远离房门、窗户、散热片及空调通风口。

b. 调节水平。天平有一只水平泡及两只水平调节脚，以弥补称量操作台面的细微不平整对称量结果的影响。当水平泡调至中央时，天平就完全水平了。可以调节两只水平调节脚，直到水平泡至中央位置。

c. 接通电源。将交流电源适配器一端插入天平，另一端接通电源，电源电压变化要小。天平接通电源，开始通电工作（显示器未工作），通常需要预热以后方可开启显示器进行操作使用。

d. 键盘的操作功能。

〈ON/OFF〉开启显示器键：只要轻按一下〈ON/OFF〉键，显示器全亮，对显示器的功能进行检查，约几秒后显示天平的型号，然后是称量模式；关闭显示器再次轻按〈ON/OFF〉键，显示器熄灭即可，若要较长时间不再使用天平，应拔去电源线。

〈ZERO〉清零，去皮键：置容器于秤盘上，显示出容器的质量，然后轻按〈ZERO〉键，显示消隐，随即出现全零状态，容器的质量值已去除，即去皮重。当拿去容器，就出现容器质量的负值，再轻按〈ZERO〉键，显示器为全零，即天平清零。

e. 天平的调校。为了确保获得准确的称量结果，天平必须调校使之符合当地的重力加速度。调校应在首次使用前、达定期的称量维护时、改变放置位置后。

调校步骤：准备好校准用砝码，让天平空载，并让天平通电 20～30min（以获得稳定的工作温度）后，按〈CAL〉键，天平出现最大称量质量如"100.0000g"闪烁，以及在该数字的下方出现"CAL"字样，将校准砝码置于称盘中央，等待片刻，出现当稳定的"100.0000g"及"CC"时，表示校正完成。移去砝码，等待片刻，再次将校准用砝码放在秤盘上，天平应显示"100.0000g"，否则应继续校正。天平的校准结束，等待称量。

f. 称量（直接称量法或间接称量法）。将空容器放在天平秤盘上，天平显示其重量值，等待稳定指示符显示，单击〈ZERO〉清零键，天平回零，向容器中加待称物，等待直到数字后显示稳定指示符"g"，读取称量结果。

g. 填写使用记录。

2）仪器的维护与保养。

a. 天平应放在水泥台上或坚实不易振动的台上，天平室应避开附近常有较大振动的地方。天平室应注意随手关门。

b. 天平的安放应避免阳光直射、强烈的温度变化及空气对流，应安放于干燥的环境中，可在风罩内放干燥剂。

c. 工作环境温度为 10～30℃，相对湿度在 70% 以下。

d. 在称量完化学样品后，应用毛刷清洁秤盘和底板。保持天平内部清洁，必要时用软毛刷或无水乙醇擦净。

e. 称量易挥发和具有腐蚀性的物品时，要盛放在密闭的容器中，以免腐蚀和损坏电子天平。

f. 称量重量不得超过天平的最大载荷。

g. 经常对电子天平进行自校或定期外校，保证其处于最佳状态。

h. 若天平发生故障，不得擅自修理，应立即报告相关负责人。

i. 天平放妥后不宜经常搬动。必须搬动时，移动天平位置后应重新校准后方可使用。

（3）称量方法。

1）直接称量法。用于直接称量某一固体物体的质量，如小烧杯。

要求：所称物体洁净、干燥，不易潮解、升华，并无腐蚀性。

方法：将空容器（用一干净的纸条套住，也可采用戴专用手套）放在天平秤盘上，天平显示其重量值，等待稳定指示符显示，单击〈ZERO〉清零键，天平回零，向容器中加待称物，等待直到数字显示稳定指示符"g"后，读取称量结果。

2）差减称量法。用于称量一定质量范围的试样。适于称取易吸水、易氧化或易于和 CO_2 反应的物质，也适用于连续称量几份同一试样的称量。

称量方法：在干燥洁净的称量瓶中，装入一定量的样品，盖好瓶盖，放在天平盘上称其质量，记下准确读数。然后取下称量瓶，将洗净干燥容器置于天平中，调零，打开称量瓶瓶盖，使瓶倾斜，用瓶盖轻轻敲击瓶的上沿，使样品慢慢倾出于容器中，接近称量质量时，慢慢竖起称量瓶，再轻轻敲击几下，使瓶口不留一点试样。将倾出样品后的称量瓶放回天平盘上再称其准确质量。称量瓶倾出前和倾出后样品质量差为称量的样品质量。如称出的试样超出要求值，只能弃去。称量时必须用纸条套住称量瓶或戴称量手套，注意不要把试样洒在容器外面。

称取一些吸湿性很强（无水 $CaCl_2$、无水 $MgClO_4$、P_2O_5 等）及极易吸收 CO_2 的样品 ［CaO、$Ba(OH)_2$ 等］ 时，要求动作迅速，必要时还应采取其他保护措施。

4.1.6.2　电热设备

电热设备是实验室中最常用的电气设备。

1. 电炉

按结构不同电炉又可分为：暗式电炉，即炉丝被铁盖封严，用于一些不能用明火加热的实验；球形电炉，用于加热圆底烧瓶类容器；加热套，用于水及有机溶剂的蒸馏及有机反应等。另外还有一种调温电炉。

使用电炉时应注意以下事项：

（1）加热的金属容器不能触及炉丝；否则造成短路，烧坏炉丝甚至发生触电事故。

（2）耐火砖炉盘不耐碱性物质腐蚀，切勿把碱性物质散落其上并及时清除灼烧焦糊物质，保持炉丝传热良好，延长其使用寿命。

（3）电炉的连续使用时间（特别是使用电压较高）不应过长，过长会缩短炉丝使用寿命。

2. 高温电炉

高温电炉也叫马弗炉，用于称量分析中灼烧沉淀、测定灰分、挥发分、有机物的灰化处理以及样品的熔融分解等操作。

使用注意事项如下：

（1）高温电炉必须安装在固定水泥台上，周围不得存放易燃易爆物品，更不能在炉上灼烧有爆炸性危险的物质。不得把样品装入玻璃器皿在高温中灼烧。

（2）使用电压必须和高温炉所需的电压相符，配置功率合适的插头、插座及熔丝，并接好地线。炉前地上应铺一块绝缘胶板，以保证操作安全。

（3）新的炉膛必须在低温下烘烤数小时，以防炉内受潮后因温度剧变而龟裂。

（4）使用马弗炉，应随时观察炉温变化，不得脱岗。

（5）不得长时间使用最高温度。用完后应立即切断电源，关好炉门，防止耐火材料受潮气侵蚀。

3. 电热干燥箱

电热恒温干燥箱简称烘烤箱或者干燥箱，是实验室中最常见的干燥试样、玻璃器皿及其他物品的设备。

烘烤箱的型号很多，但结构基本相似，一般由箱体、电热系统、自动恒温控制系统 3 部分组成。

使用烘箱的注意事项如下：

（1）烘箱应安装在室内通风、干燥、水平处，防止振动和腐蚀。

（2）根据烘箱的功率及所需电源电压，配置合适的插头、插座和熔丝，接好地线。使用烘箱前，必须首先打开烘箱上部的排气孔，然后接通电源，将调温旋钮转至适当位置，并随时调整，至所需温度为止。

（3）不得在烘箱中烘烤有腐蚀性、易燃易爆及附有大量有机溶剂的物质（分子筛、色谱担体等）。严禁在烘箱中烘烤食品。

（4）不得将样品、试剂直接放在隔板上或用纸衬垫、用纸包裹，必须放于量瓶、玻璃或瓷质器皿中烘干。

（5）带鼓风的干燥箱，在加热和恒温过程中必须开动鼓风机，否则会影响烘箱内温度的均匀性和损坏加热元件。

（6）保持箱内外清洁。用完后及时切断电源，并把调温旋钮转至零位。

4. 培养箱

电热恒温培养箱简称培养箱，是培养微生物必备的设备。其结构与普通干燥箱大致相同，只是因为使用温度在 60℃ 以下，一般常用温度为 37℃，所以它的温控系统较为精密。一般采用高稳定性热敏电阻作感温元件，以温度控制器来控制温度。

培养箱的使用注意事项除了与干燥箱相同的内容以外，更重要的一点是保持箱体内外的清洁。

5. 电热恒温水浴锅

电热恒温水浴锅是实验室常用的蒸发和恒温加热设备。

（1）使用方法。

1）关闭放水阀，往水浴内注入清水至水槽 2/3 位置。

2）将电源插头插入电源插座，并接好地线。

3）按所需温度顺时针方向旋转调温旋钮至适当位置。

4）开启电源开关，红灯亮表示已开始加热。当温度计读数上升到距离要控制的温度约 2℃ 时，逆时针方向转动调温旋钮至红灯熄灭，表示已恒温。如没有达到预定的温度，再略微调节调温旋钮，直至达到所需温度为止。

5）用完后及时切断电源，把控温旋钮转至零。

（2）使用注意事项。

1）水槽内水位不得低于电热管；否则电热管会被烧坏。

2）电器控制箱内不可受潮，以防漏电伤人或损坏仪器。

3）使用时应随时注意水箱是否有渗漏现象。槽内水位不足 2/3 时，要随时补加。

4.1.6.3　其他设备

1. 电冰箱

电冰箱是实验室常用的制冷设备，用于低温保存样品、试剂和菌种等。电冰箱的冷冻室可制冰块或冷冻小型物品。

2. 真空泵

一般实验中，真空泵主要用于以下几个方面：

（1）真空干燥。真空泵与干燥箱相连，样品放在干燥箱中，在真空状态使样品中吸附的水分、有机溶剂等挥发，达到干燥净化的目的。这样可以在较低的温度下除去样品中的水分及难以挥发的高沸点杂质，以免样品在高温下分解。

（2）真空蒸馏。真空蒸馏即减压蒸馏。降低系统的压力可以降低物料的沸点，达到在较低温度下蒸馏的目的，特别适用于在高温下易分解的有机物的蒸馏，如苯胺、二甲基甲酰胺等都需要用真空蒸馏。

（3）真空过滤。即减压过滤，目的是加快过滤速度。

3. 电磁搅拌器

其主要用于 pH 值的测定、离子选择电极测定各种离子、电位滴定及其他需要搅拌的化学反应中。

使用与维护注意事项如下：

（1）接通电源，打开电源开关，磁铁即开始转动，调节转速旋钮，控制适合转速，不可太快以免把溶液溅出。

（2）反应容器外应保持干燥，以免造成漏电。

（3）严防反应溶液溅出，腐蚀托盘。

（4）用完后及时断电，放在干燥处保存。

4. 离心机

离心机主要用于液体中沉淀物或悬浮物质的分离或两种以上液体形成的乳化溶液的分离操作。

使用与维护注意事项如下：

（1）每次实验使用的离心管的规格要符合要求，直径、长短及每支管的质量要统一，并保持其清洁、干燥。

（2）加入离心管的液体密度及体积应一致，且不允许放超过离心管的标称容量，在放入离心管时，应保持离心管的位置对称，否则会因离心管的配重不平衡而使离心机在高速运转时产生剧烈抖动，轻则使溶液甩出，重则造成离心机损坏。

（3）离心机的转速及离心时间的设定，应根据实验的需要来调整，应由低转速逐渐调至高转速，切不可直接在高速运转。

（4）离主机的套管（放离心管的位置）应保持清洁干燥。

5. 气体钢瓶与高压气

各种高压气的气瓶必须在装气前经过试压并定期进行技术检验，充装一般气体的有效期为 3 年，充装腐蚀性气体的有效期为两年。不符合国家安全规定的气瓶不得使用。

（1）各种高压气体钢瓶的外表必须按规定漆上颜色、标志并标明气体名称，见表4-5。

表4-5　　　　　　　　　　　　　　高压气气瓶标志

气体名称	瓶外表颜色	气名颜色	气体名称	瓶外表颜色	气名颜色
氧	天蓝	黑	压缩空气	黑	白
氢	深绿	红	乙炔	白	红
氮	黑	黄	二氧化碳	黑	黄
氩	灰	绿			

（2）气瓶身上附有两个为防震用的橡胶圈，移动气瓶时瓶上的安全帽要旋紧，且不应放在高温附近。

（3）未装减压阀时绝不允许打开气瓶阀门，否则易造成事故。氧气瓶与专用器具严禁与油类接触。乙炔中加有丙酮，不能用一般气瓶盛装乙炔，以防爆炸。

（4）不得把气瓶中的气体用完，待用后气瓶的剩余压为0.3~0.5MPa时，便不能再使用，应立即将气瓶阀门关紧，不让余气漏掉。因为气瓶内所盛气体的纯度都有一定的要求，如果气瓶不留余气，则空气或其他气体就会侵入气瓶内，使原有气体不纯，下次再充气使用时就会发生事故。气瓶内储存的气体品种很多，由于所装气体性质不同，剩余残压也有所不同，建议残压不少于0.03~0.05MPa。

（5）气瓶与用气室分开，直立并固定，室内放置气瓶不得过多。

4.2　容器的洗涤、干燥及保存

4.2.1　容器的洗涤

水质监测所用容器是否洁净，对实验结果的准确性和精密度有直接影响。因此，洗涤容器是实验工作中的一个重要环节。

4.2.1.1　容器的洗涤

常量分析所用玻璃容器的洗涤，一般先用自来水和毛刷洗涤，除去仪器上的尘土和其他不溶性和可溶性杂质；如未干净再用去污粉、肥皂、合成洗涤剂洗刷，可洗去油污和有机物；若仍有沾污可用洗液浸泡洗涤，然后再用自来水冲洗干净，最后用蒸馏水或去离子水润洗容器内壁2~3次。蒸馏水的用量遵循"少量多次"的原则。

已洗净的仪器，应该清洁透明，水沿壁自然流下，均匀湿润而不挂水珠。

有些实验对仪器的洗涤有特殊要求，在用上述方法洗净后，还需要做特殊处理。例如，分光光度计的比色皿用于测定有机物后，应用有机溶剂洗涤。必要时可用硝酸浸洗，但要避免用重铬酸钾洗液洗涤，以免重铬酸钾盐附着在玻璃上。用酸浸后，先用水冲净，再用乙醇或丙酮洗涤、干燥。

古氏坩埚、滤板漏斗及其他砂芯滤器，由于滤片上的孔隙很小，极易被灰尘、沉淀物堵塞，又不能用毛刷刷洗，需选用适宜的洗涤剂浸泡抽洗，然后再用自来水冲洗，蒸馏水润洗2~3次。适用于砂芯滤器的洗液见表4-6。

表 4－6　　　　　　　　　　　　　　　　砂芯滤器的常用洗涤液

沉淀物	有效洗涤液	用　法
新滤器	热盐酸、铬酸洗液	浸泡、抽洗
氯化银	1＋1 氨水、10％硫代硫酸钠	先浸泡再抽洗
硫酸钡	浓硫酸或 3％EDYA500mL＋浓氨水 100mL	浸泡、蒸煮、抽洗
汞	热浓硝酸	浸泡、抽洗
氧化铜	热的氯酸钾与盐酸混合液	浸泡、抽洗
有机物	热铬酸洗液	抽洗
脂肪	四氯化碳	浸泡、抽洗

4.2.1.2　常用洗涤液的配制和使用

1. 铬酸洗涤液

称取 20g 工业品重铬酸钾置于 500mL 的烧杯中，加入 40mL 水、加热溶解。冷却后，将 360mL 浓硫酸沿玻璃棒慢慢加入上述溶液中，边加边搅拌，冷却后转入细口瓶备用。该洗液用于洗涤一般油污及有机物，用途最广。浸泡玻璃仪器时，最好放置一夜，再用水冲洗。

新配制的洗液呈暗红色，具有强腐蚀性，浸泡在洗液中的玻璃仪器，最好用玻璃或耐酸的塑料工具取出，防止烧伤皮肤、衣物；洗液可以反复使用，用后倒回原瓶内，盖好瓶塞，以防洗液吸水而失效；被洗涤的仪器不宜有水，以免冲淡洗液而降低其效力；如洗液呈绿色，则氧化能力降低，此时可加入浓硫酸将 3 价铬氧化后继续使用；洗涤液经长期使用或吸收过多水分即变成黑绿色，此时，绝大部分的重铬酸钾还原成硫酸铬，不再有氧化能力，不宜再用。

2. 碱性高锰酸钾洗液

称取 4g 高锰酸钾溶于少量水中，然后加入 10g 氢氧化钠，再加水至 100mL。本洗液作用缓慢温和，可洗涤油污及有机物，洗涤后在玻璃器皿上留下一层氧化锰沉淀可用盐酸或草酸洗掉。

3. 碱性乙醇洗液

称取 12g 氢氧化钠溶解在 12mL 水中，再加入 100mL 乙醇（95％），保存于胶塞瓶中。该洗液可用于洗涤油脂、焦油及树脂。使用时注意防火，防止挥发。

4. 纯酸洗液

根据污垢的性质，如水垢或盐类结垢，可直接用 1＋1 盐酸或 1＋1 硫酸、10％以下的硝酸、1＋1 硝酸浸泡或浸煮器皿，但加热的温度不宜太高，以免浓酸挥发或分解。

5. 硝酸—过氧化氢洗液

特殊难洗的化学污物，可用 15％～20％的硝酸加等体积的 5％过氧化氢洗涤，该洗液久存易分解，应现用现配。

6. 有机溶剂

沾有较多油脂性污物的玻璃仪器，尤其是难以使用毛刷洗刷的玻璃仪器，如活塞内孔、吸管和滴管的尖头、滴定管等，可用苯、甲苯、二甲苯、丙酮、酒精、氯仿等有机溶剂浸泡或擦洗。使用该洗液应注意毒性、可燃性，用过的废溶剂应回收，蒸馏后仍可继续使用。

4.2.2 玻璃仪器干燥

不同的监测操作，对仪器是否干燥及干燥程度要求不同。有些可以是湿的，如常量分析中用的三角瓶、烧杯等，洗净后即可使用；有的则要求是干燥的；有的只要没有水痕；有的则要求完全无水，所以应根据实验要求来干燥仪器。常用的干燥方法有以下几种。

1. 倒置控干

把洗干净的仪器倒置在干净的架子或柜内，任其自然晾干。容量仪器、加热烘干会炸裂的仪器以及不急需使用的仪器都可采用此法。

2. 烘干

这是最常用的方法，其优点是快捷、省时间。烘干温度一般控制在 105～110℃烘 1h 左右，将洗净的仪器尽量将水倒尽后放入烘箱内，仪器口朝下，并在烘箱的最下层放一搪瓷盘，承接从仪器上滴下的水，以免滴到电热丝上损坏电热丝。烘干的玻璃仪器一般都在空气中冷却，但称量瓶等用于精确称量的玻璃仪器则应在干燥器中冷却保存。任何量器均不得用烘干法干燥，如容量瓶不得在烘箱中烘干，也不能用任何方法加热。

3. 烤干

一些常用的烧杯、蒸发皿等，可放在石棉网上用小火烤干。试管可用试管夹夹住后在火焰上来回移动直至烤干。烤时必须使试管口低于管底，以免水珠流到灼烧部位使试管炸裂。烤干法只适用于硬质玻璃仪器，有些玻璃仪器，如比色皿、比色管、称量瓶、试剂瓶等不宜用烤干法干燥。

4. 吹干

急需使用干燥的玻璃仪器而不便于烘干时，可使用电吹风快速吹干。如果玻璃仪器大量带水，应先用丙酮、乙醇、乙醚等有机溶剂冲洗一下，然后用冷风吹 1～2min，待大部分溶剂蒸发后，再用热风吹，吹干后再吹冷风，使仪器逐渐冷却至室温。一些不宜高温烘烤的玻璃仪器，如移液管、滴定管均可用电吹风法快速干燥。此法要求在通风处中进行，防止中毒，不要接触明火，以防有机溶剂蒸气着火爆炸。

5. 高温净化干燥

在 500～800℃温度下灼烧，不仅能起干燥作用，而且还能烧去仪器上的污物和不易洗掉的结垢。用此法干燥的仪器多属于瓷质制品和石英制品。

带有刻度计量仪器的干燥只能用晾干或用有机溶剂吹干，不能采用热（冷）风吹干，因为热（冷）会影响仪器的精度。

4.2.3 玻璃仪器的保存

在实验室中常用的玻璃仪器，应根据其特点、用途和方便、实用的原则加以保管，按种类、规格顺序存放。

1. 移液管

可在洗净后，用滤纸包住两端，置于吸管架上（横式），也可置于有盖搪瓷盘中，垫以清洁的纱布保存。

2. 滴定管

可倒置在滴定架上，或盛满蒸馏水，上加套指形管或小烧杯。使用的滴定管（内装试液）在操作暂停期间也应加套或小烧杯以防止灰尘落入。

3. 清洁的比色皿、比色管、离心管等

要放在专用的盒中或倒置在专用架上。

4. 具磨口塞的清洁玻璃仪器

如量瓶、碘量瓶、称量瓶、试剂瓶等，使用前应用小绳将塞子拴好，以免打破塞子或者互相弄混，暂时不用的磨口仪器，磨口处要垫一纸条，用皮筋拴好塞子保存。

5. 成套的专用仪器

如索氏提取器、凯氏定氮仪、K－D浓缩器、全玻璃蒸馏器等，用完后要及时洗涤干净，存放于专用的包装盒中。

6. 小件仪器

可放在带盖的托盘中，盘内要垫以清洁的纱布或滤纸。

4.3　量器的校验及使用

4.3.1　量器的校验

新购置的量器和长时间使用的量器应进行必要的校正。实验室中对测量精度要求较高的玻璃量器，也应定期（每年一次）进行校正，以确保其标称量的准确性。校正应由有经验的人员或技术监督部门的专业人员进行，校正的方法应依照《常用玻璃器皿检定规范》（JJG 196—90）和《标准玻璃器检定规程》（JJG 20—89）的规定进行。

4.3.2　量器的选择

4.3.2.1　量器的种类与等级

1. 量器的种类

量器按其用途不同可分为量入式和量出式两种。量入式量器用来测定注入量器内液体的体积，如容量瓶、具塞量筒等。量出式量器用来测定自量器内排出液体的体积，如滴定管、移液管等。

2. 量器的等级

量器所标出的标线和数字（通过标准量器给定的），称为量器在标准温度20℃时的标称容量。玻璃量器按其标称容量准确度（容量允差）的高低和流出的时间分为A级和B级两种。A级与B级相比，精度高1倍。凡分级的量器，上面都有相应的等级标志，如滴定管、容量瓶和吸量管等。无"A"、"B"字样的量器则表示不分级别，如量筒、量杯等。

4.3.2.2　量器的标准容量允差

容量允差就是量器的实际容量和标称容量之间存在的差值，是量器重要的技术指标。

各种体积和各种级别量器在 20℃ 时标准容量允差可参照《实验室玻璃仪器玻璃量器》(GB/T 12803—12810—1991) 中的要求。

4.3.2.3 水的流出时间和等待时间

流出时间是指量器内液体充至全量标线（即最高刻度）时，通过排液嘴自然流出至最低刻度所需的时间（s）。等待时间是指当水流出至所需刻度以上约 5mm 处，为了使附着于器壁上的水全部流下来需要等待的时间（s）。流出时间越短，残存水量越大；反之越小。因此，对于量出式量器，如滴定管、吸量管等，流出时间不一致或等待时间不足，必然会影响量值的准确度；但过分延长等待时间也毫无必要，具体技术指标详见《常用玻璃器皿检定规范》(JJG 196—1990)。

4.3.2.4 选择合适的量器

量器的种类、等级、标称容量不同，其容量允差也不同。选择得当，可以减少由于量器本身引起的误差。例如：

无分度吸管的容量允差小于分度吸管，若以相对误差表示，5～10mL 的无分度吸管 A 级为 0.2%～0.3%，B 级为 0.4%～0.6%；分度吸管则分别为 0.5% 和 1%，二者相差 1 倍。因此，应优先选用无分度吸管。

对于滴定管，虽然标称容量越小，相对容量允差越大，但其绝对容量允差则越来越小。因此，如果滴定时操作溶液的用量在 15～20mL 之间，最好选用标称容量为 25mL 的滴定管。如果用量超过 20mL，则可选用 50mL 滴定管。

4.3.3 量器的使用

4.3.3.1 滴定管的使用

滴定管是用于滴定时准确度量液体体积的量器，分为下端带有玻璃塞的酸式滴定管和下端连接一软管，内放一玻璃珠，用以控制流速的碱式滴定管。常用的滴定管容积为 25mL 和 50mL，最小刻度为 0.1mL，读数估读到 0.01mL，使用方法如下。

1. 活塞涂油和试漏

为使酸式滴定管的活塞转动灵活并防止漏水，需将活塞涂油（凡士林）。涂油方法如下：

将滴定管平放在实验台上，取下活塞，用滤纸将活塞和活塞槽擦干，用手指在活塞的两头涂一薄层凡士林，注意不要把凡士林涂到活塞孔所在的那一圈上，以免堵塞活塞孔。把涂好凡士林的活塞插入槽内，向同一方向转动活塞，直到从外面观察呈均匀透明状为止。如活塞转动仍不灵活或出现纹路，则表示涂油不够，若有凡士林从活塞缝内挤出，或活塞孔被堵，则表示涂得过多，均应重涂。

涂好油的滴定管应检查是否漏水。检查方法：用水充满滴定管，置于滴定管架上静置 2min，观察有无水滴下，然后将活塞旋转 180°，再如前检查。如漏水应重新涂油。碱式滴定管如漏水，则应更换玻璃珠或橡皮管。

2. 洗涤

滴定管在使用前，应依次用洗涤剂、自来水、蒸馏水洗涤至内壁不挂水珠为止。

3．操作溶液的装入

在装入操作溶液时，应先用该溶液洗涤滴定管内壁 3 次（每次 1/3 管），然后装入溶液至"0"刻度以上。装溶液时应注意以下几点：

（1）操作溶液应由储液瓶直接倒入，不得借助漏斗、烧杯等任何其他容器，以免浓度改变或引入杂质。

（2）装满溶液后检查活塞附近或橡皮管内有无气泡，如有气泡，应排除。排除气泡的方法：对酸式滴定管，将其倾斜 30°，左手迅速打开活塞，使溶液冲下带走气泡；对于碱式滴定管，可把橡皮管向上弯曲，挤捏玻璃珠，使溶液从尖嘴处喷出，以排除气泡。排除气泡后，加入操作溶液至"0"刻度以上，再调节液面至"0"或略低于"0"的任一刻度上。将滴定管垂直地夹在滴定管架上备用。

4．读数

滴定管读数不正确而引起的误差，常是误差的主要来源之一，因此在滴定前应进行读数练习。读数时滴定管应保持垂直，装入或放出溶液后应静置 1～2min，使附在管壁上的溶液流下后再读数。读数时用手拿住滴定管上部无刻度处，使滴定管保持自由下垂。读数时，对于无色或浅色溶液，视线应与弯月面下缘最低点保持在同一水平面上（即以最低点相切），如图 4-7（a）所示；对于深色溶液，视线与液面两侧的最高点相切，读取液面两侧的最高点读数，如图 4-7（b）所示。若为白底蓝线衬背滴定管，应当取蓝线上下两间端相对点的位置读数。无论哪种读数方法，都应注意始读数与终读数采用同一标准。

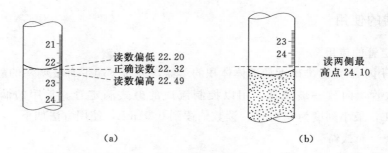

（a）　　　　　　　　　　　　　　　（b）

图 4-7　滴定管的读数

（a）普通滴定管读取数据示意；（b）有色溶液读取数据示意

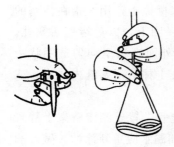

图 4-8　酸式滴定管
操作图

读取初读数前，应将滴定管尖悬挂着的液滴除去。滴定至终点时，应立即关闭活塞，管尖处不应挂珠，否则终读数便包括流出的半滴溶液。

5．滴定操作

（1）酸式滴定管。用左手控制滴定管活塞，大拇指在前，食指和中指在后，手指微微弯曲，轻轻向内扣住活塞。手心空握，以免顶出活塞造成渗漏，如图 4-8 所示。

（2）碱式滴定管。用左手拇指和食指轻轻地向一边挤压玻璃珠稍上方的橡皮管，使橡皮管与玻璃珠之间形成一条缝隙，溶液即可流出。但要注意，不能挤压玻璃珠下方的橡皮管，否则松手时会在玻璃管的尖嘴中出现气泡。为防止橡皮管来回摆动，可用中指和无名指夹住尖嘴的上部。

（3）滴定。滴定前用滤纸轻轻拭去滴定管尖嘴处悬挂的液滴，读取初读数。然后用右手持锥形瓶，将滴定管尖嘴插入锥形瓶口（或烧杯内）约 1cm，边滴边摇动锥形瓶（向同一方向旋转以免溶液溅出），眼睛观察锥形瓶中的颜色变化。滴定刚开始速度可略快，一般为 3～4 滴/s，液珠可成串滴下，但切不可使溶液呈液柱状流下，临近终点时，应一滴或半滴地加入。半滴的滴法是将活塞稍稍转动，使溶液在管口形成半滴，将锥形瓶内壁与管口相碰，使液滴流入，再用洗瓶吹入少量蒸馏水冲洗锥形瓶内壁，使附着的溶液全部流下。记录终读数。

每次滴定最好都从"0"附近开始，且每次滴定的体积大致相同（对于平行实验而言），这样可减少由滴定管没有校正而引起的误差。实验完毕，将滴定管中的剩余溶液倒出并洗净。

4.3.3.2 移液管和吸量管的使用

要准确地移取一定体积的液体时，可用各种不同容量的移液管或吸量管。移液管也叫单标移液管，在玻璃球上部的玻璃管上有一标线。吸量管也叫刻度移液管，是一种刻有分度值的移液管，可以量取非整数的小体积液体。吸量管取液体时，每次都应从上端 0.00 刻度开始，放至所需要的体积刻度。

使用方法如下。

1. 洗涤

用洗耳球将洗涤剂吸入管内，至移液管球部 1/4 处，两手平端移液管，不断转动，让洗涤剂均匀布满全管，然后将洗涤剂放回原瓶。再依次用自来水、蒸馏水冲洗，用滤纸将管尖内外的水吸干。使用前用少量待移取溶液洗涤 2～3 次。

2. 移液

用右手拇指和中指拿住移液管的标线以上部位，把移液管的尖端插入溶液中，左手拿洗耳球，先把球内空气压出，然后把球的尖端接在移液管口，慢慢松开左手指，使溶液吸入管内，如图 4-9（a）所示。当液面升高到刻度以上时，移去洗耳球，立即用右手食指按住管口，将移液管提起，使管的尖端靠着容器壁上，微微放松食指，使液面平稳下降，直到溶液的弯月面与标线相切，立即压紧管口，取出移液管，插入承接溶液的容器中，并使管的尖端靠在容器内壁上，让管内溶液自由地流下，如图 4-9（b）所示。等待 15s 后拿下移液管，残留在移液管尖端的溶液不可用外力使之流出，因校准移液管已考虑了尖端上保留的溶液体积。

吸量管的操作方法与上相同，但有一些吸量管

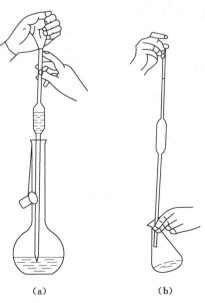

（a）　　　　　　　　（b）

图 4-9　吸取液体和放出液体

（a）吸取液体；（b）放出液体

上特别注明了"吹"字，则在使用时必须使管内的溶液全部流出。

4.3.3.3　容量瓶的使用

容量瓶主要用来配制标准溶液或稀释溶液到一定的浓度。瓶颈上刻有标线，一般表示293K时溶液达到标线时的容量。

使用方法如下。

1. 使用前应检查瓶塞是否漏水

注入自来水至标线附近，盖好瓶塞，左手拿住瓶颈标线以上部分，食指按住瓶塞，右手用指尖托住平底边缘（图4-10），将瓶倒立2min，观察瓶塞周围是否有水渗出。如不漏则把塞子旋转180°，再倒过来检查一次，的确不漏水后方可使用。为避免打破和出错塞子，使用前应用线把塞子系在瓶颈上。

2. 洗涤

用自来水冲洗后，如还不干净，可倒入洗涤液摇动或浸泡。再用自来水冲洗干净，最后用蒸馏水润洗2～3次。不得使用瓶刷刷洗，也不应使用热的洗涤液洗涤。

3. 容量瓶配制标准溶液

容量瓶中只盛放已溶解的溶液。如用固体物质配制标准溶液，应先将精确称量过的固体物质放在烧杯中，加入少量水，使其完全溶解（搅动的玻棒不应放在烧杯尖嘴处），然后将溶液沿玻璃棒转移到容量瓶中，操作见图4-11。用蒸馏水洗涤烧杯3～4次，洗涤液一并转移入容量瓶中。当溶液盛至容积的3/4时，应将容量瓶摇晃作初步混匀（注意，不能倒转容量瓶），然后稀释至接近标线1cm处，静置1～2min，使附着在瓶颈内壁的水流下后，再用胶头滴管滴加蒸馏水（垂直滴加，不碰壁）至弯月面的最低点与标线相切。盖紧瓶塞，按图4-10所示拿容量瓶，然后将容量瓶倒转，使气泡升至顶部，轻轻振荡，再倒转过来，如此反复约10次，将溶液混匀。

热溶液应冷却至室温后，才能注入容量瓶，否则会造成体积误差。

不宜在容量瓶内长期存放溶液，如溶液需用较长时间，应将溶液转移至试剂瓶中储存。

容量瓶使用后应立即洗净，并在瓶口与玻璃塞间垫上纸片，以防止下次使用时塞子打不开。

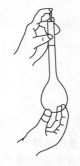

图4-10　容量瓶的拿法

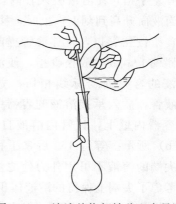

图4-11　溶液从烧杯转移入容量瓶

4.4 溶 液 的 配 制

在水质监测分析实验中，应用大量的溶液及化学试剂。对于定量分析，化学试剂及所配备的溶液的质量、规格以及配制的浓度等是否达到要求，对实验的准确度和精密度均有影响。

4.4.1 化学试剂

4.4.1.1 化学试剂的规格

化学试剂规格又称试剂级别，反映试剂的质量，试剂规格一般按试剂的纯度、杂质含量来划分。为保证和控制试剂产品的质量，国家或有关部门制定和颁布"试剂标准"，国产试剂有"国家标准"标以"GB"字样。"部颁标准"标以"HG"字样。"部颁暂定标准"标以"HGB"字样。其纯度和杂质含量都规定有其容许值，此值是用规定的检验方法确定的。

我国的试剂规格基本上按纯度划分为高纯、基准、优级纯、分析纯、化学纯和实验纯，共 6 类 4 级。我国统一规定了 4 级试剂级别标志《化学试剂包装机标志》（HGB 3—119—64）。

表 4 - 7 试 剂 级 别 标 志

级别	一级品	二级品	三级品	四级品
纯度分类	优级纯保证试剂	分析纯（分析试剂）	化学纯	实验试剂
符号	GR	AR	CP	LR
标签颜色	绿	红	蓝	棕或其他

1. 高纯试剂

这一类试剂的主要成分含量可达 4 个 9（99.99%）以上，目前国际上无统一的明确规格。主要用于极精密分析中的标准物或配制标样的基体。水质监测分析中涉及这类纯度的试剂不多，主要是仪器分析上使用。

2. 基准试剂

基准试剂是一类用于标定容量分析标准溶液的标准参考物质，即可以直接配制或标定标准溶液的试剂，称为基准试剂。可以作为基准试剂的物质应具备下述条件：

（1）纯度高，主要成分含量在 99.9% 以上，其杂质含量应不会影响分析结果的准确性。

（2）试剂的化学组成应与其化学式完全相同，如果含有结晶水，其结晶水的含量也应与化学式完全相同。

（3）试剂的化学稳定性好，不易吸水解潮，也不易被空气氧化。

（4）试剂本身要有较大的分子量，这样可以减少称量误差。

（5）试剂参加化学反应时，应按反应式定量进行，没有副反应。

（6）便于称量。

3．一级品

一级品又称优级纯，保证试剂。这一类试剂纯度高，杂质含量很低，主要用于精密科学研究和化验分析工作，在水质监测分析中，用于配制标准溶液。

4．二级品

二级品又称分析纯。质量略低于优级品，杂质含量较低，用于一般的科学研究和重要的化验测定。是在水质监测分析中使用比较多的试剂。

5．三级品

三级品又称化学纯。质量较分析纯差，杂质含量较高，在水质监测分析中用于配制一般分析溶液。

6．四级品

四级品又称实验试剂，杂质含量更高，但比工业品纯度高。在水质监测分析中用作实验辅助液，如洗液等的配制。

4.4.1.2　化学试剂的储存与管理

1．化学物品的储存

化学试剂的储存受到空气、温度、光、湿度等环境因素的影响。较大量的化学药品应放在药品储藏室内，有专人保管。储藏室应是朝北的房间，避免阳光照射，室内温度不能过高，一般应保持 15～20℃，最高不要高于 25℃，室内保持一定的湿度，相对湿度最好在 40%～70% 内，通风良好，严禁明火，危险化学药品应按国家公安部门的规定管理。一般化学药品的存放可分类如下：

（1）无机物盐类及氧化物，按周期表分类存放。

钠、钾、铵、镁、钙、锌等的盐及 CaO、MgO、ZnO 等。

碱类 $NaOH$、KOH、$NH_3 \cdot H_2O$ 等。

酸类 H_2SO_4、NHO_3、HCl、$HClO_4$ 等。

（2）有机物。按官能团分类存放：烃类、醇类、酚类、醛类、脂类、羟酸类、胺类、代烷类、苯系物等。

（3）指示剂。酸类指示剂、氧化还原指示剂、配位滴定指示剂和荧光指示剂等。

2．试剂的管理

这里所讲的试剂，是指自己配制的，直接用于实验的各种浓度的试剂。

有毒性的试剂，不管浓度大小，必须使用多少配制多少，剩余少量也应送危险品毒物储藏室保管，或报请领导适当处理掉，如 KCN、$NaCN$、As_2O_3（砒霜）等。

见光易分解的试剂装入棕色瓶中。其他试剂溶液也要根据其性质装入带塞的试剂瓶中，碱类及盐类试剂溶液不能装在磨口试剂瓶中，应使用胶塞或木塞。需滴加的试剂及指示剂应装入滴瓶中，整齐地排列在试剂架上。

配好的试剂应立即贴上标签，标明名称、浓度、配制日期，贴在试剂瓶的中上部。废旧试剂不要直接倒入下水道里，特别是易挥发、有毒的有机化学试剂更不能直接倒入下水道中，应倒在专用的废液缸中，定期妥善处理。

装在自动滴定管中的试剂，如滴定管是敞口的，应用小烧杯或纸套盖上，防止灰尘落入。

4.4.2　实验室用水

在分析工作中，洗涤仪器、溶解样品、配制溶液均需用水。随着检验设备和检验技术的提高，分析测试中其他误差因素逐渐减小和消除，实验用水对实验结果影响就显得尤为突出。作为分析用水，必须先经过一定的方法净化，达到国家规定实验室用水规格后方可使用。

1. 纯水的等级、用途及制备方法

纯水的制备就是将原水可以是自来水、普通蒸馏水或普通的去离子水中可溶性和非可溶性杂质全部除去的水处理方法。制备纯水的方法主要有蒸馏法、离子交换法、电渗析法、反渗透法等。实验室常用蒸馏法、离子交换法制备实验用水，详见表4-8。

表4-8　　　　　　　　　　　　　纯水的等级、用途及制备方法

等级	用　　途	制　备　方　法	备　　注
一级水	一级水用于由严格要求的分析实验。制备标准水样或超痕量物质分析，如液相色谱分析用水等	二级水经再蒸馏、离子交换混合床和0.2μm滤膜过滤等方法处理，或用石英蒸馏装置将二级水作进一步处理	它不含溶解性杂质或胶态有机物
二级水	用于精确分析和研究工作，如原子吸收光谱分析用水	将蒸馏、电渗析或离子交换法制得的水再进行蒸馏处理	常含有微量的无机物、有机或胶态杂质
三级水	用于一般化学分析实验	用蒸馏、电渗析或离子交换等方法制备	

在一些水质监测分析项目中，对实验用的纯水有特殊的要求，如测定氨氮时，需用无氨水，测定酚时用无酚水等。表4-9中列举了实验中用到的一些特殊用水的配制方法。

表4-9　　　　　　　　　　　　　特殊要求的纯水制备方法

名　　称	制　备　方　法	备　　注
无氨水	取1000mL蒸馏水于全玻璃蒸馏器中，加H_2SO_4至pH<2后重蒸馏，先弃去100mL初馏液，收集后面馏出液，密封保存在具塞玻璃容器中	蒸馏无氨水应在无氨气的环境中进行
无酚水	方法一：1L蒸馏水加0.2g经200℃活化30min的活性炭粉末，充分振摇，放置一夜，用双层中速滤纸过滤 方法二：加氢氧化钠使水呈强碱性（pH>11），并滴加高锰酸钾溶液至紫红色，已入全玻璃蒸馏器中加热蒸馏，收取馏出液供用	储于玻璃瓶中，取用应避免与橡皮塞或乳胶管等橡胶制品接触
无二氧化碳水	方法一：将蒸馏水或去离子水煮沸，水多时至少10min，水少时蒸发量要达到10%以上，加盖冷却 方法二：将惰性气体或纯氮气通过蒸馏水或去离子水中至饱和即得	制得的无二氧化碳水应储于附有碱石灰管的橡皮塞盖瓶中
无氯水	加入亚硫酸钠等还原剂（将自来水中的余氯还原为Cl^-），用全玻璃蒸馏器进行蒸馏制备无氯水	处理后的水用（1+1）硝酸和$6mol/L AgNO_3$检验，不得有白色浑浊出现
无砷水	对砷进行痕量分析，可用石英蒸馏器制备不含砷的实验用水	储水器、蒸馏器等不得使用软玻璃。普通蒸馏水通常不含砷

2. 实验室用水的技术指标

首先，实验室用水的外观应为无色透明的液体；其次，其技术指标应符合实验室用水国家质量标准的规定，见表 4-10。

表 4-10　　　　　　　　　　　　　　实验室用水国家质量标准

技 术 名 称	一级	二级	三级
pH 值范围（25℃）	—	—	5.0—7.5
电导率（25℃）（μS/cm）	≤0.1	≤1.0	≤5.0
可氧化物质（以 O 计）（mg/L）	—	符合	符合
吸光度（254nm，1cm 光程）	≤0.001	≤0.01	
蒸发残渣（105℃±2℃）（mg/L）		≤1.0	≤2.0
可溶性硅（以 SiO₂ 计）（mg/L）	≤0.01	≤0.02	—

4.4.3　溶液的配制及浓度

4.4.3.1　一般溶液的配制

一般溶液也称为辅助试剂溶液，常用于控制化学反应条件，在样品处理、分离、掩蔽、调节溶液的酸碱性等操作中使用。在配制时，试剂的质量由托盘天平称量或 1% 电子天平称量，体积用量筒或量杯量取。配制这类溶液的关键是正确地计算应该称量溶质的质量以及应该量取液体溶质的体积。正确的计算主要取决于所需配制溶液的浓度单位而定，水环境监测实验中配制溶液常见浓度单位有下列几种。

1. 比例浓度溶液

（1）容量比（V/V）。

液体试剂相互混合或用溶剂稀释时的表示方法。如（1+3）的 H_2SO_4 是指 1 单位体积的浓 H_2SO_4 与 3 单位体积的水相混合。

配制的计算公式为

$$V_1 = \frac{V}{A+B} \times A$$

$$V_2 = V - V_1$$

式中　V——欲配溶液的总体积，mL；

$\quad\quad V_1$——应取浓溶液的体积，mL；

$\quad\quad V_2$——应加溶液的体积 mL；

$\quad\quad A$——浓溶液的体积单位份数；

$\quad\quad B$——溶剂的体积单位份数。

【例 4-1】　欲配制（1+3）H_2SO_4 溶液 400mL，问应取浓 H_2SO_4 和水各多少 mL？如何配制？

解：已知 $A=1$，$B=3$，$V=400$

$$V_1 = \frac{V}{A+B} \times A = \frac{400}{1+3} \times 1 = 100 \text{（mL）}$$

$$V_2 = V - V_1 = 400 - 100 = 300 \quad (\text{mL})$$

配法：用量筒量取 300mL 水，放置于 500mL 烧杯中，以 100mL 量筒量取 100mL H_2SO_4（$\rho = 1.84$），在用玻璃棒搅拌下徐徐加入水中，混合均匀，冷却后储于试剂瓶中。

（2）质量比（$m + m$）。

固体试剂相互混合时的表示方法，在配位滴定中配制固体指示剂时经常用到。例如，欲配制 1＋100 的紫脲酸胺—NaCl 指示剂 50g，即称取 0.5g 紫脲酸胺于研钵中，再称取经 100℃ 干燥过的 NaCl 50g，充分研细、混均即可。

2. 质量百分比浓度（m/m）％溶液

定义：100g 溶液中含有溶质的克数，即

$$质量百分浓度 = \frac{溶质克数}{溶液克数} \times 100\%$$

市售液体试剂，一般都是以质量百分浓度表示。如 65％的 HNO_3 表示在 100g 硝酸溶液中含有 65g 纯 HNO_3 和 35g 水。这种浓度在实验室中很少采用，主要应用于配制其他浓度单位溶液时利用市售溶液的质量百分比浓度进行计算以及用于工业生产上。

3. 物质的量浓度溶液

（1）物质的量浓度定义。

单位体积溶液中所含溶质的物质的量，叫做物质的量浓度（可简称为浓度或摩尔浓度）。常用单位有 mol/L、mmol/L 和 μmol/L 等。

物质的量浓度用公式表示为

$$C_B = \frac{n_B}{V} \qquad\qquad (4-1)$$

式中　C_B——物质 B 溶液物质的量浓度，mol/L；

　　　n_B——物质 B 的物质的量，mol；

　　　V——溶液的体积，L。

C_B 是指物质的量浓度的规定符号，其下标 B 意指基本单元，基本单元确定后，应标出 B 的化学式。例如，C_{NaCl}、$C_{H_2SO_4}$、$C_{\frac{1}{2}H_2SO_4}$、$C_{\frac{1}{6}K_2Cr_2O_7}$ 等。

对于同一种物质 B，若设其基本单元分别为 B 和 bB（b 可以是整数或分数），则该物质在两种情况下的摩尔质量、物质的量、物质的量浓度之间有以下关系，即

$$M(bB) = bM(B) \qquad n(bB) = \frac{1}{b}n(B) \qquad C(bB) = \frac{1}{b}C(B)$$

（2）物质的量浓度溶液的配制计算。

1）用固体溶质配制。计算公式为

$$m_B = C_B \times \frac{V}{1000} \times M_B \qquad\qquad (4-2)$$

式中　m_B——应称取物质 B 的质量，g；

　　　C_B——物质 B 的物质的量浓度，mol/L；

　　　V——欲配溶液体积，mL；

　　　M_B——物质 B 的摩尔质量，g/mol。

确定基本单元后，任何物质的摩尔质量，在数值上均等于选定基本单元的式量。

【例 4 - 2】　欲配制 $C_{\frac{1}{6}K_2Cr_2O_7}$ 为 0.2mol/L 的溶液 500mL，应如何配制？

解： 已知 $C_{\frac{1}{6}K_2Cr_2O_7}=0.2\,mol/L$　　　　$V=500mL$

$$M_{\frac{1}{6}K_2Cr_2O_7}=\frac{294.18}{6}=49.03\ （g/moL）$$

$$M_{K_2Cr_2O_7}=C_{\frac{1}{6}K_2Cr_2O_7}\times\frac{V}{1000}\times M_{\frac{1}{6}K_2Cr_2O_7}$$

$$=0.2\times\frac{500}{1000}\times49.03=4.9\ （g）$$

配制：如果要求不太准确，则在托盘天平上称取 4.9g $K_2Cr_2O_7$，溶于 500mL 水中即可。

2）用液体溶质配制。计算时先计算出应需溶质 B 的质量（m_B），再由式（4-3）计算出应量取液体溶质的体积，即

$$V_B=\frac{m_B}{\rho\cdot x\%}\tag{4-3}$$

式中　　V_B——应量取液体溶质 B 的体积，mL；

　　　　ρ——配制前液体溶质溶液的密度，g/mL；

　　　　$x\%$——液体溶质溶液的质量百分浓度。

【例 4 - 3】　用市售 $\rho=1.84g/mL$，质量百分比浓度为 96％的 H_2SO_4，配制 $C_{\frac{1}{2}H_2SO_4}=2mol/L$ 的溶液 500mL，应如何配制？

解： 已知 $\rho=1.84g/mL$ 的 H_2SO_4 的浓度 $x\%\,(m/m\%)=96\%$

$$M_{\frac{1}{2}H_2SO_4}=\frac{H_2SO_4}{2}=\frac{98.08}{2}=49.04,\quad V=500,\quad C_{\frac{1}{2}H_2SO_4}=2mol/L$$

代入式（4-2）和式（4-3）得

$$m_{H_2SO_4}=2\times\frac{500}{1000}\times49.04=49.04\ （g）$$

$$V_{H_2SO_4}=\frac{49.04}{1.84\times96\%}=27.76\approx28\ （mL）$$

配制：量取浓 H_2SO_4 28mL，缓慢注入约 200mL 的水中，冷却后移入 500mL 的量瓶中，加水至刻度，摇匀。

4. 质量浓度溶液

质量浓度定义：质量浓度表示单位体积溶液中所含溶质的质量。

常用的单位有 g/L、mg/L、μg/L、ng/L、g/mL、mg/mL、μg/mL 等。所以，质量浓度也叫做质量体积浓度（m/V）。

在水处理及水质监测分析中经常用质量浓度表示净水药剂的浓度，实验室中常用于标准溶液的浓度及分析结果的表示。

（1）以每升溶剂中所含溶质的克数表示，即 g/L。在净水药剂配制时，多采用这种方法。

（2）以每毫升溶液中所含溶质的毫克数表示，即 mg/mL，常用于某元素标准溶液的制备。如配制铁标准溶液，需要用标准物质（NH_4）$_2$Fe（SO_4）$_2$·6H_2O 配制。配制时所

需 $(NH_4)_2Fe(SO_4)_2 \cdot 6H_2O$ 质量 m，可按式（4-4）计算，即

$$m = \frac{C \cdot M_r \cdot V}{A_r \times 1000} \tag{4-4}$$

式中 m——需称取标准物的质量，g；

$\quad\quad C$——标准溶液中代表元素浓度，mg/mL；

$\quad\quad M_r$——所用标准物质的相对分子量；

$\quad\quad V$——配制溶液的体积，mL；

$\quad\quad A_r$——溶液浓度代表元素的相对原子量。

4.4.3.2 标准溶液的配制及标定

1. 标准溶液

（1）标准溶液。溶液浓度的准确度达到分析实验中的一定有效数值（即已知准确浓度）的试剂，称为标准溶液。

（2）标准溶液的浓度。在水质分析中常采用物质的量浓度、质量浓度，个别分析中采用滴定度来表示标准溶液的浓度。

2. 标准溶液的配制方法

标准溶液的配制，通常有两种方法，即直接配制法和间接配制法（又称标定法）。

（1）直接配制法。

对于基准物质可用直接配制法配制标准溶液。基准物质应满足以下 4 个方面的条件：

a. 纯度高，含量一般在 99.95% 以上，可选用基准试剂或优级纯试剂。

b. 易获得，易精制，易干燥（110～130℃下烘干），使用时易溶于水（或稀酸、稀碱），并具有较大的摩尔质量。

c. 稳定性好，不易吸水，不吸收 CO_2，不被空气氧化，干燥时不分解，便于称量和长期保存。

d. 使用中符合化学反应的要求，其组成应与化学式相符且组成恒定。

配制方法：准确称量一定量的基准化学试剂，在烧杯中溶解后，移入一定体积的容量瓶中，加水至刻度，摇匀即可，并根据试剂的质量和定容的体积计算出所配标准溶液的准确度。

【例 4-4】 配制 $C_{\frac{1}{2}Na_2CO_4} = 0.1000mol/L$ 的标准溶液 1000mL，应如何配制？

$$M_{\frac{1}{2}Na_2CO_4} = 67.00g/mol$$

解： 已知 $\quad M_{\frac{1}{2}Na_2CO_4} = 67.00g/mol$，$V = 1000mL$

$C_{\frac{1}{2}Na_2CO_4} = 0.1000mol/L$

代入式（4-2）

$$m_{Na_2CO_4} = C_{\frac{1}{2}Na_2CO_4} \times M_{\frac{1}{2}Na_2CO_4} \times \frac{V}{1000}$$

$$= 0.1000 \times 67.00 \times \frac{1000}{1000} = 6.7000 \text{（g）}$$

配制：在分析天平上准确称取 6.7000g 的 Na_2CO_4，溶于纯水中，转移入 1000mL 容量瓶，加水至刻度并摇匀。

（2）间接配制法（标定法）。

有一些化学试剂不符合基准试剂的要求，如易吸水、易挥发和不易提纯等，但在分析化学中又常常用到这些物质作标准溶液，对于这类物质一般采用间接配制法。具体做法为：首先通过计算，配制成近似于所需浓度的溶液，然后再用基准物质校准它的准确浓度，这种利用基准物质来确定标准溶液准确浓度的操作过程称为"标定"。

常用来标定的基准物质见表 4-11。

表 4-11　　常用基准物的单元及摩尔质量（M_B）

名称	分子式	基本单元	M_B	化学反应
碳酸钠	Na_2CO_3	$1/2Na_2CO_3$	52.99	$CO_3^{2-}+2H^+ \Longleftrightarrow H_2O+CO_2 \uparrow$
重铬酸钾	$K_2Cr_2O_7$	$1/6K_2Cr_2O_7$	49.03	$Cr_2O_7^{2-}+14H^+ \Longleftrightarrow 2Cr^{3+}+7H_2O$
三氧化二砷	As_2O_3	$1/4As_2O_3$	49.46	$5As_2O_3^-+2MnO_4^-+2H_2O \Longleftrightarrow$ $5As_2O_3^{2-}+2Mn^{2+}+4H^+$
草酸	$H_2C_2O_4$	$1/2H_2C_2O_4$	45.02	$H_2C_2O_4+OH \Longleftrightarrow 2H_2O+C_2O_4^{2-}$
草酸钠	Na_2CO_4	$1/2Na_2CO_4$	67.00	$2MnO_4^-+5C_2O_4^{2-}+8H \Longleftrightarrow$ $10CO_2 \uparrow +8H_2O$
碘酸钾	KIO_3	$1/6KIO_3$	35.67	$IO_3^-+6H^++6e \Longleftrightarrow I^-+3H_2O$
氯化钠	$NaCl$	$NaCl$	58.45	$Cl^-+Ag^+ \Longleftrightarrow AgCl \downarrow$

配制标准溶液一般用固定溶质和液体溶质，配制时的计算公式如式（4-2）和式（4-3）。但也有例外，如 NaOH 标准溶液的配制，是先用固体 NaOH 配成饱和溶液，然后再进行稀释。标定方法有两种：

1）用基准物质标定，设被标定溶液溶质与基准物质反应单元 B 按 1∶1 进行等量反应，被标定溶液浓度的计算公式为：

$$C = \frac{m \times 1000}{M_B(V-V_0)}$$ （4-5）

式中　C——被标定溶液的物质的量浓度，mol/L；

　　　m——称取基准物的质量，g；

　　　M_B——基准物质的摩尔质量，g/mol；

　　　V——滴定消耗被标定溶液体积，mL；

　　　V_0——空白试验消耗被标定溶液体积，mL。

2）用已知浓度的标准溶液标定（比较法），设被标定溶液溶质反应单元 B 与已知浓度标准溶液溶质反应单元 A 按 1∶1 等量反应。

计算公式为

$$C_B V_B = C_A V_A$$

$$C_B = \frac{C_A V_A}{V_B}$$ （4-6）

式中　C_B——被标定溶液的物质的量浓度，mol/L；

　　　V_B——被标定溶液的体积，mL；

C_A——已知标准溶液的物质量浓度，mol/L；

V_A——消耗已知标准溶液的体积，mL。

3. 标准溶液的浓度

标准溶液的浓度一般采用物质的量浓度、质量浓度和滴定度 3 种表示方法。

物质的量浓度标准溶液配制，试剂的取用量计算公式同式（4-2）和式（4-3）；质量浓度标准溶液，试剂的取用量计算公式同式（4-4）。

滴定度是指与 1mL 标准溶液相当的待测组分的质量，单位为 g 或 mg，用 $T_{待测物/滴定剂}$ 表示。例如，1mL H_2SO_4 溶液可与 0.0400g NaOH 作用，则此 H_2SO_4 溶液对 NaOH 的滴定度为 T_{NaOH/H_2SO_4} ＝0.0400g/mL。使用滴定度来表示标准溶液所相当的被测物质的质量，则计算待测组分的含量（以 g/L 表示）时就比较方便，即

$$C_A = \frac{T_{A/B}V_B}{V_水} \qquad\qquad (4-7)$$

式中　C_A——水样中 A 物质的含量，质量浓度，g/L；

　　　V_B——滴定剂 B 滴定至终点时消耗的体积，mL；

　　　$V_水$——水样的体积。

【例 4-5】　用 $T_{Cl/AgNO_3}$ ＝ 0.0005g/mL 的 $AgNO_3$ 标准溶液，滴定某水样中 Cl^- 含量时，取水样 50.00mL，以 K_2CrO_4 为指示剂滴定至终点，耗用 $AgNO_3$ 标准溶液 6.30mL，试计算水样中 Cl^- 含量（以 g/L 表示）。

解：$C_{Cl^-} = \dfrac{T_{A/B}V_B}{V_水} = \dfrac{0.0005 \times 6.3}{50.00} = 0.063$（g/L）

水样中 Cl^- 的含量为 0.063g/L。

技能训练 1——标准溶液的配制和稀释练习

1. 实验目的

（1）学习配制标准溶液和溶液稀释的方法。

（2）掌握电子分析天平的基本操作方法。

2. 仪器和试剂

（1）仪器。

电子分析天平，吸量管，50mL 烧杯，药勺，容量瓶，玻璃棒。

（2）试剂。

HCl；EDTA 二钠盐；硫代硫酸钠 $Na_2S_2O_3 \cdot 5H_2O$；无水碳酸钠。

3. 操作步骤

（1）0.250mol/L HCl 溶液的配制。取 30mL 水于 50mL 烧杯中，然后用吸量管移取 2.10mL 浓 HCl 于装有 30mL 水的烧杯中（边加入边搅拌），待冷却后将烧杯中的溶液全部转移入 100mL 容量瓶中，加入蒸馏水至刻度并摇匀。

（2）将上述配制的 HCl 溶液稀释 10 倍，使其浓度为 0.0250mol/L。用吸量管吸取 10.00mL 上述 HCl 溶液于 100mL 容量瓶中，加入蒸馏水至刻度线并摇匀。其准确浓度使

用前进行标定确定（该溶液用于碱度的测定实训）。

（3）$C \approx 0.02 mol/L$ EDTA 溶液的配制。用 50mL 烧杯在电子分析天平上称取 2.15～2.16g EDTA 二钠盐（最后称重质量准确读数为 0.0001g），溶解于 40mL 温热水中，冷却后将其转移入 250mL 容量瓶中，加入蒸馏水稀释至刻度并摇匀，储于具塞玻璃试剂瓶中，使用前经标定得到其准确浓度（该溶液用于硬度的测定实训）。

（4）硫代硫酸钠溶液的配制。用 50mL 烧杯在电子分析天平称取 1.61～1.62g $Na_2S_2O_3 \cdot 5H_2O$（最后称重质量准确读数为 0.0001g），溶于煮沸放冷的水中，加入 0.2g 碳酸钠，溶解，冷却后全部转入 250mL 容量瓶中，用水稀释至刻度并摇匀，储于棕色具塞试剂瓶中。使用前经标定得到其准确浓度（该溶液用于溶解氧的测定实训）。

4. 缓冲溶液的配制

缓冲溶液是能够耐受进入其溶液中的少量强酸或强碱物质以及水的稀释作用而保持溶液 pH 值基本不变的溶液。缓冲溶液的 pH 值及其缓冲容量决定于缓冲对（酸或碱与其盐）的浓度及其比例。

（1）缓冲溶液的种类。

缓冲溶液因组成成分的性质不同可分为 4 大类。

1）弱酸及弱酸盐缓冲溶液。如醋酸——醋酸钠缓冲溶液，溶液偏酸性。当有强酸性或强碱性物质进入溶液中时，则发生下列反应，即

$$HCl + NaAc \longrightarrow HAc + NaCl$$
$$NaOH + HAc \longrightarrow NaAc + H_2O$$

2）弱碱及弱碱盐缓冲溶液。如氨水——氯化铵缓冲溶液，溶液偏碱性。当有强酸性或强碱性物质进入溶液中时，可发生下列反应，即

$$HCl + NH_4OH \longrightarrow NH_4Cl + H_2O$$
$$NaOH + NH_4Cl \longrightarrow NH_4OH + NaCl$$

3）酸式盐及碱式盐缓冲溶液。如磷酸二氢钾——磷酸氢二钠缓冲溶液，溶液近中性。其对强酸或强碱性物质的缓冲作用为

$$HCl + Na_2HPO_4 \longrightarrow NaH_2PO_4 + NaCl$$
$$KOH + KH_2PO_4 \longrightarrow K_2HPO_4 + H_2O$$

4）单一盐缓冲溶液。如邻苯二甲酸氢钾、硼砂等缓冲溶液，溶液为弱酸性或弱碱性。其中弱酸性的兼可缓冲强酸性或强碱性物质的影响；而弱碱性的只能缓冲强酸性物质的影响，必须与强酸配伍后才能缓冲强碱性物质的影响。

有关缓冲溶液的理论知识在分析化学的书籍中均可查到，这里不作过多的叙述。

（2）缓冲溶液的配制。

配制缓冲溶液需用新鲜的纯水，其电导率小于 $1.0 \mu s/cm$ 为好。配制 pH 值在 6.0 以上的缓冲溶液时，去除水中 CO_2 和避免其再侵入是很重要的。所有缓冲溶液都应避开酸性或碱性物质的蒸汽。配制好的缓冲溶液保存期一般为 2～3 个月，如出现浑浊、发霉（微生物造成）及沉淀等变质现象即不可再用。

有关各种缓冲溶液的配制方法，在水质分析的标准检验方法中都有较详尽的说明及要求。

（3）pH 值标准缓冲溶液。

在水分析实验室中常用 pH 值标准缓冲溶液校正酸度计，而用于这种校正仪器的标准缓冲溶液应采用国家标物中心供应的标准物质。用于其他实验中的 pH 值标准缓冲溶液，可购置市售的固体 pH 值标准缓冲液，或按水质检验标准方法中的方法自行配制。

4.5　误差与数据处理

样品测定过程中，误差总是存在的，在实际分析中不可能得到绝对准确的真值，只能作出相对准确的估计。所以定量分析的结果都必然带有不确定度，需要对实验数据进行处理，判断其最可能值及其可靠性如何。合理、正确的记录数据及对数据检验就是处理监测数据的一种科学方法。

4.5.1　误差概念及定义

在实际监测分析工作中，由于受到分析方法、测量仪器、采用试剂、人们认识能力的不足和科学技术水平的限制，测量值和它的真值并不完全一致，这种矛盾在数值上的表现即为误差。误差是客观存在的。为此，分析工作者应该了解分析检测过程中产生误差的原因及误差出现的规律，并采取相应的措施减小误差，使检测结果尽可能地接近真实值。

4.5.1.1　误差分类及校正方法

误差按其性质和产生的原因，可以分为系统误差、随机误差和过失误差。

1. 系统误差

系统误差又称为恒定误差或可测误差，它是指测量值的总体均值与真值之间的差别，是由测量过程中某些恒定因素造成的。在一定的测量条件下系统误差会重复地表现出来，即误差的大小和方向在多次重复测量中几乎相同。因此，增加测量次数不能减少系统误差。在分析测定中，系统误差产生的原因有下列几个方面：

（1）方法误差。它是指分析方法不够完善造成的误差。例如，滴定分析中反应进行不完全，指示剂的终点与化学计量点不符合以及滴定副反应等，都会引起化验结果偏高或偏低。

（2）仪器误差。它是指由于使用的仪器本身不够精密度所造成的误差。例如，使用的容量仪器刻度不准又未经校正；天平不等臂；砝码数值不准确；分光光度法波长不准等引起的误差。

（3）试剂误差。它是指由于试剂不纯或蒸馏水不纯，含有被测物或干扰物而引起的误差。

（4）恒定的个人误差。这是由测量者感觉器官的差异、反应的敏捷程度和固有习惯所致，如个人对终点颜色的敏感性不同，判断偏深或偏浅；对仪器标尺取读数时的始终偏右或偏左等。

（5）恒定的环境误差。这是由测量时环境因素的显著改变所引起的误差，如溶液中某组分挥发造成溶液浓度的改变等。

系统误差校正方法：定期进行仪器鉴定或校验，并对测定结果进行修正，消除仪器误差；采用标准方法与标准样品进行对照试验，消除方法误差；进行空白试验，用空白试验结果修正测定结果，消除试剂误差；严格训练以提高操作人员的技术业务水平，减少操作误差；进行必要的回收试验，在实际样品中加入已知量的标准物质，在相同条件下进行测量，观察所得结果能否定量回收，并以回收率做校正因子等。

2. 随机误差

随机误差又称偶然误差或不可测误差，这是由测定过程中多种随机因素波动造成的。例如，测定过程中某一次由于环境温度发生变化，电源电压的微小波动，仪器噪声的变动，分析人员判断能力和操作技术的微小差异及前后不一致等引起分析数值的波动。

随机误差遵从正态分布规律，它具有以下 4 大特点：

（1）有界性。在一定条件下的有限测量值中，其误差的绝对值不会超过一定界限。

（2）单峰性。绝对值小的误差出现的次数比绝对值大的误差出现的次数多。

（3）对称性。在测量次数足够多时，绝对值相等的正误差与负误差出现的次数大致相等。

（4）抵偿性。在一定条件下，对同一量进行测量，随机误差的算术平均值随着测量次数的无限增加而趋于零，即误差平均值极限为零。

减少随机误差的办法，除必须严格控制试验条件、按照分析操作规程正确进行各项操作外，还可以利用随机误差的抵偿性，用增加测量次数的办法减少随机误差。

应该指出，系统误差与随机误差的划分并非是绝对的，有时很难区别。但这两类误差又有明显的异同点。相同点都是误差，都是测得值对真值的歪曲，都有确定的界限。不同点主要有以下 4 个方面：

（1）产生的原因不同。产生系统误差的因素是固定的或是有较明显规律的，通常是在分析测量之前就已经存在的。而产生随机误差的原因是由许多暂未被掌握规律的或一时不便于控制的微小因素所造成的，对于一次具体分析测定，每一个因素出现与否，以及这些因素所形成的误差大小与正负事先无法知道。

（2）性质不同。系统误差具有确定性，即误差的大小符号一定或具有明确的规律。随机误差具有随机性，尽管在相同条件下进行多次测定，其误差的大小符号各不相同并且不可预先确定。随机误差服从统计规律。

（3）消弱性不同。系统误差可在分析测定前消除误差因素或测定时选择适当的测定方法消弱误差因素来减小或消除系统误差。随机误差因素无法在分析测定前消除，也不能在一次测定中消弱误差因素，而只能通过相同条件下多次测定，采用统计的方法对测定数据进行分析和处理，以确定其最可靠的测定结果及其误差极限范围。

（4）反映的实质不同。系统误差反映的实质是测定值对真值的偏离。随机误差反映的实质是测定值之间的离散程度。

3. 过失误差

过失误差也称粗差。这类误差明显地歪曲测量的结果，是由于分析操作人员的粗心大意或未按操作规程操作所引起的误差，如器皿不清洁、加错试剂、错用样品、操作过程中试样大量损失、仪器出现异常而未被发现、读数错误、记录错误及计算错误等。

过失误差无一定规律可循。但只要分析人员加强责任心，严格按操作规程进行操作，养成良好的工作习惯，这种过失是完全可以避免的。不允许把过失误差当成偶然误差。

4.5.1.2 误差的表示方法

1. 准确度与误差

准确度是指在规定条件下，试样测定值与假定的或公认的真值之间的符合程度。准确度常用绝对误差、相对误差或回收率表示。误差小，表示测得值和真实值接近，测定准确度高；反之，误差越大，测量准确度越低。若测得值大于真实值，误差为正值，反之为负值。误差有两种表示方法，即绝对误差和相对误差。

（1）绝对误差是测量值（单一测量值或多次测量的均值）与真值之差，即

$$E = \mu - \tau \tag{4-8}$$

式中　μ——测定值；

　　　τ——真值。

（2）相对误差指绝对误差与真值之比（常以百分数表示），即

$$相对误差 = \frac{\mu - \tau}{\tau} \times 100\% \tag{4-9}$$

从表达式可得出当绝对误差相等时，相对误差并不相同，因此在实际应用中用相对误差来表示准确度更有意义。

要确定准确度，需要知道真值，但真值往往是不知道的，因此严格来说准确度也是不知道的，人们只能借助统计理论和经验来估计准确度的大小。在分析测定中，常用以标准物质做回收率测定的评价分析方法来测量系统的准确度。

$$回收率 = \frac{\mu_{s+a} - \mu_s}{a} \times 100\% \tag{4-10}$$

式中　μ_{s+a}——加标水样测定值；

　　　μ_s——水样测定值；

　　　a——加入标准量。

回收率越大，测定方法的准确度就越高。用回收率评价准确度时应注意以下几点：

（1）加标物质的形态应该和待测物的形态相同。

（2）样品中待测物质浓度和加入标准物质的浓度水平相近，一般情况下样品的加标量应为样品浓度的 0.5～2 倍。

（3）若待测物质浓度较高，则加标后的总浓度不宜超过方法测定上限的 90%。

（4）若待测物质浓度小于检出限，可按测定下限量加标。

（5）任何情况下，加标量不得大于样品中待测物含量的 3 倍。

2. 精密度与偏差

精密度是指在同一条件下重复分析均匀样品所得测定值的一致程度。它是由随机误差决定的，综合反映了分析结果的平行性和重现性。反映了分析方法或测量系统存在的随机误差的大小。

精密度通常用极差、平均偏差、标准偏差和相对标准偏差表示。

（1）极差。

极差为一组测量值中最大值与最小值之差，表示误差的范围，以 R 表示，即

$$R = x_{\max} - x_{\min} \tag{4-11}$$

（2）平均偏差。

平均偏差又称算术平均偏差，它是对所有测量数据偏离平均值的程度进行的算术平均，因为它考虑了全部的测量数据，因此比极差反映问题更全面。以 $\bar{d}$ 表示，具体表达式为

$$\bar{d} = \frac{1}{n}\sum_{i=1}^{n}|\chi_i - \bar{\chi}| \tag{4-12}$$

式中　χ_i——任意一个测得值；

$\bar{\chi}$——测量值的算术平均值；

n——测量次数。

（3）相对平均偏差。

考虑到测量值本身的大小不同，对测量精度的要求也不同，实际应用中常用相对平均偏差来表示精密度。相对平均偏差为平均偏差与测量均值之比（常用百分数表示），即

$$相对平均偏差 = \frac{\bar{d}}{x} \times 100\% \tag{4-13}$$

（4）标准偏差。

用平均偏差表示精密度比较简单，但测量中如果出现一两个大偏差的数，精密度变差时，往往因为小偏差数较多，从平均偏差上体现不出精密度变差。考虑到大偏差数的影响较大，常用标准偏差表示精密度。它也是较好的一种误差处理方法，被国内外各试验室普遍采用。样本标准偏差用 S 表示，即

$$S = \sqrt{\frac{\sum_{i=1}^{n}(\chi_i - \bar{\chi})}{n-1}} \tag{4-14}$$

样本的 $\bar{\chi}$ 是有限次（$n < 30$）测量结果的平均值。

当 n 趋近于无限大时，$\bar{\chi}$ 趋近于总体平均值或真值（μ），相应地，样本标准偏差 S 趋近于总体标准偏差 σ，即

$$\sigma = \sqrt{\frac{\sum_{i=1}^{n}(\chi_i - \bar{\chi})}{n}} \tag{4-15}$$

（5）相对标准偏差。

同样地，考虑到测量值本身大小对测量精密度有不同的要求，将测量平均值参与计算，用样本相对标准偏差表示精密度。

相对标准偏差也叫变异系数，是指标准偏差在平均值中所占的百分数，用 C_v 表示，即

$$C_v = \frac{S}{\chi} \times 100\% \tag{4-16}$$

4.5.2　数据的记录与处理

4.5.2.1　有效数字的记录和计算规则

1. 有效数据的意义

有效数字是指分析和测量中所得到的有实际意义的数字。即有效数字不仅表示数值的

大小，它的位数还反映了计量器具（或仪器）的精密度和准确度。有效数字是由全部确定的数字和一位不确定的可疑数据构成的。如用滴定管时读取的数据应为 22.35mL，是由于滴定管的读数可精确到 ±0.01mL，即前面 3 位都有刻度，可以准确读出，第 4 位没有刻度，是估读数据，是不确定的可疑数据。有效数字记录、运算和报告的测量结果只应包含有效数字，对有效数字的位数不能任意增减。记录有效数字和计算结果必须根据有效位数的保留规则正确书写。

数字"0"是一个比较特殊的数字，它是不是有效数字，要视具体情况而定。当它用于指示小数点的位置，而与测量的准确程度无关时，不是有效数字；当它用于表示与测量准确度有关的数值时，则为有效数字。这与"0"在数字中的位置有关。

（1）第一个非零数字前的"0"仅起定位作用，不是有效数字，它只是用来表明小数点的位置。例如，0.0653g 也可写成 6.53mg，均为 3 位有效数字。

（2）在非零数字中间或小数末尾的"0"是有效数字，如 2.0005g 和 8.50m L 分别为 5 位有效数字和 3 位有效数字。

（3）以"0"为结尾的整数，有效数字的位数不确定。例如，23500 可能是 3 位、4 位、5 位有效数字。在此情况下，应根据测定值的准确度改写成指数形式，如 2.35×10^4 或 2.3500×10^4，其有效位数分别是 3 位有效数字和 5 位有效数字。

2. 有效数据计数规则

有效数字保留的位数与测量方法及仪器的准确度有关。记录数据结果时，应注意以下规则：

（1）记录测量数据时，应当也只允许保留一位可疑（不确定）数字，不可任意增减位数。

如滴定管、吸量管等量器，最小刻度至 0.1mL，估读至 ± 0.01mL，应记录为 11.00mL，是 4 位有效数字；如果记为 11.0mL 则表示为用小量筒量取的，最小刻度至 1mL，估读至 ±0.1mL，只有 3 位有效数字。

（2）用于表示方法或分析结果精密度时的标准差，通常只取一位有效数字，只有测量次数很多时才取两位，且最多只限取两位。表示测定误差时通常也最多只取两位有效数字。

（3）试验室通用的计量仪表可记取的有效数字位数如下：

台式天平，小数点后第二位，即百分位。

万分之一分析天平，小数点后第四位，即万分位。

分光光度计，吸光值记到小数点后第三位，即千分位。

带有计算机处理系统的分析仪器，往往根据计算机自身的设定，打印或显示结果，可以有很多位数，但这并不增加仪器的精度和可读的有效位数。

在一系列操作中，使用多种计量仪器时，有效数字处理的结果以最少位数计量仪器的位数表示。

（4）容量分析中用合格的玻璃量器量取溶液时，量取的体积的有效数字位数应根据量器的允许误差和读数误差决定。常见的一等量器的允许误差和准确容量见表 4－12 和表4－13。

表 4-12　　　　　　　　　　　**一等无分度移液管准确容量的表示**　　　　　　单位：mL

容量示值	允许差	准确容量	容量示值	允许差	准确容量
2	±0.006	2.00	20	±0.03	20.00
3	±0.006	3.00	25	±0.04	25.00
5	±0.01	5.00	50	±0.06	50.00
10	±0.02	10.00	100	±0.06	100.00
15	±0.03	15.00			

表 4-13　　　　　　　　　　　　**一等量入式两瓶准确容量的表示**

容量示值	允许差	准确容量	容量示值	允许差	准确容量
10	±0.02	10.00	250	±0.10	250.0
25	±0.03	25.00	500	±0.15	500.0
50	±0.05	50.00	1000	±0.30	1000.0
100	±0.10	100.00	2000	±0.50	2000.0
200	±0.10	200.0			

（5）分析测定结果的有效数字所能达到的位数，不能超过方法最低检出限有效数字所能达到的位数。例如，一个方法的最低检出浓度为 0.02mg/L，则分析结果报为 0.094mg/L 就不合理，应报 0.09mg/L。当测定值小于分析方法的最低检出限时，为便于计算机存储，按 1/2 最低检出限值报结果。

（6）回归方程中，斜率 b 的有效数字位数应与自变量 x 的有效数字位数相等，或比 x 多保留一位；截距 a 的最后一位数，则和因变量 y 数值的最后一位数取一致，或比 y 多保留一位数。

（7）有效数字与小数点的位置或量的使用单位无关。如称得某物质的质量是 15g，两位有效数字。若以 mg 为单位时，可记做 1.5×10^4 mg；若以 kg 为单位，可记作 0.015kg 或 1.5×10^{-2} kg，仍为两位有效数字。

（8）对于 pH、pM、lgK 等对数值，其对数的小数点后的位数与真数的有效数字位数相同，因此对数的有效数字位数，只计小数点以后的位数，而不计对数整数部分。如 pH＝12.25，即 $[H^+]=5.6 \times 10^{-13}$ mol/L，其有效数字均为两位。

（9）计算有效数字的位数时，若第一位数字不小于 8 时，其有效数字可以多计一位。如 9.68mL，表面上是 3 位有效数字，但它接近 10.00，故可认为是 4 位有效数字。

（10）在有效数据计算中，当有效数字位数确定后，其余数字应按修约规则一律舍去。

3. 有效数字的修约规则

各种测量、计算的数值需修约时，应按《数值修约规则》（GB/T 8170—1987）进行修约，即按"四舍六入五余进，奇进偶舍"的规则修约。当保留位数后一位数不大于 4 时，则舍去；当保留位数后一位数不小于 6，则进位；当保留位数后一位数为 5 时，则应视具体情况而定，如 5 后的数不为 0，则应进位；如 5 后的数为 0，则应视保留的末位数是奇数还是偶数（零视为偶数），5 前为偶数应将 5 舍去，5 前为奇数则将 5 进位。例如，2.554　4.756　4.7551　4.735　4.705 要求保留 3 位有效数字，则修约后分别为 2.55　4.76　4.76　4.74　4.70。

负数修约时，先将它的绝对值按上述规定进行修约，然后在修约值前面加负号。

拟修约数字应在确定修约位数后一次修约获得结果，不得多次按上述规则连续修约。4.154546 修约到只保留两位小数时，应为 4.15，错误的修约为：$4.154546 \rightarrow 4.15455 \rightarrow 4.1546 \rightarrow 4.155 \rightarrow 4.16$。

4. 有效数字的计算规则

（1）加法和减法。

当几个有效数字相加或相减时，得数经修约后，保留的有效数字的位数，取决于绝对误差最大的数值或者说以各数中小数点后位数最少者为准。例如，$2.03+1.1+1.034$ 的答数不应多于小数点位数最少的 1.1，所以答数是 4.2 而不是 4.164。

（2）乘法和除法。

几个数值相乘除时，应以有效数字位数最少的那个数值，即相对误差最大的数据为准，弃去其余各数值中的过多位数，然后进行乘除。有时也可以暂时多保留一位数，得到最后结果后，再弃去多余的数字。例如，将 0.0121、25.64、1.05782 等 3 个数值相乘，因第一数值 0.0121，仅 3 位有效数字，故应以此数为准，确定其余两个数值的位数，然后相乘，即 $0.0121 \times 25.6 \times 1.06 = 0.328$，而不应写成 0.328182308。

（3）乘方或开方。

当进行乘方或开方时，原近似值有几位有效数字，计算结果就可以保留几位有效数字，如 $6.54^2 = 42.7716$ 的结果保留 3 位有效数字则为 42.8；如 $\sqrt{7.39} \approx 2.71845544\cdots$ 其结果保留 3 位有效数字则为 2.72。

（4）平均值。

求 4 个或 4 个以上准确度接近的近似值的平均值时，其有效数字可增加一位，如求 3.77、3.70、3.79、3.80、3.72 的平均值可为 3.756。

（5）差方和、方差和标准偏差。

差方和、方差和标准偏差在运算过程中对中间结果不作修约，只将最后结果修约到要求的位数。

（6）倍数、分数和不连续的物理量。

在数值计算中，某些倍数、分数、不连续物理量的数值以及不经测量而完全根据理论计算或定义得到的数值，其有效数字的倍数可视为无限。这类数值计算中需要几位就取几位，如数学中常数 π、测定的次数 n 等。

4.5.2.2　可疑数据的取舍

在监测分析工作中，为使结果准确、可靠，对同一样品都要作多次平行测定，对各次测定所得的结果，出现个别的数据与其他数据相差较大，称为可疑数据。对于多次平行测定的结果，如果查明是由于试验技术上失误（即过失误差）引起的，那么不论其测定结果是否为可疑数据，均应剔除。如果暂时无法从技术上分析可疑数据出现的原因，那么既不能轻易保留它，也不能随意剔除它，应对可疑数值进行统计检验，从统计上来判断可疑值是否为异常值，只有这样才能使测定结果符合客观实际，如果统计检验表明可疑值不是异常值，即使是极值，也应将其保留。

1. 可疑值的统计检验判别准则

（1）若计算的统计量不大于显著水平 $\alpha = 0.05$ 时的临界值，则可疑数据为正常数据，应保留。

（2）若统计量大于 $\alpha = 0.05$ 时的临界值且同时不大于 $\alpha = 0.01$ 时的临界值，则可疑数据为偏离数据，可以保留，取中位数代替平均值。

（3）若统计量大于 $\alpha = 0.01$ 时的临界值，则可疑数据为异常值，应予剔除，并对剩余数据继续检验，直到数据中无异常值为止。

2. 异常值的检验方法及其选择

异常值的统计检验方法有很多种，每种方法都有其优、缺点，在实际应用时，对同一组数据中的可疑值用不同的方法进行检验，得到的结论不一定相同，因此应按国家标准《数据的统计处理和解释正态样本异常值→判断和处理》（GB 4883—85）推荐的方法进行检验，检验一个可疑值，以 Grubbs 方法为准；检验一个以上可疑值，以 Dixon 方法为准；检验多组观测值中精密度较差的一组数据，以 Cochran 方法（可查询相关资料了解）为准。下面具体介绍前两种统计检验方法。

（1）Grubbs 检验法（T 值检验法）。

适用于检验多组测定均值的一致性检验和剔除异常值的检验。也适用于检验一组测量值和剔除一组测量值中的异常值。当一组数据中仅有一个可疑值时，用 Grubbs 方法可以获得满意的结果，而有多个可疑值时，此方法并不理想。检验方法如下：

1）有 L 组测定值，各组平均值分别为 $\bar{x}_1$、$\bar{x}_2$、$\bar{x}_3$、…、$\bar{x}_L$，将 L 个均值按大小顺序排序，最大均值记为 $\bar{x}_{max}$，最小均值记为 $\bar{x}_{min}$。

2）由 L 个均值（$\bar{x}_i$）计算总均值 $\bar{x}$ 和标准差 S，则有

$$\bar{x} = \frac{\sum\limits_{i=1}^{L} \bar{x}_i}{L}, \quad S = \sqrt{\frac{\sum\limits_{i=1}^{L} (\bar{x}_i - \bar{x})^2}{L-1}}$$

3）可疑值为最大值 $\bar{x}_{max}$ 时，按下式计算统计量 T，即

$$T = \frac{\bar{x}_{max} - \bar{x}}{S}$$

可疑值为最小值 $\bar{x}_{min}$ 时，按下式计算统计量 T，即：

$$T = \frac{\bar{x} - \bar{x}_{min}}{S}$$

4）根据给定的显著性水平 α 和测定值组数 n 查表 4-14 得临界值 T_α。

5）按可疑值的判别准则，决定取舍。

6）若本法用于试验室内一组数据检验时，将组数 L 改为测定次数 n，将各组平均值 $\bar{x}_i$ 改为单次测定值 x_i。

表 4 - 14   **Grubbs 检验临界值（T_a）表**

n	显著性水平 α			n	显著性水平 α		
	0.05	0.025	0.01		0.05	0.025	0.01
3	1.153	1.155	1.155	15	2.409	1.549	2.705
4	1.453	1.481	1.492	16	2.443	2.585	2.747
5	1.672	1.715	1.749	17	2.475	2.620	2.785
6	1.822	1.887	1.944	18	2.504	2.651	2.821
7	1.938	2.020	2.097	19	2.532	2.681	2.854
8	2.032	2.126	2.221	20	2.557	2.709	2.884
9	2.110	2.215	2.323	21	2.580	2.733	2.912
10	1.176	2.290	2.410	22	2.603	2.758	2.939
11	1.234	2.355	2.485	23	2.624	2.781	2.963
12	2.285	2.412	2.550	24	2.644	2.802	2.987
13	2.331	2.462	2.607	25	2.663	2.822	3.009
14	2.371	2.507	2.659		...		

【例 4 - 6】 某水样的 6 次分析结果按大小训练顺序排列如下：40.02、40.12、40.16、40.18、40.18、40.20，用 Grubbs 检验法确定可疑值的取舍。

$$\bar{x} = 40.14 \qquad S = 0.066$$

$$T = \frac{40.14 - 40.02}{0.066} = 1.818$$

查表 4 - 14，当 $n = 6$ 时，$T < T_{(0.05, 6)} = 1.822$，故 40.02 应保留。

（2）Dixon 检验法（Q 值检验法）。

此法用于一组测定数据的一致性检验和剔除异常值检验，适用于检出一个或多个异常值。但当最大值和最小值同时为可疑值，或最大值（或最小值）一侧同时出现两个可疑值时，此法并不理想。

检验方法如下：

1）将重复 n 次的测定值从小到大排列为 x_1，x_2，…，x_i，…，x_{n-1}，x_n。

2）按表 4 - 15 计算公式求 Q 值。

3）根据选定的显著性水平 α 和重复测定次数 n，查表 4 - 16 得临界值 $Q_{a,n}$。

4）按可疑值判别准则决定取舍。

表 4 - 15   **Dixon 检验统计量（Q）计算公式**

n 值范围	可疑数值为最小值 x_1 时	可疑数值为最大值 x_n 时	n 值范围	可疑数值为最小值 x_1 时	可疑数值为最大值 x_n 时
3～7	$Q = \dfrac{x_2 - x_1}{x_n - x_1}$	$Q = \dfrac{x_n - x_{n-1}}{x_n - x_1}$	11～13	$Q = \dfrac{x_3 - x_1}{x_{n-1} - x_1}$	$Q = \dfrac{x_n - x_{n-2}}{x_n - x_2}$
8～10	$Q = \dfrac{x_2 - x_1}{x_{n-1} - x_1}$	$Q = \dfrac{x_n - x_{n-1}}{x_n - x_2}$	14～15	$Q = \dfrac{x_3 - x_1}{x_{n-2} - x_1}$	$Q = \dfrac{x_n - x_{n-2}}{x_n - x_3}$

表 4 - 16　　　　　　　　　　　　　**Dixon 检验临界值（Q_α）表**

n	显著性水平 α			n	显著水平 α		
	0.10	0.05	0.01		0.10	0.05	0.01
3	0.886	0.941	0.8988	15	0.472	0.525	0.616
4	0.679	0.765	0.889	16	0.454	0.507	0.595
5	0.557	0.642	0.780	17	0.438	0.490	0.517
6	0.482	0.560	0.698	18	0.424	0.475	0.561
7	0.434	0.507	0.637	19	0.412	0.462	0.547
8	0.479	0.554	0.683	20	0.401	0.450	0.535
9	0.441	0.512	0.635	21	0.391	0.440	0.524
10	0.409	0.477	0.597	22	0.382	0.430	0.514
11	0.517	0.576	0.679	23	0.354	0.421	0.505
12	0.490	0.546	0.642	24	0.367	0.413	0.497
13	0.467	0.521	0.615	25	0.36	0.406	0.489
14	0.492	0.546	0.641				

【**例 4 - 7**】　一组测定值按从小到大的顺序排列为 14.65、14.90、14.90、14.92、14.95、14.96、15.00、15.01、15.01、15.02，试检验最小值 14.65 和最大值 15.02 是否为异常值？

解：检验值最小值 $x_1 = 14.65$，$x_2 = 14.90$，$x_{n-1} = 15.01$，$n=10$

$$Q = \frac{x_2 - x_1}{x_{n-1} - x_1} = \frac{14.90 - 14.65}{15.01 - 14.65} = 0.694$$

查表 4 - 16，当 $n=10$、$\alpha = 0.01$ 时，$Q_{0.01} = 0.597$，因 $Q > Q_{0.01}$，故判定最小值 14.65 为异常值，应予舍去。

检验最大值 $x_n = 15.02$，$x_{n-1} = 15.01$，$x_2 = 14.90$，$n=10$

$$Q = \frac{x_n - x_{n-1}}{x_n - x_2} = \frac{15.02 - 15.01}{15.01 - 14.90} = 0.083$$

查表 4 - 16，当 $n=10$、$\alpha = 0.05$ 时，$Q_{0.05} = 0.477$，因 $Q < Q_{0.05}$，故判定最大值 15.02 为正常值，应保留。

4.5.2.3　分析结果的报告

不同的分析任务，对结果准确度的要求不同。平行测定的次数不同，分析结果的报告方式也不同。

1. 例行分析结果

例行分析中，一般一个试样只做两次平行测定。如果两次分析结果之差不超过公差的 2 倍，则取平均值报告分析结果；如果超过公差的 2 倍，则需再作一份分析报告，最后取两个差值小于公差 2 倍的数据，以平均值作为报告分析结果。

2. 多次测定结果

在要求准确度较高的分析中，要多次平行测定，最后得到一组数据，按前述可疑值检验方法进行检验，将异常值舍去后，取平均值作为分析结果。多次测定结果通常可用以下几种方法报告结果：

（1）算术平均值。

一组测定值中，算术平均值是出现概率最大的测定值，是最可信赖和最佳值。算术平均值的计算公式为

$$\bar{x} = \frac{\sum_{i-1}^{n} x_i}{n}$$

式中　$\bar{x}$——n 次测定值的算术平均值；

　　　x_i——单次测定值；

　　　n——测定次数。

（2）加权平均值。

即使测量精度相同，而测定次数不同，所获得的分析结果的精度也是会有差异的。通常多次测定获得的分析结果显然要比只进行几次测定获得的分析结果的精度要更好一些，因此这时应该使用加权平均值，权数就是测定的次数，有

$$\bar{x}_{\mathrm{w}} = \frac{n_1 \bar{x}_1 + n_2 \bar{x}_2 + \cdots + n_m \bar{x}_m}{n_1 + n_2 + \cdots + n_m}$$

【例 4-8】　有技术水平相当的两位分析人员对同一样品进行测定，甲、乙测定的结果分别为：$\bar{x}_甲 = 4.50$，$S_甲 = 0.2$，$n = 3$；$\bar{x}_乙 = 4.40$，$S_乙 = 0.2$，$n = 6$（设甲、乙单次测定结果已知，甲 4.30，4.50，4.70；乙 4.10，4.30，4.50，4.30，4.60，4.60）。虽然两人单次测定的精度相同，但乙测定的次数比甲的多，它的平均值精度要高一些，其平均值的精度存在差异，不能简单地将两个平均值相加除 2，应加权求平均值，即

$$\bar{x}_{\mathrm{w}} = \frac{n_1 \bar{x}_1 + n_2 \bar{x}_2}{n_1 + n_2} = \frac{3 \times 4.50 + 6 \times 4.40}{3 + 6} = 4.43$$

如果已知甲、乙两人的单次测定值，则总体平均值可直接由 9 次测定值求得，它等于 4.43，与加权平均值相同。

（3）中位值。

中位值是指将一组测定值按大小顺序排列的中间值。当测定次数为偶数时，中位值为正中间两个测定值的平均值。在测定值的分布为正态分布时，中位值能代表一组测定值的最佳值。中位值的优点是求法简单，且不受两端极值变化的影响。

4.5.2.4　真值的置信区间

分析测试的目的是求得被测成分的真值，由于测定中存在着误差，不可能得到真值，通常用少量测定的算术平均值作为被测对象的真值，所以在报告分析结果时，应该表明测定值与真值之间的近似程度。即要说明 $\bar{x}$ 所在的某一范围，以及测定值在这个范围内出现的概率（称为置信度或置信水平）是多少，这就需用平均值的置信区间来说明。

在一定置信度下，以测定值为中心的包括真值在内的可靠范围，称为置信区间（置信界限）。在估计测定值的置信区间时，首先应选定偏差超过该区间的概率，即显著性水平 α，或者选定偏差小于该区间的概率，即置信度 P，$P = 1 - \alpha$。在分析中通常取显著水平 $\alpha = 0.05$（或置信度 $P = 0.95$）是比较适当的，对于同样的显著性水平，测定的次数越多，

所得的置信区间就越窄。

当测定次数为有限次时，平均值的置信区间由下式决定，即

$$\mu = \bar{x} \pm t \frac{S}{\sqrt{n}}$$

式中　μ——总体平均值（真值区间）；

　　　$\bar{x}$——n 次测定值的算术平均值；

　　　t——置信系数；

　　　S——标准偏差。

置信系数 t，不仅与置信度有关，不同的置信度、测定的次数不同其置信系数 t 也不同。置信系数 t 值见表 4 - 17。

表 4 - 17　　　　　　　　　置 信 系 数 t 值

测定次数 n	置 信 度				测定次数 n	置 信 度			
	90%	95%	99%	99.9%		90%	95%	99%	99.9%
2	6.31	12.71	63.66	636.62	8	1.90	2.36	3.50	5.41
3	2.92	4.30	9.92	31.60	9	1.86	2.31	3.35	5.04
4	2.35	3.18	5.84	12.92	10	1.83	2.26	3.25	4.78
5	2.13	2.78	4.60	8.61	11	1.81	2.23	3.17	4.59
6	2.02	2.57	4.03	6.86	∞	1.64	1.96	2.58	3.29
7	1.94	2.45	3.71	5.96					

【例 4 - 9】　测定某样品中的镍，平行测定 5 次，结果为 60.04%、60.11%、60.07%、60.03%、60.00%，求置信度为 95% 时的真实值范围。

解：计算平均值 $\bar{x}$ 和标准偏差 S：

$$\bar{x} = 60.05\% \qquad S = 0.042\%$$

查表 4 - 17，$n = 5$、$p = 95\%$ 时，$t = 2.78$，则平均值的置信区间为

$$\mu = \bar{x} \pm t \frac{s}{\sqrt{n}} = 60.05\% \pm 2.78 \times \frac{0.042\%}{\sqrt{5}} = 60.05 \pm 0.05\%$$

例 4 - 8 说明，通过 5 次测定，置信度为 95% 时，样品中镍的真实含量范围为 60.00% ～60.10%。

思 考 题

1. 我国化学试剂的等级分为几级？各等级代表的意义是什么？各级别符号和标签颜色如何确认？

2. 分析天平在使用前应进行哪些检查？

3. 什么是标准溶液？它在分析中有何重要意义？配制标准溶液有哪些方法？如何选择？

4. 何谓精密度？何谓准确度？如何表示？

5. 下列数值各有几位有效数字，如对它们进行修约至保留两位有效数字结果各为

什么？

(1) 0.5350； (2) 0.004450； (3) 1.45100； (4) 0.04040； (5) 2.18 × 10³；
(6) 3.76

计 算 题

1. 欲配制 $C_{\frac{1}{6}K_2Cr_2O_7} = 1.000mol/L$ 的溶液 500mL，应取 $K_2Cr_2O_7$ 多少 g？ $M_{K_2Cr_2O_7} =$ 294.19g/mol。

2. 欲配制 $C_{\frac{1}{2}H_2SO_4} = 0.10mol/L$ 的溶液 2500mL，应取硫酸（$\rho = 1.84g/cm^3$；96%）多少 mL？

3. 欲配制 $C_{HCl} = 0.1000mol/L$ 的标准溶液 1000mL，应取盐酸（$\rho = 1.18g/cm^3$；96%）多少 mL？

计算用 Na_2CO_3 标定此盐酸溶液，标定时要使盐酸溶液的消耗量在 20.0～30.0mL 范围内，称取 Na_2CO_3 的重量应在多少克范围内？

如果 Na_2CO_3 的质量为 0.1482g 时，消耗盐酸 27.96mL，求此盐酸标准溶液的浓度？ $M_{HCl} = 36.46g/mol$，$M_{Na_2CO_3} = 52.99g/mol$。

4. 准确称取 8.2420g NaCl，用纯水定容至 1000mL，求此标准溶液 Cl^- 质量浓度（单位为 mg/L）为多少？

将上述 NaCl 标准溶液稀释 10 倍后，吸取 25.00mL 来校正 $AgNO_3$ 溶液，校准时消耗 $AgNO_3$ 25.30mL（空白消耗为 0.28mL），求此硝酸银标准溶液的滴定度 $T_{Cl^-/AgNO_3}$ 为多少？ $M_{NaCl} = 58.44g/mol$，$M_{Cl^-} = 35.5g/mol$。

5. 甲、乙二人对同一水平溶解氧含量进行测定，并作出以下报告（单位为 mg/L）。

甲：10.5　10.6　10.5　10.8　10.4

乙：10.3　10.2　10.4　10.0　10.9

试计算各组数据的平均值、平均偏差、相对平均偏差、标准偏差和变异系数，并说明哪组精密度高。

6. 测定一质控水样中的氯化物含量得到以下一组数据：89.0　89.1　89.5　89.6　89.5mg/L 用 Grubbs 方法检验此组数据，并求出该质控水样的氯化物含量应为多少？

7. 测定一质量控制水样的 6 次结果为：28.02　28.12　28.16　28.18　28.18　28.20mg/L；用 Q 值法检验此组数据，并求出该质控水样报告数据应为多少？

8. 对某个样品共测定 8 次，所得的平均值为 23.56mg/L，标准偏差为 0.28%。试计算置信度为 95% 时该样品平均值的置信区间。

情景 5 水 质 分 析

学习目标：本情景详细介绍了水质分析常用的方法，并对每种方法进行了应用举例。通过本情景的学习，应具备以下单项技能：

（1）能够根据监测项目的不同，选择适用的分析方法。

（2）掌握重量分析法的基本知识，熟练掌握溶解性总固体的测定。

（3）掌握 4 大滴定法的基本知识，熟练掌握碱度、高锰酸盐指数、COD、DO、BOD$_5$、氯化物、硬度的测定。

（4）掌握分光光度法的基本知识，熟练掌握氨氮、总磷的测定。

（5）掌握 pH 值的测定。

（6）了解大型分析仪器的工作原理和分析特点。

应形成的综合技能：能够对采集的水样进行分析测定。

5.1 选 择 分 析 方 法

5.1.1 分析方法的选择要点

水环境监测常用的分析方法已在情景 1 中做了简要的介绍，具体在选用哪种分析方法对水环境监测项目进行分析时，需要注意以下几点：

（1）为了使分析结果具有可比性，最好采用标准分析方法，我国国家技术监督局和行业部门颁布了有关水环境分析的标准方法。

（2）在某些项目的监测分析中，如果没有标准分析方法时，应采用等效分析方法，等效分析方法应经过验证合格，其检出限、准确度和精密度应能达到指标要求。

（3）所采用方法的灵敏度要满足准确定量的要求。通常，对于高浓度的成分，应选择不大灵敏的化学分析法，避免高倍数稀释操作引起大的误差；对于低浓度的成分，则根据已有条件采用分光光度法、原子吸收法或者其他仪器分析方法。

（4）所采用方法的抗干扰能力要强。方法的选择性好不但可以省去共存物质的预分离操作，而且能够提高测定的准确度。

（5）对某些项目，在条件允许的情况下，尽可能采用单项成分测定仪，避免组分的分离，提高工作效率，如汞的测定可采用冷原子吸收法或冷原子荧光法测汞仪进行测定。

（6）在多组分的测定中，应尽量选用同时兼有分离和测定的方法，如气相色谱法、高效液相色谱法等，以便在同一次分析操作中，能同时得到各个待测组分的分析结果。

（7）在常规性的测定中，或者待测项目的测定次数频繁时，要尽可能选择方法稳定、操作简便、易于普及、试剂无毒性或毒性较小的方法。

5.1.2 常用水环境监测方法

根据水环境监测项目的不同，常用的水环境监测方法参见表 5-1。其中几种常用分析方法的原理、操作、应用将在后面进行详细的介绍。

表 5-1 常用水环境监测方法测定项目

方 法	测 定 项 目
称量法	SS、可滤残渣、矿化度、油类、SO_4^{2-}、Cl^-、Ca^{2+} 等
滴定法	酸度、碱度、溶解氧、总硬度、氨氮、Ca^{2+}、Mg^{2+}、Cl^-、F^-、CN^-、SO_4^{2-}、S^{2-}、Cl_2、COD、BOD_5、挥发酚等
分光光度法	Ag、Al、As、Be、Bi、Ba、Cd、Co、Cr、Cu、Hg、Mn、Ni、Pb、Sb、Se、Th、U、Zn、NO_2、N、NO_3、N、氨氮、凯氏氮、PO_4^{3-}、F^-、Cl^-、S^{2-}、SO_4^{2-}、BO_3^{2-}、Cl_2、挥发酚、甲醛、三氧乙醛、苯胺类、硝基苯类、阴离子洗涤剂等
荧光分光光度法	Se、Be、U、油类、BaP 等
原子吸收法	Ag、Al、Ba、Be、Bi、Ca、Cd、Co、Cr、Cu、Fe、Hg、K、Na、Mg、Mn、Ni、Pb、Sb、Se、Sn、Te、Tl、Zn 等
冷原子吸收法	As、Sb、Bi、Ge、Sn、Pb、Se、Te、Hg 等
原子荧光法	As、Sb、Bi、Se、Hg 等
火焰光度法	Li、Na、K、Sr、Ba 等
电极法	Eh、pH、DO、F^-、Cl^-、CN^-、S^{2-}、NO_3^-、K^+、Na^+、NH_3 等
离子色谱法	F^-、Cl^-、Br^-、NO_2^-、NO_3^-、SO_3^{2-}、SO_4^{2-}、$H_2PO_4^-$、K^+、Na^+、NH_4^+ 等
气相色谱法	Be、Se、苯系物、挥发性卤代烃、氯苯类、六六六、DDT、有机磷农药类、三氯乙醛、硝基苯类、PCB 等
液相色谱法	多环芳烃类
ICP-AES	用于水中基体金属元素、污染重金属以及底质中多种元素的同时测定

5.2 重 量 分 析 法

重量分析法通常是用适当的方法将被测组分从试样中分离出来，然后转化为一定的称量形式，最后用称量的方法测定该组分的含量。

重量分析法大多用在无机物的分析中，根据被测组分与其他组分分离的方法不同，重量分析法又可分为沉淀法和气化法等。在水质分析中，一般采用沉淀法。目前在水质分析中常用的重量分析法有：溶解性总固体的测定；与水处理相关的滤层中含泥量测定；滤料的筛分等。由于这几种方法在测定中的样品前处理的方法比较简单，所以本节内容不作详细的讨论。

技能训练 2——溶解性总固体的测定

1. 应用范围

本法适用于测定生活饮用水及其水源水的溶解性总固体。

2. 原理

水样经过滤后，在一定温度下烘干，所得的固体残渣称为溶解性总固体，包括不易挥发的可溶性盐类、有机物及能通过过滤器的不溶解微粒等。

烘干温度一般采用105℃±3℃。但105℃的烘干温度不能彻底除去高矿化度水样中盐类所含的结晶水，采用108℃±3℃的烘干温度，可得到较为准确的结果。

当水样的溶解性总固体中含有多量氯化钙、硝酸钙、氯化镁时，由于这些化合物具有强烈的吸潮性，使称量不能恒重，此时可在水样中加入适量碳酸钠溶液以得到改善。

3. 仪器

分析天平（感量0.1‰g）；水浴锅；电热恒温干燥箱；瓷蒸发皿（1000mL）；干燥剂（硅胶）；中速定量滤纸或滤膜（孔径为0.45μm）及相应滤器。

4. 试剂

1%碳酸钠溶液：称取10g无水碳酸钠（Na_2CO_3）溶于纯水中，稀释至1000mL。

5. 测定步骤

（1）将蒸发器皿洗净，放在105℃±3℃烘箱内30min，取出，放在干燥器内冷却30min。

（2）在分析天平上称其重量，再次烘烤，称量直至恒重，两次称重相差不超过0.0004g。

（3）将水样上清液用过滤器滤过，用无分度吸管取振荡均匀的滤过水样100mL于蒸发皿内，如果水样的溶解性总固体过少时可增加水样体积。

（4）将蒸发皿置于水浴上蒸干（水浴液面不要接触皿底），将蒸发皿移入105℃±3℃烘箱内，1h后取出，放入干燥器内，冷却30min，称量。

（5）将称过重量的蒸发皿再放入105℃±3℃烘箱内30min，再放入干燥器皿内冷却30min，称量直至恒重。

溶解性总固体在180℃±3℃烘干。

1）按上述步骤将蒸发皿在180℃±3℃烘干，并称量至恒重。

2）用无分度吸管吸取100mL水样于蒸发皿中，精确加入25.0mL1%碳酸钠溶液于蒸发皿内，混匀，同时做一对只加25.0mL1%碳酸钠溶液的空白。计算水样结果时应减去碳酸钠空白的重量。

（6）计算

$$C = \frac{(W_2 - W_1) \times 1000 \times 1000}{V}$$

式中　C——水样中溶解性总固体，mg/L。

　　W_1——空蒸发皿重量，g；

　　W_2——蒸发皿和溶解性总固体重量，g；

　　V——水样体积，mL。

技能训练 3——水中固体悬浮物的测定

1. 实验目的

(1) 掌握水中悬浮性固体（总不可滤残渣）的一种测定方法——滤纸法。

(2) 巩固练习电子分析天平的操作。

2. 方法原理

用经 $103\sim105℃$ 烘箱内烘至恒重的 $0.45\mu m$ 滤膜（或滤纸）过滤水样，将滤渣放在 $103\sim105℃$ 烘箱内烘至恒重，滤渣的质量为悬浮固体质量（总不可滤残渣）。

3. 实验仪器与设备

(1) 称量瓶；烘箱；干燥器；吸滤瓶；无齿镊子；真空泵。

(2) 电子天平。

4. 采样及样品储存

(1) 采样。

所用聚乙烯瓶或硬质玻璃瓶要用洗涤剂洗净。再依次用自来水和蒸馏水冲洗干净。在采样之前，再用即将采集的水样清洗 3 次。然后采集具有代表性的水样，盖严瓶塞。

注：漂浮或浸没的不均匀固体物质不属于悬浮物质，应从水样中除去。

(2) 样品储存。

采集的水样应尽快分析测定。如需放置，应储存在 4℃ 冷藏箱中，但最长不得超过 7d。

注：不能加入任何保护剂，以防破坏物质在固—液间的分配平衡。

5. 实验步骤

(1) 将滤纸放在称量瓶中，打开瓶盖，在 $103\sim105℃$ 烘干 0.5h 后，取出置于干燥器内，冷却后盖好瓶盖称重，称其重量。反复烘干、冷却、称量，直至恒重（两次称量相差不大于 0.2mg），记录称重质量。将恒重的滤膜正确地放在滤膜过滤器上，以蒸馏水湿润滤膜，并不断吸滤。

(2) 去除漂浮物后振荡水样，量取均匀适量水样 200mL，通过上面称量至恒重的滤膜过滤，用蒸馏水洗残渣 3～5 次。

(3) 小心取下滤膜放入原称量瓶内，在 $103\sim105℃$ 烘箱中，打开瓶盖烘 1h，移入干燥器中，冷却后盖好瓶盖，称其重量。反复烘干、冷却、称重，直至恒重（两次称量的重量差不大于 0.4mg），记录称重质量。

6. 计算悬浮物固体用 C 表示（单位为 mg/L）

$$C = \frac{(A-B)\times10^6}{V}$$

式中 C——水中悬浮物浓度，mg/L；

      A——悬浮固体＋滤膜及称量瓶中，g；

      B——滤膜及称量瓶重，g；

      V——水样体积，mL。

7. 注意事项

（1）树叶、木棒、水草等杂质应从水中除去。

（2）废水黏度过高时，可加 2～4 倍蒸馏水稀释，振荡摇匀，将沉淀物下降后再过滤。

（3）滤膜尚截留过多的悬浮物可能夹带过多的水分，除延长干燥时间外，还可能造成过滤困难，遇此情况可酌情减少试样。滤膜上悬浮物过少，则会增大称量而影响测定精度，必要时，可增大试样体积。一般以 5～100mg 悬浮物量作为量取试样体积的实用范围。

5.3 酸 碱 滴 定 法

5.3.1 滴定分析法与酸碱滴定法

滴定分析法是将一种已知浓度的试剂（标准溶液）滴加到被测水样中，根据反应完全时所用试剂的体积和浓度，计算被测物质的含量。进行滴定分析时，通常将被测溶液置于锥形瓶（或烧杯）中，然后将已知准确浓度的试剂溶液滴加到被测溶液中，直到所加的试剂与被测物质按化学计量定量反应为止，然后根据试剂溶液和用量，计算被测物质的含量。

这种已知准确浓度的试剂溶液称为"滴定剂"，将滴定剂通过滴定管计量并滴加到被测物质中的过程叫做"滴定"。当所加滴定剂的物质的量与被测组分的物质的量之间，恰好符合滴定反应式所表示的化学计量关系时，反应达到"化学计量点"。化学计量点通常借助指示剂的变色来确定，以便终止滴定。在滴定过程中，指示剂正好发生颜色变化的转变点（变色点）称为"滴定终点"。滴定终点与化学计量点不一定恰好吻合，由此造成的分析误差称为"终点误差"或"滴定误差"。

滴定分析法通常用于测定常量组分，有时也能用来测定微量组分。与重量分析法相比，滴定分析法简捷、快速，可用于测定很多元素而且有足够的准确度，在一般情况下，测定的相对误差不大于 0.2%。

酸碱滴定法是以酸碱反应为基础的滴定分析方法。应用酸碱滴定法可以测定水中酸、碱以及能与酸或碱起反应的物质的含量。

酸碱滴定法通常采用强酸或强碱作滴定剂。例如，用 HCl 作为酸的标准溶液，可以滴定具有碱性的物质，如 NaOH、Na_2CO_3 和 Na_2HCO_3 等。如用 NaOH 作为标准溶液，可以滴定具有酸性的物质，如 H_2SO_4 等。

酸碱滴定过程中，溶液本身不发生任何外观的变化，因此常借酸碱指示剂的颜色变化来指示滴定终点。要使滴定获得准确的分析结果，应选择适当的指示剂，从而使滴定终点尽可能地接近化学计量点。

5.3.1.1 酸碱指示剂的变色原理

酸碱指示剂通常是一种有机弱酸、有机弱碱或既显酸性又能显碱性的两性物质。在滴定过程中，由于溶液 pH 值的不断变化，引起了指示剂结构上的变化，从而发生了指示剂颜色的变化。

酸碱指示剂在水溶液中存在以下的解离平衡：

$$HIn（酸式色）\Longleftrightarrow H^+ + In^-（碱式色）$$

$$K_{HIn} = \frac{[H^+][In^-]}{[HIn]}，解离平衡常数表达式$$

$$[H^+] = \frac{K_{HIn}[HIn]}{[In^-]}，讨论 pH = PK_{HIn} - \lg\frac{[HIn]}{[In^-]}$$

（1）当 $\frac{[HIn]}{[In^-]} \geqslant 10$ 时，呈酸式色，溶液 $pH \leqslant PK_{HIn} - 1$

（2）当 $\frac{[HIn]}{[In^-]} \leqslant \frac{1}{10}$ 时，呈碱式色，溶液 $pH \geqslant PK_{HIn} + 1$

（3）溶液 $PK_{HIn} - 1 \leqslant pH \leqslant PK_{HIn} + 1$，呈混合色

定义：$PK_{HIn} - 1$ 到 $PK_{HIn} + 1$ 为指示剂的理论变化范围，PK_{HIn} 为理论变色点。

实际变化范围比理论要窄，这是人眼辨色能力造成的。

例如，用 NaOH 滴定 HCl：滴定终点时，酚酞：无色→红色，甲基橙：橙红→黄色。

用 HCl 滴定 NaOH：滴定终点时，酚酞：红色→无色，甲基橙：橙黄→橙红。

指示剂的变色范围越窄越好，因为 pH 值稍有改变，指示剂立即由一种颜色变成另一种颜色，指示剂变色敏锐，有利于提高分析结果的准确度。

表 5-2 所列的指示剂都是单一指示剂，它们的变色范围一般都较宽，其中有些指示剂，如甲基橙，共变色过程中还有过渡颜色，不易于辨别颜色的变化。混合指示剂可以弥补其存在的不足。

表 5-2 　　　　　　　　　　　　　　几种常见的酸碱指示剂

指示剂	变色范围	PK_{HIn}	酸式	碱色	配制方法	备注
百里酚蓝	1.3～2.8	1.7	红	黄	0.1%的20%的乙醇溶液	第一变色范围
甲基橙	3.1～4.4	3.4	红	黄	0.1%水溶液	
溴酚蓝	3.0～4.6	4.1	黄	紫	0.1%的20%的乙醇溶液或其钠盐水溶液	
溴甲酚绿	4.0～5.6	4.9	黄	蓝	0.1%的20%的乙醇溶液或其钠盐水溶液	
甲基红	4.4～6.2	5.0	红	黄	0.1%的60%的乙醇溶液或其钠盐水溶液	
溴百里酚蓝	6.2～7.6	7.3	黄	蓝	0.1%的20%的乙醇溶液或其钠盐水溶液	
中性红	6.8～8.0	7.4	红	黄橙	0.1%的60%的乙醇溶液	
苯酚红	6.8～8.4	8.0	黄	红	0.1%的60%的乙醇溶液或其钠盐水溶液	
甲酚红	7.2～8.8	8.2	黄	紫	0.1%的20%的乙醇溶液或其钠盐水溶液	第二变色范围
酚酞	8.0～10.0	9.1	无	红	0.1%的90%的乙醇溶液	
百里酚蓝	8.0～9.6	8.9	黄	蓝	0.1%的20%的乙醇溶液	第二变色范围
百里酚酞	9.4～10.6	10	无	蓝	0.1%的90%的乙醇溶液	

混合指示剂是由人工配制而成的，利用两种指示剂颜色之间的互补作用，使变色范围变窄，过渡颜色持续时间缩短或消失，使变色范围变窄，易于终点观察。

表 5-3 列出了常用混合指示剂的变色点和配制方法。

表 5-3　　　　　　　　　　　　混 合 指 示 剂

指示剂溶液组成	变 色 点		酸色	碱色
	pH 值	颜色		
1 份 0.1%甲基橙水溶液 1 份 0.25%靛蓝二磺酸水溶液	4.1		紫	黄绿
1 份 0.2%溴甲酚绿乙醇溶液 1 份 0.4%甲基红乙醇溶液	4.8	灰紫色	紫红	绿
3 份 0.1%溴甲酚绿乙醇溶液 1 份 0.2%甲基红乙醇溶液	5.1	灰色	橙红	绿
1 份 0.2%甲基红溶液 1 份 0.1%亚甲基蓝溶液	5.4	暗蓝	红紫	绿
1 份 0.1%甲酚红钠盐水溶液 3 份 0.1%百里酚蓝钠盐水溶液	8.3	玫瑰红	黄	紫
1 份 0.1%酚酞乙醇溶液 2 份 0.1%甲基绿乙醇溶液	8.9	浅蓝	绿	紫

混合指示剂的组成一般有两种：一种是用一种不随 H^+ 浓度变化而改变的染料和一种指示剂混合而成，如亚甲基蓝和甲基红组成的混合指示剂。亚甲基蓝是不随 pH 值而变化的染料，呈蓝色，甲基红的酸色是红色，碱色是黄色，混合后的酸色为紫色，碱色为绿色，混合指示剂在 pH=5.4 时，可由紫色变为绿色或相反，非常明显，此指示剂主要用于水中氨氮用酸滴定时的指示剂。另一种是由两种不同的指示剂，按一定比例混合而成，如溴甲酚绿（$PK_{HIn}=4.9$）和甲基红（$PK_{HIn}=5.0$）两种指示剂所组成的混合指示剂，两种指示剂都随 pH 值变化，按一定的比例混合后，在 pH=5.1 时，由酒红色变为绿色或相反，极为敏感。此指示剂用于水中碱度的测定。

如果将甲基红、溴百里酚蓝、百里酚蓝和酚酞按一定比例混合，溶于乙醇，配成混合指示剂，该混合指示剂随 pH 值的不同而逐渐变色如下：

pH 值　≤　4　　5　　6　　7　　8　　　　　　9　　≥10
颜色　　　红　橙　黄　绿　青（蓝绿）　蓝　紫

广泛 pH 值试纸是用上述混合指示剂制成的，用来测定 pH 值。

5.3.1.2　酸碱滴定曲线和指示剂的选择

采用酸碱滴定法进行分析测定，必须了解酸碱滴定过程中 pH 值的变化规律，特别是化学计量点附近 pH 值的变化，这样才有可能选择合适的指示剂，准确地确定滴定终点。因此，溶液的 pH 值是酸碱滴定过程中的特征变量，可以通过计算求出，也可用 pH 值计测出。

表示滴定过程中 pH 值变化情况的曲线，称为酸碱滴定曲线。不同类型的酸碱在滴定过程中 pH 值的变化规律不同，因此滴定曲线的形状也不同。下面讨论强碱滴定强酸过程中 pH 值变化情况及指示剂的选择等问题。

1. 强碱（酸）滴定强酸（碱）的滴定曲线

这一类型滴定包括 HCl、H_2SO_4 和 NaOH、KOH 等的相互滴定，因为它们在水溶液中是完全离解的，滴定的基本反应式为

$$H^+ + OH^- \rightleftharpoons H_2O$$

现以 0.1000mol/L NaOH 滴定 20.00mL 0.1000mol/LHCl 为例，研究滴定过程中 H^+ 浓度及 pH 值变化规律和如何选择指示剂。滴定过程的 pH 值变化如表 5-4 所示。

表 5-4　0.1000mol/L NaOH 滴定 20.00mL 0.1000mol/L HCl 时 H^+ 浓度及 pH 变化情况

加入 NaOH （mL）	HCl 被滴定的 百分数	剩余的 HCl （mL）	过量的 NaOH （mL）	$[H^+]$ 或 $[OH^-]$ 的计算式	$[H^+]$ （mol/L）	pH 值
0.00	0.00	20.00		$[H^+] = 0.1000$mol/L	1.00×10^{-1}	1.00
18.00	90.00	2.00			5.26×10^{-3}	2.28
19.80	99.00	0.20		$[H^+] = 0.1000 \times V_{酸剩余} / V_{总}$	5.02×10^{-4}	3.30
19.98	99.90	0.02			5.00×10^{-5}	4.30
20.00	100.00	0.00		$[H^+] = 10^{-7}$mol/L	1.00×10^{-7}	7.00
20.02	100.1		0.02		2.00×10^{-10}	9.70
20.02	101.0		0.20	$[OH^-] = 0.1000 \times V_{碱过量} / V_{总}$	2.01×10^{-11}	10.70
22.00	110.0		2.00		2.10×10^{-12}	11.68
40.00	200.0		20.00		3.00×10^{-13}	12.52

为了更加直观地表现滴定过程中 pH 的变化趋势，以溶液的 pH 值对 NaOH 的加入量或被滴定百分数作图，得到如图 5-1 所示的一条 S 形滴定曲线。由图 5-1 中的曲线可以看出，在滴定初期，溶液的 pH 值变化很小，曲线较平坦，随着滴定剂 NaOH 的加入，曲线缓缓上升，在计量点前后曲线急剧上升，以后又比较平坦，形成 S 形曲线。

滴定过程中 pH 值变化呈 S 形曲线的原因是：开始时，溶液中酸量大，加入 90% 的 NaOH 溶液才改变了 1.28 个 pH 值

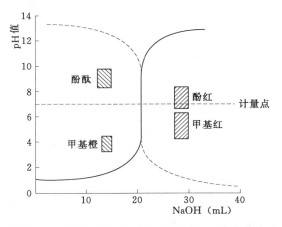

图 5-1　强碱（酸）滴定强酸（碱）的滴定曲线

单位，这部分恰恰是强酸缓冲容量最大的区域，因此 pH 值变化较小。随着 NaOH 的加入，酸量减小，缓冲容量逐渐下降。从 90% 到 99%，仅加入 1.8mL NaOH 溶液，pH 值改变 1.02，当滴定到只剩 0.1%HCl（即 NaOH 加入 99.9%）时，再加入 1 滴 NaOH（约 0.04mL，为 100.1%，过量 0.1%），溶液由酸性突变为碱性。pH 值从 4.30 骤增至 9.70，改变了 5.4 个 pH 值单位，计量点前后 0.1% 之间的这种 pH 值的突然变化，称为滴定突跃。相当于图 5-1 中接近垂直的曲线部分。突跃所在的 pH 值范围称为滴定突跃范围。此后继续加入 NaOH 溶液，进入强碱的缓冲区，pH 值变化逐渐减小，曲线又趋于平坦。

2. 指示剂的选择

S形曲线中最具实用价值的部分是化学计量点前后的滴定突跃范围，它为指示剂的选择提供了可能，选择在滴定突跃范围内发生变色的指示剂，其滴定误差不超过±0.1%。若在化学计量点前后没有形成滴定突跃，不是陡直，而是缓坡，指示剂发生变色时，将远离化学计量点，引起较大误差，无法准确滴定。因此选择指示剂的一般原则是使指示剂的变色范围部分或全部在滴定曲线的突跃范围之内。在此浓度的强碱滴定强酸的情况下，突跃范围是4.3～9.7。在此突跃范围内变色的指示剂，如酚酞、甲基橙、酚红和甲基红都可选择，它们的变色范围分别是8.0～10.0、3.1～4.4、6.8～8.4和4.4～6.2，其中酚酞变色最为敏感。

强酸滴定强碱的滴定曲线与强碱滴定强酸的曲线形状类似，只是位置相反（图5-1中虚线部分），变色范围为9.7～4.3，可以选择酚酞和甲基红作指示剂。若选择甲基橙作指示剂，只应滴定至橙色，若滴定至红色，将产生＋0.2%以上的误差。

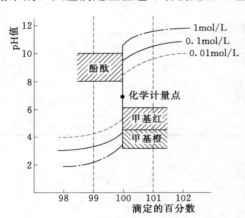

图5-2 不同浓度强碱相应浓度的强酸的滴定曲线

为了在较大范围内选择指示剂，一般滴定曲线的突跃范围越宽越好。强酸强碱型滴定曲线的突跃范围主要决定于碱或酸的浓度，浓度大时突跃范围宽。浓度对滴定曲线的影响如图5-2所示。

5.3.2 碱度的基本知识

5.3.2.1 碱度组成

水的碱度是指水中所含能与强酸定量反应的物质总量。水中碱度的来源较多，天然水体中碱度基本上是碳酸盐、重碳酸盐及氢氧化物含量的函数，所以碱度可分为氢氧化物（OH^-）碱度、碳酸盐（CO_3^{2-}）碱度和重碳酸盐（HCO_3^-）碱度。假设水中不能同时存在OH^-和HCO_3^-，可构成5种组合形式，即(OH^-)、$(OH^-、CO_3^{2-})$、(CO_3^{2-})、$(CO_3^{2-}、HCO_3^-)$、(HCO_3^-)。

如天然水体中繁生大量藻类，剧烈吸收水中CO_2，使水有较高的pH值，主要有碳酸盐碱度，一般pH值<8.3的天然水中主要含有重碳酸盐碱度，略高于8.3的弱酸性天然水可同时含有重碳酸盐和碳酸盐碱度，pH值>10时主要是氢氧化物碱度。总碱度被当作这些成分浓度的总和。当水中含有硼酸盐、磷酸盐或硅酸盐等时，则总碱度的测定值也包含它们所起的作用。

5.3.2.2 测定步骤及方法

碱度的测定采用酸碱滴定法。同一锥形瓶中，连续用酚酞和甲基橙作指示剂。

测定步骤如下：

(1) 先加酚酞，当酚酞由红色→无色，HCl的消耗量为P（mL）。

(2) 后加甲基橙，当甲基橙由橙黄→橙红，HCl的消耗量为M（mL）。

(3) P和M的数值判断碱度的组成，并且计算相应的含量。

用 HCl 和 H_2SO_4 作为标准溶液，酚酞和甲基橙作为指示剂，根据不同指示剂变色所消耗的酸的体积，可分别测出水样中所含的各种碱度。根据酸碱滴定原理，化学计量点为 pH 值＝7.0 和 pH 值＝8.3 时可选择酚酞作指示剂，化学计量点为 pH 值＝3.9 时可以选择甲基橙作指示剂。因此，用酸滴定碱度时，先用酚酞作指示剂，水中的氢氧化物碱度完全被中和，而碳酸盐碱度只中和了一半。若继续用甲基橙作指示剂，滴至溶液颜色由黄色变为橙红色，说明碳酸盐碱度又完成了一半，重碳酸盐碱度也全部被中和，此时测定的碱度为水中各种碱度成分的总和，因此将单独用甲基橙作为指示剂测定的碱度称为总碱度。

碱度的测定用连续滴定法：取一定容积的水样，加入酚酞指示剂以强酸标准溶液进行滴定，到溶液由红色变为无色为止，标准酸溶液用量用 P 表示。再向水样中加入甲基橙指示剂，继续滴定溶液由黄色变为橙色为止，滴定用去标准溶液体积用 M 表示。根据 P 和 M 的相对大小，可以判断水中碱度组成并计算其含量。

在滴定中各种碱度的反应式为：

酚酞变色：

$$H^+ + OH^- \Longrightarrow H_2O \tag{5-1}$$

$$H^+ + CO_3^{2-} \Longrightarrow HCO_3^- \tag{5-2}$$

$$P = OH^- + \left(\frac{1}{2}CO_3^{2-}\right)$$

甲基橙变色：

$$H^+ + HCO_3^- \Longrightarrow H_2CO_3 \tag{5-3}$$

$$M = \frac{1}{2}CO_3^{2-} + HCO_3^-$$

水中的总碱度：

$$T = OH^- + CO_3^{2-} + HCO_3^- = P + M$$

1. 单独的氢氧化物的碱度（OH^-）

水的 pH 值一般在 10 以上，滴定时加入酚酞后溶液呈红色，用标准酸溶液滴至无色，得到 P 值，见反应式（5-1）。再加入甲基橙，溶液呈橙色，因此不用继续滴定。滴定结果为

$$P > 0, \quad M = 0$$

因此，判断只有 OH^- 碱度，而 $OH^- = P$。

2. 氢氧化物与碳酸盐碱度（OH^-、CO_3^{2-}）

水的 pH 值一般也在 10 以上，首先以酚酞为指示剂，用标准酸溶液滴定，得到 P 值，其中包括 OH^- 和一半的 CO_3^{2-} 碱度，反应式由式（5-1）进行到式（5-2）；如甲基橙指示剂继续滴定，反应式由式（5-2）进行到式（5-3），得 M，测出另一半 CO_3^{2-} 碱度。滴定结果为

$$P > M$$

因此，判断有 OH^- 与 CO_3^{2-} 碱度，而且有

$$OH^- = P - M$$

$$CO_3^{2-} = 2M$$

3. 单独的碳酸盐碱度（CO₃²⁻）

若水的 pH 值在 9.5 以上，以酚酞作指示剂，用标准酸溶液滴定，测得 P 值，其中包括一半 CO_3^{2-} 碱度，再加甲基橙指示剂，得 M 值，测出另一半 CO_3^{2-} 碱度。滴定结果为

$$P = M$$

因此，判断只有 CO_3^{2-} 碱度，而且有

$$CO_3^{2-} = 2P$$

4. 碳酸盐和重碳酸盐碱度（CO₃²⁻、HCO₃⁻）

水的 pH 值一般低于 9.5 而高于 8.3，以酚酞为指示剂用标准酸溶液滴定到终点 P 值，见反应式（5-2），含一半 CO_3^{2-} 碱度，再加甲基橙指示剂，得 M 值，见反应式（5-3），测出另一半 CO_3^{2-} 和 HCO_3^- 碱度。滴定结果为

$$P < M$$

因此，判断有 CO_3^{2-} 和 HCO_3^- 碱度，而且有

$$CO_3^{2-} = 2P$$
$$HCO_3^- = M - P$$

5. 单独的重碳酸盐碱度（HCO₃⁻）

水的 pH 值在此时一般低于 8.3，滴定时首先加入酚酞指示剂，溶液并不呈红色而为无色，以甲基橙为指示剂，用标准溶液滴定到终点，得 M 值，见反应式（5-3），测出 HCO_3^- 碱度。滴定结果为

$$P = 0, M > 0$$

因此，判断只有 HCO_3^- 碱度，而且有

$$HCO_3^- = M$$

若各种标准溶液浓度为已知，就可计算碱度含量。

各类碱度及酸碱滴定结果的关系见表 5-5。

表 5-5　　　　　　　　　　　　水中碱度组成与计算

类　型	滴定结果	OH⁻	CO₃²⁻	HCO₃⁻	总碱度
1	$P, M=0$	P	0	0	P
2	$P>M$	$P-M$	$2M$	0	$P+M$
3	$P=M$	0	$2P$	0	$P+M$
4	$P<M$	0	$2P$	$M-P$	$P+M$
5	$M, P=0$	0	0	M	M

5.3.2.3　碱度计算

（1）首先由 P 和 M 的数值判断碱度的组成。

（2）确定碱度的表示方法。

以 mg/L 计，以 mol/L 或 mmol/L 计，以 mgCaO/L 或 mgCaCO₃/L 计。

（3）记住一些常用的摩尔质量：

OH⁻：17g/mol　　　　　　　$\frac{1}{2}$CO₃²⁻：30g/mol　　　　　　　HCO₃⁻：61g/mol

$\dfrac{1}{2}\text{CaO}$：28g/mol $\dfrac{1}{2}\text{CaCO}_3$：$50\text{g/mol}$

（4）写出碱度计算的正确表达式

例如，当 $P > 0$，$M = 0$ 时

$$\text{OH}^- \text{碱度（mol/L）} = \frac{C_{\text{HCl}} \times P}{V_{\text{水样}}}$$

$$\text{OH}^- \text{碱度（mmol/L）} = \frac{C_{\text{HCl}} \times P \times 10^3}{V_{\text{水}}}$$

$$\text{OH}^- \text{碱度}\left(\frac{1}{2}\text{CaO 计}\right) = \frac{C_{\text{HCl}} \times P \times 28 \times 10^3}{V_{\text{水}}}$$

其中 C_{HCl} 为 HCl 的物质的量浓度（mol/L）。

当 P 和 M 呈其他关系时，用 $f(P, M)$ 代替上式中 P 即可。

技能训练 4——碱 度 的 测 定

1. 方法原理

水样用酸标准溶液滴定至规定的 pH 值，其终点可由加入的酸碱指示剂在该 pH 值时颜色的变化来判断。当滴定至酚酞指示剂由红色变为无色时，溶液 pH 值即为 8.3，指示水中氢氧根离子已被中和，碳酸盐均被转为重碳酸盐（HCO_3^-），反应式为

$$\text{OH}^- + \text{H}^+ \Longrightarrow \text{H}_2\text{O}$$

$$\text{CO}_3^{2-} + \text{H}^+ \Longrightarrow \text{HCO}_3^-$$

当滴定至甲基橙指示剂由橘黄色变成橘红色时，溶液的 pH 值为 4.4～4.5，指示水中的重碳酸盐（包括原有的和由碳酸盐转化成的重碳酸盐）已被中和，反应为

$$\text{HCO}_3^- + \text{H}^+ \Longrightarrow \text{H}_2\text{O} + \text{CO}_2 \uparrow$$

根据上述两个终点到达时所消耗的盐酸标准滴定溶液的量，可以计算出水中碳酸盐、重碳酸盐及总碱度。

上述计算方法不适用于污水及复杂体系中碳酸盐和重碳酸盐的计算。

2. 干扰及消除

水样浑浊、有色均会干扰测定，遇此情况，可用电位滴定法测定。能使指示剂褪色的氧化还原性物质也会干扰测定。例如，水样中余氯破坏指示剂，水样含余氯时，可加入 1～2 滴 0.1mol/L 硫代硫酸钠溶液消除。

3. 样品保存

样品采集后应在 4℃保存，分析前不应打开瓶塞，不能过滤、稀释或浓缩。样品应于采集后的当天进行分析，特别是当样品中含有可水解盐类或含有可氧化态阳离子时，应及时分析。

4. 仪器与试剂

（1）酸式滴定管 25mL。

（2）锥形瓶 250mL。

（3）无二氧化碳水。用于制备标准溶液及稀释用的蒸馏水或去离子水，临用前煮沸

15min，冷却至室温。pH 值应大于 6.0，电导率小于 $2\mu S/cm$。

（4）酚酞指示液。称取 0.5g 酚酞溶于 50mL95％乙醇中，用水稀释至 100mL.

（5）甲基橙指示剂。称取 0.05g 甲基橙溶于 100mL 蒸馏水中。

（6）$\frac{1}{2}Na_2CO_3$ 标准溶液（0.0250mol/L）。称取 1.3249g（于 250℃烘干 4h）的基准试剂无水碳酸钠（Na_2CO_3），溶于少量无二氧化碳水中，移入 1000mL 容量瓶中，用水稀释至标线并摇匀。储于聚乙烯瓶中，保存时间不要超过一周。

（7）盐酸标准溶液（0.0250mol/L）：用分度吸管吸取 2.1mL 浓盐酸（$\rho = 1.19g/mL$），并用蒸馏水稀释至 1000mL，此溶液浓度约为 0.025mol/L。其准确浓度按下法标定：

用无分度吸管吸取 25.00mL $\frac{1}{2}Na_2CO_3$ 标准溶液于 250mL 锥形瓶中，加无二氧化碳水稀释至约 100mL，加入 3 滴甲基橙指示液，用盐酸标准溶液滴定至由橘黄色刚变成橘红色，记录盐酸标准溶液用量。按下式计算准确浓度，即

$$C = \frac{25.00 \times 0.0250}{V}$$

式中　C——盐酸标准溶液浓度，mol/L；

　　　　V——盐酸标准溶液量，mL。

5. 操作步骤

分取 100mL 水样于 250mL 锥形瓶中，加入 4 滴酚酞指示剂并摇匀。当溶液呈红色时，用盐酸标准溶液滴定至刚刚褪至无色，记录盐酸标准溶液用量。若加酚酞指示剂后溶液无色，则不需用盐酸标准溶液滴定，并接着进行下述操作。向上述锥形瓶中加入 3 滴甲基橙指示剂并摇匀。继续用盐酸标准溶液滴定至溶液由橘黄色刚刚变为橘红色为止。记录盐酸标准溶液用量。

6. 计算

对于多数天然水样，碱性化合物在水中所产生的碱度，有 5 种情形。设以酚酞作指示剂时，滴定至颜色变化所消耗盐酸标准溶液的量为 P（mL），以甲基橙作指示剂时盐酸标准溶液用量为 M（mL），则盐酸标准溶液总消耗量为 $V = P + M$。

假设以上几种情况下用于碳酸盐和重碳酸盐反应的盐酸体积分别为 P 和 M，则根据 P 和 M 的大小可判断水中碱度的组成，并计算其含量，见表 5-5。

水中的总碱度可按下式计算

$$总碱度（以 CaO 计，mg/L）= \frac{C(P+M) \times 28.04}{V} \times 1000$$

$$总碱度（以 CaCO_3 计，mg/L）= \frac{C(P+M) \times 50.05}{V} \times 1000$$

7. 注意事项

（1）若水样中含有游离二氧化碳，则不存在碳酸盐，可直接以甲基橙作指示剂进行滴定。

（2）当水样中总碱度小于 20mg/L 时，可改用 0.01mol/L 盐酸标准溶液滴定，或改用

10mL 容量的微量滴定管，以提高测定精度。

5.4 氧化还原滴定法

氧化还原滴定法是以氧化还原反应为基础的滴定分析方法。氧化还原滴定法广泛地应用于水质分析中，除可以用来直接测定氧化性或还原性物质外，也可以用来间接测定一些能与氧化剂或还原剂发生定量反应的物质。因此，水质分析中常用氧化还原滴定法测定水中的溶解氧（DO）、高锰酸盐指数、化学需氧量（COD）、生物化学需氧量（BOD）及苯酚等有机物污染指标，以此来评析水体中有机物污染程度；还用来测定水中游离余氯、二氧化氯和臭氧等。

可以用于滴定分析的氧化还原反应很多，通常根据所用滴定剂的种类不同，将氧化还原滴定法分为高锰酸钾法、重铬酸钾法、碘量法、溴酸钾法等。

5.4.1 氧化还原反应的方向与程度

1. 条件电极电位

条件电极电位简称条件电位。氧化剂和还原剂的强弱可以用有关电对的电极电位（简称电位）来衡量。电对的电位值越大，是氧化性越强的氧化剂；电对的电位值越小，是还原性越强的还原剂。例如，Fe^{3+}/Fe^{2+} 电对的标准电位（$\varphi^{\theta}_{Fe^{3+}/Fe^{2+}} = 0.77V$）比 Sn^{4+}/Sn^{2+} 电对的标准电位（$\varphi^{\theta}_{Sn^{4+}/Sn^{2+}} = 0.15V$）大，对氧化形 Fe^{3+} 和 Sn^{4+} 来说，Fe^{3+} 是更强的氧化剂；对还原形 Fe^{2+} 和 Sn^{2+} 来说，Sn^{2+} 是更强的还原剂，因此发生下式反应，即

$$2Fe^{3+} + Sn^{2+} \rightleftharpoons 2Fe^{2+} + Sn^{4+}$$

根据有关电对的电位值，可以判断反应的方向和反应进行的完全程度。

氧化还原电对的电位可用能斯特（Nernst）方程表示。例如，下式半反应，即

$$Ox + ne \rightleftharpoons Red$$

它的能斯特方程为

$$\varphi = \varphi^{\theta} + \frac{RT}{nF} \ln \frac{\alpha_{Ox}}{\alpha_{Red}} \qquad (5-4)$$

式中　φ ——电对的电位；

　　　φ^{θ} ——电对的标准电位；

α_{Ox}，α_{Red} ——氧化性和还原性的活度；

　　　R——气体常数，等于 8.314J/（mol·K）；

　　　T——绝对温度，K；

　　　F——法拉第常数，等于 96487℃/mol；

　　　n——半反应中电子转移数。

从式（5-4）可以看到，φ 是温度的函数。25℃时有

$$\varphi = \varphi^{\theta} + \frac{0.059}{n} \lg \frac{\alpha_{OX}}{\alpha_{Red}} \qquad (5-5)$$

但在实际工作中，溶液中离子强度和其他物质都会对氧化还原过程产生影响。例如，

溶液中大量强电解质的存在，H^+ 或 OH^- 参与半电池反应，能与电对的氧化态或还原态络合的络合剂的存在，以及能与电对的氧化态或还原态生成难溶化合物的物质存在等，这些外界因素都将影响电对的氧化还原能力，因此考虑外界因素的影响，则有

$$\varphi = \varphi^{\theta'} + \frac{0.059}{n} \lg \frac{C_{OX}}{C_{Red}} \qquad (5-6)$$

式中 $\varphi^{\theta'}$ —— 条件电位。

它是在一定条件下，当氧化性和还原性的分析浓度均为 $1mol/L$ 或它们的浓度比为 1 时的实际电位。在一定条件下，它是一常数。条件电位 $\varphi^{\theta'}$ 和标准电位 φ^{θ} 的关系与条件稳定常数 K' 和稳定常数 K 的关系相似。显然，在引入条件电位后，处理实际问题比较简单，也比较符合实际情况。

各种条件下电对的条件电位值常由实验测定。目前条件电位的数据还比较少。氧化还原半反应的标准电位及条件电位可从相应的资料中查到。若没有相同条件的条件电位，可采用条件相近的条件电位。例如，未查到 $1mol/L$ H_2SO_4 溶液中 Fe^{3+}/Fe^{2+} 电对的条件电位，可以用 $0.5mol/L$ H_2SO_4 溶液中 Fe^{3+}/Fe^{2+} 电对的条件电位（$0.679V$）代替。如果没有指定条件的条件电位数据，只能采用标准电位时，误差可能较大。

2. 氧化还原反应进行的方向

通过氧化还原反应电对的电位计算，可以判断氧化还原反应进行的方向。氧化还原反应是由较强的氧化剂和较强的还原剂向生产较弱的氧化剂和较弱的还原剂的方向进行。当溶液中有几种还原剂时，加入氧化剂，首先与最强的还原剂作用。同样，溶液中含有几种氧化剂时，加入还原剂，则首先与最强的氧化剂作用。即在合适的条件下，所有可能发生的氧化还原反应中，电极电位相差最大的电对间首先发生。

由于氧化剂和还原剂的浓度、溶液的酸度、生成沉淀和形成络合物等都对氧化还原电对的电位产生影响，因此在不同的条件下可能影响氧化还原反应进行的方向。

3. 氧化还原反应进行的程度

滴定分析法要求反应定量完成，一般氧化还原反应可通过反应的平衡常数（或条件常数）来判断反应进行的程度。氧化还原反应的平衡常数 K（或条件常数 K'）可以从有关电对的标准电位 φ^{θ}（或条件电位 $\varphi^{\theta'}$）求得。

若氧化还原反应为

$$mOx_1 + nRed_2 \rightleftharpoons mRed_1 + nOx_2 \qquad m \neq n \qquad (5-7)$$

该反应的条件常数为

$$\lg K' = \frac{mn(\varphi_1^{\theta'} - \varphi_2^{\theta'})}{0.059} \qquad (5-8)$$

若反应式中 $m = n$，则有

$$\lg K' = \frac{n(\varphi_1^{\theta'} - \varphi_2^{\theta'})}{0.059} \qquad (5-9)$$

对滴定反应一般要求反应完全程度达 99.9% 以上，对 $n = m = 1$ 型的反应，滴定到终点时，有

$$\varphi_1^{\theta'} - \varphi_2^{\theta'} = \frac{0.059}{n} \lg K' \geqslant 0.059 \times 6V \approx 0.35V$$

因此，一般认为两电对的条件电位之差大于 0.4V，反应能定量进行完全。氧化还原滴定中，常用强氧化剂 [如 $Ce(SO_4)_2$、$KMnO_4$、$K_2Cr_2O_7$] 和较强的还原剂 [$(NH_4)_2Fe(SO_4)_2$、$Na_2S_2O_3$ 等] 作滴定剂，要达到这个要求是不困难的。有时还可以控制介质条件改变电对的电位，以达到这个要求。

5.4.2 影响氧化还原速度的因素

滴定分析要求反应快速进行。氧化还原滴定中不仅要从反应的平衡常数判断反应的可行性，还要从反应速度来考虑反应的现实性。因此，讨论氧化还原滴定时，应先讨论氧化还原反应的速度问题。

影响氧化还原反应速度的因素主要有浓度、温度和催化剂。

1. 浓度

许多氧化还原反应是分步进行的，不能从总的氧化还原反应方程式来判断反应物浓度对速度的影响。但一般来说，增加反应物的浓度就能加快反应速度。例如，用 $K_2Cr_2O_7$ 标定 $Na_2S_2O_3$ 溶液，反应式为

$$Cr_2O_7^{2-}+6I^-+14H^+ \Longrightarrow 2Cr^{3+}+3I_2+7H_2O \quad （慢） \qquad (5-10)$$

$$I_2+2S_2O_3^{2-} \Longrightarrow 2I^-+S_4O_6^{2-} \quad （快） \qquad (5-11)$$

称取一定量的 $K_2Cr_2O_7$，用少量水溶解后，加入过量 KI，待反应完全后，以淀粉为指示剂，用 $Na_2S_2O_3$ 溶液滴定析出的 I_2。滴定到 I_2 淀粉的蓝色恰好消失为止。因终点生成物种有 Cr^{3+}，呈蓝绿色，终点应由深蓝色变为亮绿色。若 Cr^{3+} 浓度过大，将干扰终点颜色的观察，最好在稀溶液中滴定。

什么时候将溶液冲稀呢？如果先将 $K_2Cr_2O_7$ 溶液冲稀，因为反应式（5-10）是慢反应，加入 KI 后，$Cr_2O_7^{2-}$ 和 I^- 的反应不能在用 $Na_2S_2O_3$ 溶液滴定前完成。因此，必须在较浓的 $Cr_2O_7^{2-}$ 溶液中，加入过量的 I^- 和 H^+，使反应式（5-10）较快地进行，再放置一段时间，待反应式（5-10）进行完全后，再将溶液冲稀，然后用 $Na_2S_2O_3$ 溶液滴定。

此外，在氧化还原滴定过程中，由于反应物的浓度降低，特别是接近化学计量点时，反应速度减慢，因此，滴定时应注意控制滴定速度与反应速度相适应。

2. 温度

对大多数反应来说，升高温度可以提高反应速度。例如，酸性溶液中 MnO_4^- 和 $C_2O_4^{2-}$ 的反应，在室温下反应缓慢，加热能加快反应，通常控制在 $70 \sim 80℃$ 内滴定。但应考虑升高温度时可能引起的其他一些不利因素。例如，MnO_4^- 滴定 $C_2O_4^{2-}$ 的反应，温度过高会引起部分 $H_2C_2O_4$ 分解，即

$$H_2C_2O_4 \xrightarrow{\triangle} H_2O+CO+CO_2$$

有些物质（如 I_2）易挥发，加热时会引起挥发损失；有些物质（如 Sn^{2+}、Fe^{2+} 等）加热会促使它们被空气中的氧氧化。因此，必须根据具体情况确定反应最适宜的温度。

3. 催化剂

催化作用是指由于某些物质的存在而改变反应速度的现象，这类物质称为催化剂。广义地说，催化剂只能引起反应速度的变化，但不移动化学平衡。表面上，催化剂似乎没有

参加反应，其实际反应过程中，催化剂反复地参加反应，并循环地起作用。

催化剂有正催化剂和负催化剂之分，正催化剂加快反应速度，负催化剂减慢反应速度。负催化剂又叫"阻化剂"。

氧化还原反应中借加入催化剂以加速反应的还有不少，如化学需氧量的测定中，以 Ag_2SO_4 作催化剂等。

5.4.3　氧化还原滴定

5.4.3.1　氧化还原滴定曲线

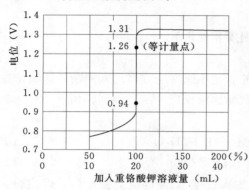

图 5-3　0.1mol $K_2Cr_2O_7$ 滴定 Fe^{2+}
的理论滴定曲线

与酸碱滴定法相似，在氧化还原滴定过程中，随着滴定剂的加入，溶液中氧化剂和还原剂浓度不断地发生变化，相应电对的电极电位也随之发生改变。在化学计量点处发生"电位突跃"。如反应中两电对都是可逆的，就可以根据能斯特方程，由两电对的条件电极电位计算滴定过程中溶液电位的变化，并描绘滴定曲线。图 5-3 是通过计算得到的以 0.1mol $K_2Cr_2O_7$ 标准溶液滴定等浓度 Fe^{2+} 的滴定曲线。滴定曲线的突跃范围为 0.94~1.31V，化学计量点为 1.26V。

化学计量点附近电位突跃的大小与两个电对条件电位相差的大小有关。电位相差越大，则电位突跃越大，反应也越安全。

5.4.3.2　氧化还原指示剂

在氧化还原滴定过程中，可用指示剂在化学计量点附近颜色的改变来指示滴定终点。根据氧化还原指示剂的性质可分为以下各类。

1. 氧化还原指示剂

这类指示剂是具有氧化还原性质的复杂有机化合物，在滴定过程中也发生氧化还原反应，其氧化态和还原态的颜色不同，因而可以用于指示滴定终点的到达。

每种氧化还原指示剂在一定的电位范围内发生颜色变化，此范围称为指示剂的电极电位变色范围。选择指示剂时应选用电极电位变色范围在滴定突跃范围内的指示剂。常用的氧化还原剂及配制方法见表 5-6。

表 5-6　　　　　　　　　　　　　一些氧化还原指示剂及配制方法

指示剂	$\varphi'/V[H^+]=1mol/L$	颜色变化		配 制 方 法
		氧化态	还原态	
次甲基蓝	0.36	天蓝	无色	0.05%水溶液
二苯胺磺酸钠	0.85	紫蓝	无色	0.2%水溶液
邻苯氨基苯甲酸	0.89	紫红	无色	0.2%水溶液
2-2'联吡啶亚铁盐	1.02	紫红	红	稀盐酸溶液

指示剂	$\varphi^{\theta}/V[H^+]=1mol/L$	颜色变化		配 制 方 法
		氧化态	还原态	
邻二氮菲亚铁盐	1.06	淡蓝	红	每 100mL 溶液含 1.624g 邻氮菲和 0.695g $FeSO_4$
硝基邻二氮菲亚铁盐	1.26	淡蓝	红	1.7g 硝基邻二氮菲和 0.025mol/L $FeSO_4$ 100mL 配成溶液

氧化还原指示剂是氧化还原滴定的通用指示剂，选择指示剂时应注意以下两点：

（1）指示剂变色的电位范围在滴定突跃范围内。由于指示剂变色的电位范围很小，应尽量选择指示剂条件电位 $\varphi^{\theta}_{\text{In}}$ 处于滴定曲线突跃范围之内的指示剂。

（2）氧化还原滴定中，滴定剂和被滴定的物质常是有色的，反应前后颜色发生改变，观察到的是离子的颜色和指示剂所显示颜色的混合色，选择指示剂时注意化学计量点前后颜色变化是否明显。

例如试亚铁灵，有

$$Fe(phen)_3^{2+}（红色）\rightarrow Fe(phen)_3^{3+}（蓝色）$$

2. 自身指示剂

在氧化还原滴定中，有些标准溶液或被滴定物质本身有很深的颜色，而滴定产物为无色或颜色很浅，滴定时无须另加指示剂，它们本身颜色的变化就起着指示剂的作用。这种物质称为自身指示剂，如 $KMnO_4$、MnO_4^-/Mn^{2+}（红色/无色）。

终点：$KMnO_4$ 滴定水样，当水样中出现淡粉色，0.5min 中内不消失。

3. 特效指示剂

特效指示剂是能与滴定剂或被滴定物质反应生成特殊颜色以指示终点的物质。

例如，淀粉 0.5%（W/V，0.5g 淀粉溶于 100mL 沸水中）专门用于碘量法，加入指示剂，I_2＋淀粉→蓝色络合物；加还原剂滴定，I_2 被还原；终点：蓝色消失。

注意：指示剂加入时刻——$Na_2S_2O_3$ 滴定水样至淡黄色，再加淀粉呈蓝色，继续加入 $Na_2S_2O_3$ 至蓝色消失；否则，若 I_2 浓度高，加入淀粉与大量的 I_2 形成络合物使置换还原困难。

技能训练 5——高锰酸钾法测定高锰酸盐指数

1. 高锰酸钾法

（1）高锰酸钾的氧化作用。

高锰酸钾法是以高锰酸钾（$KMnO_4$）为滴定剂的氧化还原滴定分析方法。因为高锰酸钾是一种强氧化剂，可以用它直接滴定 Fe（Ⅱ）、As（Ⅲ）、Sb（Ⅲ）、H_2O_2、$C_2O_4^{2-}$、NO_2^- 以及其他具有还原性的物质（包括很多有机化合物），还可以间接测定能与 $C_2O_4^{2-}$ 定量沉淀为草酸盐的金属离子等，因此高锰酸钾法应用广泛。$KMnO_4$ 本身呈紫色，在酸性溶液中，被还原为 Mn^{2+}（几乎无色），滴定时无需另加指示剂。它的主要缺点是试剂含有少量杂质，标准溶液不够稳定，反应历程复杂，并常伴有副反应发生。所以，滴定时要严格控制条件，已标定的 $KMnO_4$ 溶液放置一段时间后，应重新标定。

MnO_4^- 的氧化能力与溶液的酸度有关。

在强酸性溶液中，$KMnO_4$ 被还原为 Mn^{2+}，半反应式为

$$MnO_4^- + 8H^+ + 5e^- \Longrightarrow Mn^{2+} + 4H_2O \qquad \varphi^\theta = 1.15V$$

在微酸性、中性或弱碱性溶液中，半反应式为

$$MnO_4^- + 2H_2O + 3e^- \Longrightarrow MnO_2 + 4OH^- \qquad \varphi^\theta = 0.588V$$

反应后生成棕色的 MnO_2，妨碍终点的观察。

在强碱性溶液中（NaOH 的浓度大于 2mol/L），很多有机化合物与 MnO_4^- 反应，半反应式为

$$MnO_4^- + e^- \Longrightarrow MnO_4^{2-} \qquad \varphi^\theta = 0.564V$$

因此，常利用 $KMnO_4$ 的强氧化性作滴定剂，并可根据水样中被测定物质的性质采用不同的反应条件。

（2）高锰酸钾标准溶液的配制与标定。

高锰酸钾为暗紫色棱柱状闪光晶体，易溶于水。

$KMnO_4$ 试剂中含有少量 MnO_2 和其他杂质。由于 $KMnO_4$ 的氧化性强，在生产、储存和配制过程中易与还原性物质发生作用，如蒸馏水中含有的少量有机物质等。因此，$KMnO_4$ 标准溶液不能直接配制。

为了配制较稳定的 $KMnO_4$ 溶液，可称取稍多于计算用量的 $KMnO_4$，溶于一定体积蒸馏水中。例如，配制 0.1000mol/L（$C_{\frac{1}{5}KMnO_4} = 0.1000mol/L$）的 $KMnO_4$ 溶液时，首先称取 $KMnO_4$ 试剂 3.3～3.5g，用蒸馏水溶解并稀释至 1L。将配好的溶液加热至沸腾，并保持微沸 1h，然后在暗处放置 2～3d，使溶液中可能存在的还原性物质充分氧化。用微孔玻璃砂芯漏斗过滤除去析出的沉淀。将溶液储存于棕色瓶中，标定后使用。如果需要较稀的 $KMnO_4$ 溶液，则用无机物蒸馏水（在蒸馏水中加少量 $KMnO_4$ 碱性溶液，然后重新蒸馏即得）稀释至所需浓度。

标定 $KMnO_4$ 的基准物质主要有 $Na_2C_2O_4$、$H_2C_2O_4 \cdot 2H_2O$、$(NH_4)_2Fe(SO_4)_2 \cdot 6H_2O$、$As_2O_3$、纯铁丝等。由于 $Na_2C_2O_4$ 易于提纯、稳定、不含结晶水，因此常用 $Na_2C_2O_4$ 作基准物质。$Na_2C_2O_4$ 在 105～110℃烘干 2h，冷却后即可使用。

（3）高锰酸盐指数及其测定。

1）高锰酸盐指数。高锰酸盐指数是指 1L 水中的还原性物质（无机物和有机物）在一定条件下被 $KMnO_4$ 氧化所消耗 $KMnO_4$ 的数量，用 mgO_2/L 表示。较清洁水样的耗氧量测定，通常用酸性 $KMnO_4$ 法。

2）测定方法及相应反应。酸性条件下，水样加入过量已标定的 $KMnO_4$ 水溶液（C_1，V_1），沸水浴反应 30min；取下趁热加入过量 $Na_2C_2O_4$（C_2，V_2），与剩余的 $KMnO_4$ 反应，紫红色消失；用 $KMnO_4$ 滴定至淡粉色在 0.5min 不消失（C_1，V_1'）。

$$4MnO_4^- + 5C（有机物）+ 12H^+ \xrightarrow{100^\circ C} 5CO_2 \uparrow + 4Mn^{2+} + 6H_2O$$

$$5C_2O_4^{2-} + 2MnO_4^- + 16H^+ \Longrightarrow 10CO_2 \uparrow + 2Mn^{2+} + 8H_2O$$

试验现象：有机物多，紫色变淡；有机物少，紫色变化不大。

3）计算公式。

$$高锰酸盐指数（O_2，mg/L）= \frac{[C_1(V_1 + V_1') - C_2 V_2] \times 8 \times 1000}{V_水}$$

式中　　C_1——KMnO$_4$标准溶液浓度（1/5 KMnO$_4$，mol/L）；

　　　　V_1——开始加入 KMnO$_4$ 标准溶液的量，mL；

　　　　V_1'——滴定时消耗 KMnO$_4$ 标准溶液的量，mL；

　　　　C_2——Na$_2$C$_2$O$_4$标准溶液浓度（1/2 Na$_2$C$_2$O$_4$，mol/L）；

　　　　V_2——加入 Na$_2$C$_2$O$_4$ 标准溶液的量，mL；

　　　　$V_水$——水样的体积，mL；

　　　　8——氧的换算系数。

4）注意事项。

a. 消除［Cl$^-$］的干扰，加 Ag$_2$SO$_4$ 沉淀掩蔽。

b. 加快反应速度措施：

· 增加反应物浓度——KMnO$_4$ 过量。

· 升温——100℃反应，80℃滴定。

· 滴定时加催化剂 Mn^{2+}。

2. 水中高锰酸盐指数的测定

（1）方法原理。

水样在酸性条件下，加入已知量的 KMnO$_4$，在沸水浴中加热 30min，高锰酸钾将水样中的某些有机物和无机还原性物质氧化，反应后加入过量的草酸钠 Na$_2$C$_2$O$_4$ 还原剩余的高锰酸钾，再用高锰酸钾标准溶液回滴过量的草酸钠。通过计算得出水样中的耗氧量。

（2）仪器和试剂。

1）25mL 酸式滴定管，250mL 锥形瓶，100mL 移液管，10mL 移液管，10mL 量筒，电炉，玻璃珠若干。

2）高锰酸钾储备液 $C_{\frac{1}{5}KMnO_4} \approx 0.1mol/L$。称取 3.2g 高锰酸钾溶于蒸馏水并稀释至 1200mL，煮沸，使体积减至 1000mL 左右，放置过夜。由 G－3 号砂心漏斗过滤后，滤液储于棕色瓶中，避光保存。

3）高锰酸钾标准溶液 $C_{\frac{1}{5}KMnO_4} \approx 0.01mol/L$。吸取 100mL 高锰酸钾标准储备液于 1000mL 容量瓶中，用蒸馏水稀释至标线，混匀，避光保存。使用当天应标定其浓度。

4）草酸钠储备液 $C_{\frac{1}{2}Na_2C_2O_4} = 0.1000mol/L$。准确称取 0.6705g 经 120℃烘干 2h 并放冷的草酸钠溶解于蒸馏水中，移入 100mL 容量瓶中，用蒸馏水稀释至标线，混匀。

5）草酸钠标准溶液 $C_{\frac{1}{2}Na_2C_2O_4} = 0.01000mol/L$。吸取上述草酸钠储备液 10.00 mL 于 100mL 容量瓶中，用水稀释至标线，混匀。

6）1∶3 硫酸溶液。在不断搅拌下，将 100mL 密度为 1.84g/mL 的浓硫酸慢慢加入到 300mL 水中。

（3）操作步骤。

1）高锰酸钾标准溶液的标定。将50mL蒸馏水和5mL 1：3硫酸溶液依次加入250mL的锥形瓶中，然后用移液管加10.00mL 0.01000mol/L草酸钠标准溶液，加热至70～85℃，用0.01mol/L高锰酸钾标准溶液滴定。溶液由无色至刚出现浅红色为滴定终点。计算高锰酸钾标准溶液的准确浓度。

2）水样测定。

a. 取样。清洁透明水样取样100mL；如为混浊水则取10～25mL，加蒸馏水稀释至100mL。将水样置于250mL锥形瓶中。

b. 加入5mL 1：3硫酸溶液，用滴定管准确加入10.00mL 0.01mol/L高锰酸钾标准溶液（V_1），摇匀，并投入几粒玻璃珠，加热至沸腾，开始计时，准确煮沸10min。如红色消失，说明水中有机物含量太多，则另取较少量水样用蒸馏水稀释2～5倍（至总体积100mL）。再按步骤a、b重做。

c. 煮沸10min后趁热用移液管准确加入10.00mL 0.01000mol/L草酸钠标准溶液（V_2），摇匀，立即用0.01mol/L高锰酸钾标准溶液滴定至微红色。记录消耗高锰酸钠标准溶液的量（V'_1）。

（4）数据处理。

$$高锰酸盐指数（O_2，mg/L）= \frac{\left[C_1(V_1 + V'_1) - C_2 V_2\right] \times 8 \times 1000}{V_水}$$

式中　　C_1 ——KMnO$_4$标准溶液浓度（$\frac{1}{5}$ KMnO$_4$，mol/L）；

　　　　V_1 ——开始加入KMnO$_4$标准溶液的量，mL；

　　　　V'_1 ——滴定时消耗KMnO$_4$标准溶液的量，mL；

　　　　C_2 ——Na$_2$C$_2$O$_4$标准溶液浓度（$\frac{1}{2}$ Na$_2$C$_2$O$_4$，mol/L）；

　　　　V_2 ——加入Na$_2$C$_2$O$_4$标准溶液的量，mL；

　　　　$V_水$ ——水样的体积，mL；

　　　　8——氧的换算系数。

（5）注意事项。

1）本方法适用于饮用水、水源水和地面水的测定。对污染较重的水，可少取水样，经适当稀释后测定。

2）本方法不适用于测定工业废水中有机污染的负荷量，如需测定，可用重铬酸钾法测定化学需氧量。

技能训练6——重铬酸钾法测定化学需氧量（COD）

1. 重铬酸钾法

重铬酸钾法是以重铬酸钾为滴定剂的滴定分析方法，是氧化还原滴定法中的重要方法之一，在水质分析中常用于测定水中的化学需氧量（COD）。

（1）重铬酸钾。

重铬酸钾的化学式为 $K_2Cr_2O_7$，橙红色晶体，易溶于水。它的主要优点如下：

1）$K_2Cr_2O_7$ 固定试剂易提纯（纯度可达 99.99%），在 120℃ 烘干 2～4h 后，可以直接配制标准溶液，而不需标定。

2）$K_2Cr_2O_7$ 标准溶液非常稳定，可保存很长时间。

3）滴定反应速率较快，通常可在常温下进行。

（2）化学需氧量及其测定。

1）化学需氧量（COD）。化学需氧量（COD）是指在一定条件下，水中能被重铬酸钾氧化的有机物质的总量，以 mgO_2/L 表示。

化学需氧量是对水中还原性物质污染程度的度量，通常将其作为工业废水和生活污水中含有有机物量的一种非专一性指标。我国规定用 $K_2Cr_2O_7$ 作强氧化剂来测定废水的化学需氧量，其测得的值用 COD_{Cr} 来表示。

2）测定方法及相应反应。水样加重铬酸钾、浓硫酸和硫酸银加热回流 2h，加试亚铁灵指示剂，用硫酸亚铁铵回滴出现红色终点。分别作实际水样和空白水样试验，记下硫酸亚铁铵消耗分别为 V_1 和 V_0。

$$Cr_2O_7^{2-} + C + H^+ \rightleftharpoons Cr^{3+} + CO_2 \uparrow + H_2O$$
$$Fe^{2+} + Cr_2O_7^{2-} \rightleftharpoons Fe^{3+} + Cr^{3+}$$
$$Fe（phen）^{3+} \rightleftharpoons Fe（phen）^{2+}$$

3）计算公式为

$$COD（mgO_2/L） = \frac{(V_0 - V_1) \times C \times 8 \times 1000}{V_水}$$

式中　C——硫酸亚铁铵标准溶液的溶度，mol/L；

　　　V_0——空白试验消耗的硫酸亚铁铵标准溶液的量，mL；

　　　V_1——水样消耗的硫酸亚铁铵标准溶液的量，mL；

　　　$V_水$——水样的体积，mL；

　　　8——氧的换算系数。

2. 水中化学需氧量（COD_{Cr}）的测定

（1）方法原理。

在水样中准确加入过量的重铬酸钾溶液，并在强酸性条件下，以银盐作催化剂，经沸腾回流后，以试亚铁灵为指示剂，用硫酸亚铁铵标准溶液滴定水样中未被还原的重铬酸钾，根据消耗的硫酸亚铁铵的量，计算水样化学需氧量，以消耗氧的量 mgO_2/L 来表示。

（2）仪器和试剂。

1）回流装置。250mL 磨口锥形瓶回流冷凝器，电炉，玻璃珠若干。

2）50mL 酸式滴定管、移液器、容量瓶等。

3）重铬酸钾标准溶液 $C_{\frac{1}{6}K_2Cr_2O_7} = 0.2500$mol/L。称取预先在 120℃ 烘干 2h 的基准或优质纯重铬酸钾 12.258g 溶于水中，移入 1000mL 容量瓶中，稀释至标线并摇匀。

4）试亚铁灵指示液。称取 1.485g 邻菲啰啉 $C_{12}H_8N_2O$ 和 0.695g 硫酸亚铁 $FeSO_4 \cdot 7H_2O$ 溶于蒸馏水中，稀释至 100mL，储于棕色瓶内。

5）硫酸亚铁铵标准溶液 $C_{(NH_4)_2Fe(SO_4)_2} \cdot 6H_2O \approx 0.1mol/L$。称取 39.5g 硫酸亚铁铵溶于水中，边搅拌边缓慢加入 20mL 浓硫酸，冷却后移入 1000mL 容量瓶中，加水稀释至标线，摇匀。临用前，用重铬酸钾标准溶液标定。

6）硫酸—硫酸银溶液。于 500mL 浓硫酸中加入 5g 硫酸银。放置 1～2d，不时摇动使其溶解。

7）硫酸汞。结晶或粉末。

（3）操作步骤。

1）硫酸亚铁铵标准溶液的标定。准确移取 10.00mL 重铬酸钾标准溶液于 250mL 锥形瓶中，加水稀释至 110mL 左右，缓慢加入 30mL 浓硫酸，混匀。冷却后，加入 3 滴试亚铁灵指示液（约 0.15mL），用硫酸亚铁标准溶液滴定，溶液的颜色由黄色经蓝绿色至红褐色即为终点。

$$C = \frac{0.2500 \times 10.00}{V}$$

式中　C——硫酸亚铁铵标准溶液的浓度，mol/L；

　　　V——硫酸亚铁铵标准溶液的用量，mL。

2）取 20.00 mL 混合均匀的水样（或适用水样稀释至 20.00mL）置于 250mL 磨口的回流锥形瓶中，准确加入 10.00mL 重铬酸钾标准溶液和数粒玻璃珠，连接磨口回流冷凝管，从冷凝管上口慢慢地加入 30mL 硫酸银溶液，轻轻摇动锥形瓶使溶液混匀，加热回流 2h（自开始沸腾时计时）。

对于化学需氧量高的废水样，可先取上述操作所需体积 1/10 的废水样和试剂于 15×150mm 硬质玻璃试管中，摇匀，加热后观察是否显绿色。如溶液显绿色，再适当减少废水取样量，直至溶液不变为绿色为止，从而确定废水水样分析时应取用的体积。稀释时，所取废水样量不得少于 5mL，如果化学需氧量很高，则废水样应多次稀释。废水中氯离子含量超过 30mg/L 时，应先把 0.4g 硫酸汞加入回流锥形瓶中，再加 20.00mL 废水（或适量废水稀释至 20.00mL），摇匀。

3）溶液冷却后，用 90mL 水冲洗管壁，取下锥形瓶。溶液总体积不得少于 140mL，否则因酸度太大，滴定终点不明显。

4）溶液再度冷却后，加 3 滴试亚铁灵指示液，用硫酸亚铁铵标准溶液滴定，溶液的颜色由黄色经蓝绿色至红褐色即为终点，记录硫酸亚铁铵标准溶液的用量。

5）测定水样的同时，取 20.00mL 蒸馏水，按同样操作步骤做空白试验。记录滴定空白时硫酸亚铁铵标准溶液的用量。

（4）数据处理。

计算公式为：

$$COD_{Cr} = \frac{(V_0 - V_1) \times C \times 8 \times 1000}{V_{水}} \quad mgO_2/L$$

式中　C——硫酸亚铁铵标准溶液的浓度，mol/L；

　　　V_0——滴定空白时硫酸亚铁铵标准溶液用量，mL；

　　　V_1——滴定水样时硫酸亚铁铵标准溶液用量，mL；

V——水样的体积，mL；

8——氧的换算系数。

（5）注意事项。

1）使用 0.4g 硫酸汞配合氯离子的最高量可达 40mg，如取用 20.00mL 水样，即最高可配合 2000mg/L 氯离子浓度的水样。如水样中氯离子的浓度较低，也可少加硫酸汞，使硫酸汞：氯离子保持 10∶1（质量比）。如出现少量氯化汞沉淀，并不影响测定。

2）水样取用体积可在 10.00～50.00mL 范围内，但试剂用量及浓度需按表 5-7 进行相应调整，也可得到满意的结果。

3）对于化学需氧量小于 50mg/L 的水样，应改用 0.025mol/L 重铬酸钾标准溶液。回滴时用 0.01mol/L 硫酸亚铁铵标准溶液。

4）水样加热回流后，溶液中重铬酸钾剩余量应为加入量的 1/5～4/5 为宜。

表 5-7　　　　　　　　　　　　　　**水样取用量和试剂用量表**

水样体积 （mL）	0.2500mol/L K_2CrO_7溶液（mL）	$H_2SO_4-Ag_2SO_4$ 溶液（mL）	H_2SO_4（g）	$[(NH_4)_2Fe(SO_4)_2]$ （mol/L）	滴定前总体积 （mL）
10.0	5.0	15	0.2	0.050	70
20.0	10.0	30	0.4	0.100	140
30.0	15.0	45	0.6	0.150	210
40.0	20.0	60	0.8	0.200	280
50.0	25.0	75	1.0	0.250	350

技能训练 7——碘量法测定溶解氧（DO）

1. 碘量法

碘量法是利用 I_2 的氧化性和 I^- 的还原性来进行滴定的水质分析方法。广泛应用于水中余氯、二氧化氯（ClO_2）、溶解氧（DO）、生物化学需氧量（BOD_5）以及水中有机物和无机还原性物质 $[$如 S^{2-}、SO_3^{2-}、$S_2O_3^{2-}$、As（Ⅲ）、$Sn^{2+}]$ 的测定。

（1）反应式。

碘量法的基本反应式为

$$I_2 + 2e^- \Longleftrightarrow 2I^-，\quad \varphi^\theta_{I_2/I^-} = 0.08V$$

I_2 是较弱的氧化剂，只能直接滴定较强的还原剂；I^- 是中等强度的还原剂，可以间接测定多种氧化剂，生成的碘用 $Na_2S_2O_3$ 标准溶液滴定。

在酸性条件下，水样中氧化性物质与 KI 作用，定量释放出 I_2，以淀粉为指示剂，用 $Na_2S_2O_3$ 滴定至蓝色消失，由 $Na_2S_2O_3$ 消耗量求出水中氧化性物质的量。反应式为

$$[O]（氧化性物质）+ I^- \Longleftrightarrow I_2$$
$$I_2 + 2S_2O_3^{2-} \Longleftrightarrow 2I^- + S_4O_6^{2-}$$

（2）滴定剂（$Na_2S_2O_3$ 标准溶液）的配制与标定。

Na₂S₂O₃·5H₂O 一般含有少量 S、Na₂SO₃、Na₂SO₄、Na₂CO₃、NaCl 等杂质，并容易风化、潮解，因此不能直接配制标准溶液，只能配制成近似浓度的溶液，然后标定。

1）配制 0.1mol/L Na₂S₂O₃ 溶液。称取 Na₂S₂O₃·5H₂O 25g，用新煮沸并冷却的蒸馏水溶解，并稀释至 1L，加入约 0.2gNa₂CO₃，储存于棕色试剂瓶中，放在暗处 8～14d 后标定其准确浓度。

配制 Na₂S₂O₃ 溶液时，需要用新煮沸冷却了的蒸馏水，以除去水中 CO₂ 和杀死细菌，并加入少量 Na₂CO₃，使溶液呈弱碱性，从而抑制细菌的生长。这样配制的溶液才比较稳定，但也不宜长时间保存，使用一段时间后要重新进行标定。如发现溶液变浑或有硫析出，应过滤后再标定，或者另配溶液。

2）标定 Na₂S₂O₃ 溶液。标定 Na₂S₂O₃ 标准溶液的基准物质有 K₂Cr₂O₇、KIO₃、KBrO₃ 等，其中最常用的是 K₂Cr₂O₇。称取一定量的 K₂Cr₂O₇，在弱酸性溶液中，与过量 KI 作用，析出相当量的 I₂，有关反应式为

$$Cr_2O_7^{2-} + 6I^- (过) + 14H^+ \Longleftrightarrow 2Cr^{3+} + 3I_2 + 7H_2O$$

以淀粉为指示剂，用 Na₂S₂O₃ 溶液滴定至蓝色消失，即

$$I_2 + 2S_2O_3^{2-} \Longleftrightarrow 2I^- + S_4O_6^{2-}$$

K₂Cr₂O₇ 与 I₂ 的反应条件如下：

a. 溶液的 [H⁺] 一般以 0.2～0.4mol/L 为宜。[H⁺] 太小，反应速率减慢，[H⁺] 太大，I⁻ 容易被空气的 O₂ 氧化。

b. K₂Cr₂O₇ 与 KI 的反应速率较慢，应将盛放溶液的碘量瓶或带玻璃塞的锥形瓶放置在暗处一定时间（5min），待反应完全后，再进行滴定。

c. KI 试剂不应含有 KIO₃ 或 I₂，通常 KI 为溶液无色，如显黄色，则应事先将 KI 溶液酸化后加入淀粉指示剂显蓝色，用 Na₂CO₃ 滴定至刚好无色后再使用。

滴定至终点，如几分钟后，溶液又出现蓝色，这是由于空气氧化 I⁻ 所引起的，不影响分析结果，若滴定至终点后，很快又出现蓝色，表示 K₂Cr₂O₇ 与 KI 反应未完全，应重新标定。

（3）溶解氧及其测定。

1）溶解氧。溶解于水中的氧称为溶解氧，常以 DO 表示，单位为 mgO₂/L。水中溶解氧的饱和含量与大气压力、水的温度等因素都有密切关系。大气压力减小，溶解氧也减少。温度升高，溶解氧也显著下降。

清洁的地面水在正常情况下，所含溶解氧接近饱和状态。当水中含藻类植物时，由于光合作用而放出氧，可使水中的溶解氧过饱和。相反，如果水体被有机物质污染，则水中所含溶解氧会不断减小。当氧化作用进行得太快，而水体并不能及时从空气中吸收充足的氧来补充氧的消耗时，水体的溶解氧会逐渐降低，甚至趋近于零。此时，厌氧菌繁殖并活跃起来，有机物质发生腐败作用，使水质发臭。废水中溶解氧的含量取决于废水排出前的工艺过程，一般含量较低，差异很大。溶解氧的测定对水体自净作用的研究有着极其重要的意义。在水体污染控制和废水生物处理工艺的控制中，溶解氧也是一项重要的水质综合指标。

2）溶解氧的测定。溶解氧的测定一般采用碘量法。测定时，在水样中加入 $MnSO_4$ 和 $NaOH$ 溶液，水中的 O_2 将 Mn^{2+} 氧化成水合氧化锰 $MnO(OH)_2$ 棕色沉淀，它把水中全部溶解氧都固定在其中，溶解氧越多，沉淀颜色越深。

$$MnSO_4 + NaOH \rightleftharpoons Mn(OH)_2 \downarrow \text{（白色）}$$

$$Mn(OH)_2 + \frac{1}{2}O_2 \rightleftharpoons MnO(OH)_2 \downarrow \text{（褐色）}$$

$MnO(OH)_2$ 在有 I^- 存在下加酸溶解，定量地释放出与溶解氧相当量的 I_2，以淀粉为指示剂，用 $Na_2S_2O_3$ 标准溶液滴定放出的 I_2。反应式为

$$MnO(OH)_2 + 4H^+ + 2I^- \rightleftharpoons I_2 + Mn^{2+} + 3H_2O$$

$$I_2 + 2S_2O_3^{2-} \rightleftharpoons S_4O_6^{2-} + 2I^-$$

溶解氧计算公式：

$$DO = \frac{C \times V \times 8 \times 1000}{V_{水}} \quad mg/L$$

式中　C——$Na_2S_2O_3$ 标准溶液的浓度，mol/L；

　　　V——水样消耗的 $Na_2S_2O_3$ 溶液的用量，mL；

　　　$V_{水}$——水样的体积，mL；

　　　8——氧的换算系数。

2. 水中溶解氧（DO）的测定

（1）方法原理。

水样中加入硫酸锰和碱性碘化钾，水中溶解氧将低价锰氧化为高价锰，生成 4 价锰的氢氧化物棕色沉淀。加酸后，氢氧化物沉淀溶解并与碘离子反应而释放出游离碘。以淀粉作指示剂，用硫代硫酸钠滴定释放出碘，可计算出溶解氧的含量。

（2）仪器和试剂。

1）250～300mL 溶解氧瓶，250mL 锥形瓶。

2）硫酸锰溶液。称取 480g 硫酸锰 $MnSO_4 \cdot 4H_2O$ 或 $364g MnSO_4 \cdot H_2O$ 溶于蒸馏水，过滤后稀释至 1000mL。

3）碱性碘化钾溶液。称取 500g 氢氧化钠溶解于 300～400mL 蒸馏水中；另称取 150g 碘化钾溶于 200mL 蒸馏水中，待氢氧化钠溶液冷却后，将两溶液合并，混匀，用水稀释至 1000mL。如有沉淀放置过夜，倾出上清液，储于棕色瓶中。用橡皮塞塞紧，避光保存。此溶液酸化后，遇淀粉应不呈蓝色。

4）1+5 硫酸溶液。

5）10g/mL 淀粉溶液。称取 1g 可溶性淀粉，用少量水调成糊状，再用刚煮沸的水稀释至 100mL。冷却后，加入 0.1g 水杨酸或 0.4g 氯化锌防腐。

6）重铬酸钾标准溶液 $\left[C_{\frac{1}{6}K_2Cr_2O_7} = 0.02500 mol/L\right]$。称取 105～110℃烘干 2h 并冷却的重铬酸钾 1.2258g，溶于水，移入 1000mL 容量瓶中，并用水稀释至标线，摇匀。

7）硫代硫酸钠溶液。称取 6.2g 硫代硫酸钠 $Na_2S_2O_3 \cdot 5H_2O$ 溶于煮沸放冷的水中，加入 0.2g 碳酸钠，用水稀释至 1000mL。储于棕色瓶中，使用前用 0.02500mg/L 重铬酸钾标准溶液标定。

8) 浓硫酸：密度为 1.84g/mL。

（3）操作步骤。

1) 硫代硫酸钠标准溶液的标定。于 250mL 碘量瓶中，加入 100mL 水和 1g 碘化钾，加入 10.00mL 0.02500mol/L 重铬酸钾标准溶液，5mL（1+5）硫酸溶液密塞，摇匀。于暗处静置 5min 后，用待标定的硫代硫酸钠溶液滴定至溶液呈淡黄色，加入 1mL 淀粉溶液，继续滴定至蓝色刚好褪去为止，记录硫代硫酸钠溶液用量。

$$C = \frac{10.00 \times 0.0250}{V}$$

式中　C——硫代硫酸钠标准溶液的浓度，mol/L；

　　　V——滴定时消耗硫代硫酸钠溶液的体积，mL。

2) 溶解氧的固定。

a. 水样采集。用水样洗溶解氧瓶后，沿瓶壁直接注入水样或用虹吸法将细橡胶管插入溶解氧瓶底部，注入水样溢流出瓶容积 1/3～1/2，迅速盖上瓶塞。取样时绝对不能使水样与空气接触，并且瓶口不能留有气泡；否则另行取样。

b. 溶解氧的固定。取样后用吸管插入溶解氧瓶的液面下，加入 1mL 硫酸锰溶液，2mL 碱性碘化钾溶液，小心盖好瓶塞（注意：瓶中绝对不可留有气泡），颠倒混合数次，静置，待棕色沉淀物降至瓶内一半时，再颠倒混合一次，直至沉淀物下降到瓶底（一般在取样现场固定）。

3) 溶解氧的测定。

a. 析出碘。轻轻打开瓶塞，立即用吸管插入液面下加 2.00mL（1+1）硫酸溶液。盖好瓶塞，颠倒混合摇匀，至沉淀物全部溶解为止，放置暗处 5min。

b. 滴定。吸取 100.00mL 上述溶液于 250mL 锥形瓶中，用硫代硫酸钠标准溶液滴定至溶液呈淡黄色，加入 1mL 淀粉溶液，继续滴定至蓝色刚好变为无色，即为终点。记录硫代硫酸钠标准溶液用量。

（4）计算。

溶解氧计算公式为

$$\frac{C \times V \times 8 \times 1000}{100} \quad \text{mgO}_2/\text{L}$$

式中　C——硫代硫酸钠标准溶液浓度，mol/L；

　　　V——滴定时消耗硫代硫酸钠标准溶液的量，mL；

　　　8——氧的换算系数。

（5）注意事项。

1) 如果水样中含有氧化性物质（如游离氯大于 0.1mg/L 时），应预先于水样中加入硫代硫酸钠去除。即用两个溶解氧瓶各取一瓶水样，在其中一瓶中加入 5mL 1：5 硫酸溶液和 1g 碘化钾，摇匀，此时游离出碘。以淀粉作指示剂，用硫代硫酸钠溶液滴定至蓝色刚褪，记下用量（相当于去除游离氯的量）。在另一瓶水样中，加入同样量的硫代硫酸钠溶液，摇匀后，按操作步骤测定。

2) 如果水样呈强酸性或强碱性，可用氢氧化钠或硫酸调至中性后测定。

技能训练 8——生物化学需氧量（BOD$_5$）的测定

生物化学需氧量是指在规定条件下，微生物分解水中的有机物所进行的生物化学过程中所消耗的溶解氧的量，用 BOD 表示，单位为 mg O$_2$/L。微生物氧化分解有机物是一个缓慢的过程，通常需要 20d 以上的时间才能将可分解的有机物全部分解。目前，普遍规定 20℃±1℃培养 5d 作为测定生化需氧量的标准条件，分别测定样品培养前后的溶解氧，二者的差值称为 5 日生化需氧量，用 BOD$_5$ 表示，以 mg O$_2$/L 作为量值的单位。

1. BOD$_5$ 的测定方法

（1）稀释测定法。

对于某些生活污水和工业废水以及污染较严重的地面水，因含较多的有机物，需要稀释后再培养测定，以降低其浓度和保证有充足的溶解氧。

测定时，取稀释后的水样两等份，一份测定其当天的溶解氧值，另一份在 20℃培养箱内培养 5d，测定期满后的溶解氧值。根据前后两溶解氧值之差，计算 BOD$_5$ 值。

BOD$_5$ 计算公式为

$$\frac{(D_1 - D_2) - (B_1 - B_2)f_1}{f_2} \quad \text{mgO}_2/\text{L}$$

式中　D_2，D_1——经稀释后的水样在当天和 5d 后的溶解氧值；

　　　B_2，B_1——纯稀释水在当天和 5d 后的溶解氧值；

　　　f_1，f_2——培养瓶中稀释水和水样分别所占比例。

对于溶解氧含量较高，有机物含量较少的清洁地面水，一般 BOD$_5$＜7mg O$_2$/L 时，可不经稀释直接测定。对于 BOD$_5$ 值较大的水样的稀释倍数通常以经过 5d 培养后所消耗的溶解氧大于 2mg O$_2$/L，且剩余溶解氧在 1mg O$_2$/L 以上予以确定。在水样污染程度比较固定（如工厂试验室中作常规分析）的情况下，分析人员能凭经验确定稀释倍数。在对水样污染程度无从了解的情况下，要取 3 个稀释倍数，根据对三者最终分析结果作比较后，取其中一个适宜的稀释倍数进行 BOD$_5$ 值的计算。

为了保证水样稀释后有足够的溶解氧，稀释水通常要通入空气进行曝气，以使稀释水中溶解氧接近饱和。稀释水中还应加入一定量的无机营养盐和缓冲物质（磷酸盐、钙、镁和铁盐等），以保证微生物的生长需要。

对于不含或少含微生物的工业废水，其中包括酸性废水、碱性废水、高温废水或经过氯化处理的废水，在测定 BOD$_5$ 时应进行接种，以引入能分解废水中有机物的微生物。当废水中存在着难以被一般生活污水的微生物以正常速度降解的有机物或含有毒物质时，应将驯化后的微生物引入水样中进行接种。

（2）仪器测定法。

稀释测定法一直被作为 BOD$_5$ 的标准分析方法。由于测定 BOD$_5$ 最低需时 5d，所得数据对于了解水污染情况并进一步采取措施以控制污染已经失去意义。对生活污水来说测定结果在一定范围内波动，对工业废水来说波动范围更大，甚至相差几倍，往往同一水样采用不同的稀释倍数，所得结果也不尽相同，这可能是由于水样用曝气的水稀释后，不同稀释比的水样，其中所含有的初始氧浓度不同，致使在耗氧期间的消耗速率不同所造成的。如果使用仪器测量，使耗氧过程初始溶解浓度保持不变，可以克服测定结果重现性差、测定时间过长等缺点。

目前使用较多的是气压计库仑式 BOD 测定仪，见图 5-4。

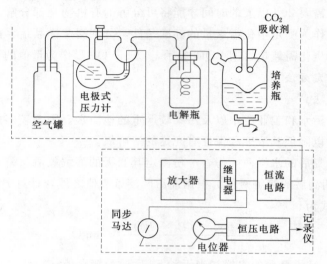

图 5-4 气压计库仑式 BOD 测定仪装置简图

将经过预处理的水样装在培养瓶中，利用电磁搅拌机进行搅拌。在进行生物氧化反应时，水样中的溶解氧被消耗，培养瓶上部空间中的氧气溶解于水样中。由于反应而产生的 CO_2 从水样中逸出，进入培养瓶空间。当 CO_2 被置于培养瓶中的 CO_2 吸收剂苏打石灰吸收时，瓶中氧分压和总气压下降。该气压下降由电极式压力计所检出，并转换成电信号，经放大器放大，继电器闭合而带动同步马达工作。与此同时，电解装置进行 $CuSO_4$ 溶液的恒电流电解，电解产生的氧气不断供给培养瓶，使培养瓶中的气压逐渐回升，当培养瓶内压力恢复到原来状态时，继电器断开并使电解与同步马达停止工作。通过这样反复过程使培养瓶上面空间始终保持在恒压状态，以促进微生物的活动和生化反应正常进行。在 BOD 测定时间内由于电解产生的氧量就相当于水样的 BOD 值，根据库仑定律，消耗的氧量与电解时所需的电量成正比例关系，可以从下式求得电解产生的氧量，即

$$O_2 = \frac{i \times t \times 8}{96500} \quad mg$$

式中　i——电解电流，mA；

　　　t——电解时间，s；

　　　8——氧的换算系数；

96500——法拉第常数。

在仪器运转过程中，有一个同步马达随电解发生而启动，该马达又通过与其连接的电位计将其工作情况转换成电势，该电势与电解产生的氧量成正比。因此，可以用毫伏计自动记录 BOD 值随时间变化的耗氧曲线。这种气压计库仑式 BOD 测定仪不仅可测定 5 日生

化需氧量 BOD₅，也可测定任何培养天数的 BOD 值。

稀释测定法测 BOD 值需要制备几个不同稀释倍数的水样，而仪器法只需一个水样就能进行测定。由于记录仪在测定过程中作出了自动连续的记录，因此得到的耗氧曲线能反映出水样发生生化反应的全过程。本测定方法所得的结果值偏高，这种情况可能是由于连续搅拌与稀释法不同所引起的。

2. 稀释与接种法测定水中的生化需氧量（BOD₅）

（1）方法原理。

生化需氧量是指在规定条件下，微生物分解存在于水中的某些可氧化物质，主要是有机物质所进行的生物化学过程中消耗溶解氧的量。分别测定水样培养前的溶解氧含量和在 20℃±1℃ 培养 5 天后的溶解氧含量，二者之差即为 5 日生化过程所消耗的氧量（BOD₅）。

对于某些地面水及大多数工业废水、生活污水，因含较多的有机物，需要稀释后再培养测定，以降低其浓度，保证生物降解过程在有足够溶解氧的条件下进行。其具体水样稀释倍数可借助于高锰酸钾指数或化学需氧量（COD$_{Cr}$）推算。

对于不含或少含微生物的工业废水，在测定 BOD₅ 时应进行接种，以引入能分解废水中有机物的微生物。当废水中存在难以被一般生活污水中的微生物以正常速度降解的有机物或含有剧毒物质时，应接种经过驯化的微生物。

（2）仪器和试剂。

1）恒温生物培养箱，20L 细口玻璃瓶，1000mL 量筒，玻璃搅棒（棒长应比所用量筒高度长 20cm，在棒的底端固定一个直径比量筒直径略小，并带有几个小孔的硬橡胶板），200～300mL 溶解氧瓶，虹吸管（供分取水样和添加稀释水用）。

2）磷酸盐缓冲溶液。将 8.5g KH_2PO_4，21.75g K_2HPO_4、33.4g $Na_2HPO_4 \cdot 7H_2O$ 和 1.7g NH_4Cl 溶于水中，稀释至 1000mL。此溶液的 pH 值为 7.2。

3）硫酸镁溶液。将 22.5g $MgSO_4 \cdot 7H_2O$ 溶于水中，稀释至 1000mL。

4）氯化钙溶液。将 27.5g 无水氯化钙溶于水，稀释至 1000mL。

5）氯化铁溶液。将 0.25g $FeCl_3 \cdot H_2O$ 溶于水中，稀释至 1000mL。

6）稀释水。在 20L 玻璃瓶内装入一定量的蒸馏水，每升蒸馏水中加入氯化钙溶液、氯化铁溶液、硫酸镁溶液、磷酸盐缓冲溶液各 1mL，然后用无油空气压缩机或薄膜泵曝气，使水中溶解氧含量达 8～9mg/L 时，停止曝气，盖严，使溶解氧稳定。

如果工业废水中含有有毒物质，缺乏微生物时，稀释水中应加适量的经沉淀后的生活污水，作为微生物的接种。

7）测定溶解氧的全部试剂。

（3）测定步骤。

1）稀释水的检验。用虹吸法取稀释水（或接种稀释水），注满两个溶解瓶，加塞，用水封口。其中一瓶立即测定其溶解氧，另一瓶置于恒温生物培养箱内，在 20℃±1℃ 培养 5d 后测定。要求溶解氧的减少量少于 0.2～0.5mg/L。

2）稀释倍数的确定。地面水可由测得的高锰酸盐指数乘以适当的系数求出稀释倍数

（见表 5-8）。

表 5-8 用高锰酸盐指数求取稀释倍数的系数

高锰酸盐指数（mgO₂/L）	系数	高锰酸盐指数（mgO₂/L）	系数
<5	—	10~20	0.4、0.6
5~10	0.2、0.3	>20	0.5、0.7、1.0

工业废水可用重铬酸钾法测得的 COD 值确定。通常需作 3 个稀释比，即使用稀释水时，由 COD 值分别乘以系数 0.075、0.15、0.225，即获得 3 个稀释倍数，使用接种稀释水时，则分别乘以 0.075、0.15 和 0.25，获得 3 个稀释倍数。

如无现成的高锰酸盐指数或 COD 值资料，一般污染较严重的废水（如工业废水）可稀释成 0.1%~1%，对于普通和沉淀过的污水可稀释成 1%~5%，对生物处理后的出水可稀释成 5%~25%，对污染的河水可稀释成 25%~100%。

3）稀释水样的配制和 BOD₅ 测定。

a. 不需经稀释水样的测定。溶解氧含量较高、有机物含量较少的地面水，可不经稀释，而直接以虹吸法将混匀水样转移至两个溶解氧瓶内，转移过程中应该注意不使其产生气泡。以同样的操作使两个溶解氧瓶充满水后溢出少许，加塞水封。立即测定其中一瓶的溶解氧。将另一瓶放入培养箱中，在 20℃±1℃ 培养 5d 后，测其溶解氧。

b. 需经稀释水样的测定。

ⅰ. 一般稀释法。按照选定的稀释比例，用虹吸法沿筒壁先引入部分稀释水（或接种稀释水）于 1000mL 的量筒中，加入需要量的均匀水样，再引入稀释水（或接种稀释水）至 1000mL，用带胶板的玻璃棒小心上下搅匀。搅拌时勿使搅棒的胶板露出水面，防止产生气泡。按不经稀释水样的测定步骤，进行装瓶，测定当天溶解氧和培养 5d 后的溶解氧含量。

ⅱ. 直接稀释法。直接稀释法是在溶解氧瓶内直接稀释。在已知两个容积相同（其差小于 1mL）的溶解氧瓶内，用虹吸法加入部分稀释水（或接种稀释水），再加入根据瓶容积和稀释比例计算出的水样量，然后引入稀释水（或接种稀释水）至刚好充满，加塞，勿使气泡留于瓶内。其余操作与上述稀释法相同。

在 BOD₅ 测定中，一般采用叠氮化钠修正法测定溶解氧。如遇干扰物质，应根据具体情况采用其他测定法。

（4）计算。

1）不经稀释直接培养的水样，有

$$BOD_5 = C_1 - C_2 \quad mgO_2/L$$

式中 C_1——水样在培养前的溶解氧浓度，mgO₂/L；

C_2——水样经 5d 培养后，剩余溶解氧浓度，mgO₂/L。

2）经稀释后培养的水样，有

$$BOD_5 = \frac{(C_1 - C_2) - (B_1 - B_2)f_1}{f_2} \quad mgO_2/L$$

式中 B_1——稀释水（或接种稀释水）在培养前的溶解氧浓度，mgO₂/L；

B_2——稀释水（或接种稀释水）在培养后的溶解氧浓度，mgO_2/L；

f_1——稀释水（或接种稀释水）在培养液中所占比例；

f_2——水样在培养液中所占比例。

（5）注意事项。

1）对于生化处理后的水中常含有硝化细菌，干扰 BOD_5 的测定，可加入硝化抑制剂，如丙烯基硫脲 $C_4H_8N_2S$ 或用酸处理消除干扰。

2）在两个或 3 个稀释比的样品中，凡消耗溶解氧大于 2mg/L 和剩余溶解氧大于 1mg/L 都有效，计算结果时应取平均值。

3）培养过程中应经常检查培养瓶封口的水，及时补充，避免干涸。

5.5 沉 淀 滴 定 法

沉淀滴定法是以沉淀反应为基础的一种滴定分析方法。目前比较有实际意义的是生成难溶银盐的沉淀反应，例如

$$Ag^+ + Cl^- \Longrightarrow AgCl \downarrow$$
$$Ag^+ + SCN^- \Longrightarrow AgSCN \downarrow$$

以生成难溶银盐沉淀的反应来进行滴定分析的方法称为银量法。用银量法可以测定 Cl^-、Br^-、I^-、Ag^-、CN^- 及 SCN^- 等，还可以测定经处理而能定量地产生这些离子的有机化合物。它对地面水、饮用水、废水及电解液的分析，含氯有机物的测定都有重要意义。

银量法又分为直接滴定法和返滴定法两种，根据确定终点采用的指示剂不同分为莫尔法、佛尔哈德法等。以下仅介绍莫尔法的原理和步骤。

莫尔法是以铬酸钾（K_2CrO_4）作指示剂，用硝酸银（$AgNO_3$）作标准溶液，在中性或弱碱性条件下对氯化物（Cl^-）和溴化物（Br^-）进行分析测定的方法。

1. 滴定原理

以测定 Cl^- 为例，在含有 Cl^- 的中性水样中加入 K_2CrO_4 指示剂，用 $AgNO_3$ 标准溶液进行滴定，其反应式为

$$Ag^+ + Cl^- \Longrightarrow AgCl \downarrow \ （白色）\ K_{sp} = 1.8 \times 10^{-10}$$
$$2Ag^+ + CrO_4^{2-} \Longrightarrow Ag_2CrO_4 \downarrow \ （砖红色）\ K_{sp} = 2.0 \times 10^{-12}$$

根据分步沉淀的原理，由于 AgCl 的溶解度比 Ag_2CrO_4 小，滴定过程中首先析出 AgCl 沉淀。当 AgCl 定量沉淀后，过量一滴 $AgNO_3$ 溶液即与 K_2CrO_4 反应，生成砖红色 Ag_2CrO_4 沉淀，指示滴定终点的到达。

2. 测定步骤

（1）取一定量水样加入少许 K_2CrO_4，用 $AgNO_3$ 滴定，滴定至砖红色出现，记下消耗 $AgNO_3$ 的体积 V_1。

（2）取同体积空白水样（不含 Cl^-），加入少许 $CaCO_3$ 作为陪衬，加入少许 K_2CrO_4，用 $AgNO_3$ 滴定，滴定至砖红色记下消耗 $AgNO_3$ 的体积 V_0。

（3）用基准 NaCl 配制标准溶液，标定 $AgNO_3$ 溶液的浓度。

3. 注意事项

(1) 在不含 Cl^- 的空白水样中加入少许 $CaCO_3$ 作为陪衬,使两者在终点时由白色沉淀 →砖红色沉淀减小终点颜色差异,使终点的一致性强。

(2) pH 值对 Cl^- 测定的影响。

pH<6.5,$CrO_4^{2-}+H^+ \longrightarrow Cr_2O_7^{2-}$,指示剂减少,需多加 Ag^+ 才能形成沉淀,测定结果偏高。

pH>10,$Ag^++OH^- \longrightarrow AgOH \downarrow$,滴定剂参与副反应,量减少,可能达不到终点。

另:pH=7.2~10 时,NH_4^+ 转化为 NH_3

$$AgCl+2NH_3 \longrightarrow Ag(NH_3)_2Cl$$

AgCl 溶解度增大,结果偏高。NH_4^+ 存在时,最佳 pH 值范围为 6.5~7.2;NH_4^+ 较低时,不必严格限定 pH 值,6.5~10 条件下,可以测 $[Cl^-]$。

(3) 滴定时剧烈振摇。

4. 计算

$$Cl^- = \frac{C_{AgNO_3}(V_1-V_0) \times 35.5 \times 10^3}{V_{水}} \quad mg/L$$

式中　C——$AgNO_3$ 标准溶液的浓度,mol/L;

　　$V_{水}$——水样的体积,mL;

　　V_0——蒸馏水消耗 $AgNO_3$ 标准溶液的体积,mL;

　　V_1——水样消耗 $AgNO_3$ 标准溶液的体积,mL;

　　35.5——氯离子的换算系数。

技能训练 9——水 中 氯 化 物 的 测 定

1. 方法原理

此法是在中性和弱碱性(pH=6.5~10.5)溶液中,以铬酸钾作指示剂,以硝酸银标准溶液滴定水样中氯化物,由于银离子与氯离子作用生成白色的氯化银沉淀,当水样中的氯离子全部与银离子作用后,微过量的硝酸银即与铬酸钾作用生成砖红色的铬酸银沉淀,此即表示已达反应终点。

$$Ag^++Cl^- \Longrightarrow AgCl \downarrow (白色)$$
$$2Ag^++CrO_4^{2-} \Longrightarrow Ag_2CrO_4 \downarrow (砖红色)$$

由于到达终点时,硝酸银的用量要比理论需要量略高,因此需要同时取蒸馏水做空白试验减去误差。

2. 仪器和试剂

(1) 250mL 锥形瓶两个,50mL 移液管 1 支,25mL 酸式滴定管 1 支。

(2) 0.1000mol/L NaCl 标准溶液。取 3g 分析纯 NaCl,置于带盖的瓷坩埚中,加热并不断搅拌,待爆炸声停止后,将坩埚放入干燥器中冷却。准确称取 1.4621g NaCl 置于烧杯中,用蒸馏水溶解后转入 250mL 容量瓶中,稀释至刻度。

（3）0.1000mol/L AgNO$_3$ 溶液。溶解 16.987g AgNO$_3$ 于 1000mL 蒸馏水中，将溶液转入棕色试剂瓶中，置暗处保存，以防见光分解。

（4）0.1000mol/L AgNO$_3$ 溶液的标定。用移液管取 0.1000mol/L NaCl 标准溶液 25.00mL，注入锥形瓶中，加 25mL 蒸馏水，加 1mL K$_2$CrO$_4$ 指示剂。在不断摇动下，用 AgNO$_3$ 溶液滴定至淡橘红色，即为终点。同时做空白试验。根据 NaCl 标准溶液的浓度和滴定中所消耗 AgNO$_3$ 溶液的体积，计算 AgNO$_3$ 溶液的准确浓度。

（5）5％K$_2$CrO$_4$ 溶液。

（6）pH 试纸。

3．操作步骤

（1）硝酸银溶液的标定。

取 3 份 25mL 0.1000mol/L NaCl 标准溶液，同时取 25mL 蒸馏水作空白试验，分别放入 250mL 锥形瓶中，各加 250mL 蒸馏水和 1mL K$_2$CrO$_4$ 指示剂。在不断摇动下用 AgNO$_3$ 溶液滴定至淡橘红色，即为终点。记录 AgNO$_3$ 溶液用量（V_{1-1}、V_{1-2}、V_{1-3}、V_{1-0}）。根据 AgNO$_3$ 溶液的用量，计算 AgNO$_3$ 溶液的准确浓度。

（2）空白试验。

用移液管取 50mL 蒸馏水于锥形瓶中，加适量 CaCO$_3$ 作背景，加入 1mL K$_2$CrO$_4$ 溶液，然后在用力摇动下，用 AgNO$_3$ 标准溶液滴定，直到出现淡橘红色为止。记下 AgNO$_3$ 溶液用量 V_{2-0}。

（3）水样测定。

用移液管取 50mL 水样于锥形瓶中（水样先用 pH 值试纸检查，需为中性或弱碱性），加入 1mL K$_2$CrO$_4$ 溶液，然后在用力摇动下，用 AgNO$_3$ 标准溶液滴定，直到出现淡橘红色，并与空白试验相比较，二者颜色相似，即为终点。记录 AgNO$_3$ 标准溶液用量 V_2。平行测定 3 次（V_{2-1}、V_{2-2}、V_{2-3}），计算水样中氯离子的含量。

4．结果记录

将试验结果记入表 5-9 中。

表 5-9　　　　　　　　　　　　结 果 记 录 表

试验编号	1	2	3	4
AgNO$_3$ 溶液的标定	V_{1-1}	V_{1-2}	V_{1-3}	V_{1-0}
滴定终点读数				
滴定开始读数				
V_{AgNO_3}（mL）				
水样测定	V_{2-1}	V_{2-2}	V_{2-3}	V_1
滴定终点读数				
滴定开始读数				
V_{AgNO_3}（mL）				

5. 数据处理

$$Cl^- = \frac{C_{AgNO_3}(V_1 - V_0) \times 35.5 \times 10^3}{V_{水}} \quad mg/L$$

式中 C——$AgNO_3$ 标准溶液的浓度，mol/L；

$V_{水}$——水样的体积，mL；

V_0——蒸馏水消耗 $AgNO_3$ 标准溶液的体积，mL；

V_1——水样消耗 $AgNO_3$ 标准溶液的体积，mL；

35.5——氯离子的换算系数。

6. 注意事项

（1）如果水样的 pH 值在 6.5～10.5 范围内，可直接测定。当 pH<6.5 时，须用碱中和水样；当水样 pH < 10.5 时，亦须用不含氯化物的硝酸或硫酸中和。

（2）空白试验中加少量 $CaCO_3$，是由于水样测定时有白色 AgCl 沉淀生成。而空白试验是以蒸馏水代替水样，蒸馏水中不含 Cl^-，所以滴定过程中不产生白色沉淀。为了获得与水样测定有相似的浑浊程度，以便比较颜色，所以加少量的 $CaCO_3$ 作背景。

（3）沉淀 Ag_2CrO_4 为砖红色，但滴定时一般以出现淡橘红色即停止滴定。因 Ag_2CrO_4 沉淀过多，溶液颜色太深，比较颜色确定滴定终点比较困难。

5.6 络 合 滴 定 法

5.6.1 络合滴定法

络合滴定法也称配位滴定法，是利用配位反应来进行滴定分析的方法。在水质分析中，配位滴定法主要用于水中硬度测定等。配位反应是由中心离子或原子与配位体以配位键形成配位离子（配离子）的反应。含有配离子的化合物称配合物。如铁氰化钾（$K_3[Fe(CN)_6]$）配合物，$[Fe(CN)_6]^{3+}$ 称为配离子，也称内界。配离子中的金属离子（Fe^{3+}）称为中心离子，与中心离子配合的阴离子 CN^- 叫做配位体。配位体中直接与中心离子配合的原子叫做配位原子（CN^- 中的氮原子），与中心离子配合的配位原子数目叫配位数。钾离子称配合物的外界，与内界间以离子键结合。

根据配体中所含配位原子数目的不同，可分为单基配位体和多基配位体配体，它们与金属离子分别形成简单配合物和螯合物。

1. 简单配合物

单基配位体是只含一个配位原子的配体，如 X^-、H_2O、NH_3 等，一般是无机配位体，这种配位体也称配位剂。它与中心原子直接配位形成的化合物是简单配合物，如 $[Ag(NH_3)_2]Cl$、$K_2[PtCl_6]$ 等。大量的水合物实际上是以水为配体的简单配合物，如 $FeCl_3 \cdot 6H_2O$ 实际上是 $[Fe(H_2O)_6]Cl_3$，而 $CuSO_4 \cdot 5H_2O$ 实际上是 $[Cu(H_2O)_4]SO_4 \cdot H_2O$。前者配位数为 6，后者配位数为 4。

配合物的稳定性是很重要的。环境中的不稳定的配合物能转化为稳定的配合物，还可以转化为沉淀，有些难溶物质也可以转化为稳定的配合物等。稳定的配合物优先形成，在配合滴定中主要是利用生成的稳定配合物来进行定量分析的。

2. 螯合物

多基配位体含有两个或两个以上的配位原子。这样的配位体一般是有机化合物。由中心原子和多齿配位体形成的具有环状结构，以双螯钳住中心离子的稳定的配合物称为螯合物。这种配位体也称为螯合剂，如

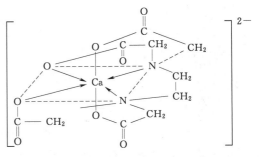

5.6.2 EDTA 及其螯合物

1. EDTA 和 EDTA 二钠

乙二胺四乙酸简称为 EDTA 或 EDTA 酸，常用 H_4Y 表示。它在水中的溶解度很小，室温条件下每 100mL 水中仅溶解 0.02g，故常用它的二钠盐 $Na_2H_2Y \cdot 2H_2O$，即 EDTA —2Na，一般也称为 EDTA。它在 22℃时，每 100mL 水中溶解 11.1g，浓度约为 0.3mol/L，pH 值约为 4.8。

当 H_4Y 溶解于酸度很高的水溶液中时，它的两个羧酸根可再接受 H^+，于是 EDTA 相当于一个六元酸，即 H_6Y^{2+}。EDTA 分子结构中含有两个氨基和 4 个羧基，共有 6 个配位原子，可以和很多种金属离子形成稳定的螯合物。

2. EDTA 螯合物的稳定性

一个 EDTA 分子中的 6 个配位原子（即 2 个胺氮和 4 个羧氧），和金属离子能形成 6 个配位键，与金属离子 1∶1 的比例生成配位数为 6 的 5 个五元环螯合物。例如，EDTA 与 Ca^{2+} 的配位，形成配合物的结构如图 5-5 所示。螯合物的稳定性与螯合环的大小和数目有关，一般五元环和六元环的螯合物很稳定，而且形成的环数越多越稳定。因此，

图 5-5　EDTA 与 Ca 螯合物的立体结构

EDTA 与许多金属形成的螯合物都具有较大的稳定性。

EDTA 二钠盐以有效的部分 Y 和金属离子 M 的配位反应可简写为

$$M + Y = MY$$

其稳定常数表示为

$$K_{MY} = \frac{[MY]}{[M][Y]}$$

K_{MY} 或 $\lg K_{MY}$ 越大，平衡体系中金属离子和 EDTA 的浓度越小，螯合物越稳定，反应越完全。因此，从稳定常数的大小可以区分不同螯合物的稳定性。试验测得的不同金属离子与 EDTA 的螯合物的稳定常数对数值见表 5-10。

表 5 - 10   **EDTA 螯合物的 $\lg K_{MY}$**

M	$\lg K_{MY}$	M	$\lg K_{MY}$	M	$\lg K_{MY}$	M	$\lg K_{MY}$
Ag^+	7.3	Fe^{2+}	14.33	Y^{3+}	18.09	Cr^{3+}	23
Ba^{2+}	7.76	Ce^{3+}	15.98	Ni^{2+}	18.67	Th^{4+}	23.2
Sr^{2+}	8.63	Al^{3+}	16.1	Cu^{2+}	18.8	Fe^{3+}	25.1
Mg^{2+}	8.69	Co^{2+}	16.31	Re^{3+}	15.5~19.9	V^{3+}	25.9
Be^{2+}	9.8	Cd^{2+}	16.46	Tl^{3+}	21.5	Bi^{3+}	27.94
Ca^{2+}	10.69	Zn^{2+}	16.5	Hg^{2+}	21.8	Zr^{4+}	29.5
Mn^{2+}	13.87	Pb^{2+}	18.04	Sn^{2+}	22.1	Co^{3+}	36

注　Re^{3+} 为稀土元素离子。

由表 5 - 10 可见，3 价和 4 价阳离子及 Hg^{2+} 的稳定常数的对数 $\lg K_{MY} > 20$；二价过渡元素、稀土元素及 Al^{3+} 的 $\lg K_{MY} \approx 15\sim19$；碱土金属 $\lg K_{MY} \approx 8\sim11$。数值大小表示了不同金属离子—EDTA 螯合物在不考虑外界因素影响情况下的稳定性。

EDTA 与金属离子以 1∶1 的比值形成螯合物，多数可溶且无色，即使如 Cu - EDTA、Fe - EDTA 这样的螯合物有色，但是在较低浓度下，对终点颜色的干扰可以采取适当的办法消除。EDTA 一般只形成一种型体，即一种配位数的螯合物，螯合物稳定性高，反应能够定量、快速地进行，非常适于配位滴定。

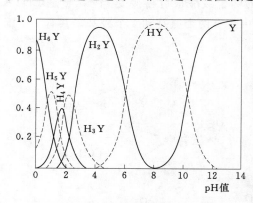

图 5 - 6   EDTA 各种存在型体的分布

3. EDTA 在溶液中的分布

EDTA 溶解于酸度很高的水溶液中形成 H_6Y^{2+}，可以认为在水溶液中分 6 级形成或分 6 级离解，因此共有 7 种型体存在，总溶度为

$$[H_6Y]+[H_5Y]+[H_4Y]+[H_3Y]$$
$$+[H_2Y]+[HY]+[Y]$$

根据逐级稳定常数和总溶度表达式，可以计算出不同 pH 值溶液中各种型体的浓度，得到的 EDTA 7 种型体在不同 pH 值溶液中的分布曲线，见图 5 - 6。

从图 5 - 6 中可以看出，在不同 pH 值时，EDTA 的主要存在型体见表 5 - 11。从表 5 - 11 可知，在 pH > 12 时 EDTA 完全以 Y^{4+} 有效型体存在，其他 pH 值条件下可以转化为 EDTA 的不同型体。

表 5 - 11   **不同 pH 时 EDTA 的主要存在型体**

pH 值	主 要 型 体	pH 值	主 要 型 体
<1	H_6Y^{2-}	6.24~10.34	HY^{3-}（少量 H_2Y^{2-} 和 Y^{4-}）
1.6~2.0	H_4Y		
2.0~2.67	H_3Y^-	>10.34	Y^{4-}（少量 HY^{3-}）
2.67~6.24	H_2Y^{2-}（少量 H_3Y^- 和 HY^{3-}）	>12	Y^{4-}

4. EDTA 的酸效应

在酸性条件下，由于 Y 与 H 能形成 HY，H_2Y，…，H_6Y 使其与金属离子直接作用的有效浓度 $[Y]$ 减小，与金属离子反应能力下降，这种现象称为酸效应。Y 与 H 的反应称为副反应。有效浓度 $[Y]$ 与金属离子的反应称为主反应。酸效应的强弱用酸效应系数 $\alpha_{Y(H)}$ 的大小衡量。设为 $C_Y = [Y']$，则有

$$\alpha_{Y(H)} = \frac{[Y']}{[Y]}$$

式中　$[Y']$——未参加络合反应的 EDTA 总浓度；

　　　$[Y]$——能与金属离子反应的 EDTA 的离子浓度，称为有效浓度。

酸效应系数仅是 $[H]$ 的函数，而与配位剂的浓度无关，酸度越大，酸效应系数值越大，有效浓度越小，Y 与 H^+ 的副反应就越强，EDTA 与金属离子的主反应越弱。由于酸效应系数值的变化范围很大，故用其对数值比较方便，表 5 – 12 列出了不同 pH 值条件下 EDTA 的 $\lg\alpha_{Y(H)}$ 值。

表 5 – 12　　　　　　　　　　不同 pH 值下 EDTA 的 $\lg\alpha_{Y(H)}$

pH 值	$\lg\alpha_{Y(H)}$	pH 值	$\lg\alpha_{Y(H)}$	pH 值	$\lg\alpha_{Y(H)}$	pH 值	$\lg\alpha_{Y(H)}$	pH 值	$\lg\alpha_{Y(H)}$
0.0	23.64	2.5	11.90	5.0	6.60	7.5	2.78	10.0	0.45
0.1	23.06	2.6	11.62	5.1	6.26	7.6	2.68	10.1	0.39
0.2	22.47	2.7	11.35	5.2	6.07	7.7	2.57	10.2	0.33
0.3	21.89	2.8	11.09	5.3	5.88	7.8	2.47	10.3	0.28
0.4	21.32	2.9	10.84	5.4	5.69	7.9	2.87	10.4	0.24
0.5	20.75	3.0	10.60	5.5	5.51	8.0	2.30	10.5	0.20
0.6	20.18	3.1	10.37	5.6	5.33	8.1	2.17	10.6	0.16
0.7	19.62	3.2	10.14	5.7	5.15	8.2	2.07	10.7	0.13
0.8	19.08	3.3	9.92	5.8	4.98	8.3	0.97	10.8	0.11
0.9	18.54	3.4	9.70	5.9	4.81	8.4	1.87	10.9	0.09
1.0	18.01	3.5	9.48	6.0	4.8	8.5	1.77	11.0	0.07
1.1	17.49	3.6	9.27	6.1	4.49	8.6	1.67	11.1	0.06
1.2	16.98	3.7	9.06	6.2	4.34	8.7	1.57	11.2	0.05
1.3	16.49	3.8	8.85	6.3	4.20	8.8	1.48	11.3	0.04
1.4	16.02	3.9	8.65	6.4	4.06	8.9	1.38	11.4	0.03
1.5	15.55	4.0	8.44	6.5	3.92	9.0	1.40	11.5	0.02
1.6	15.11	4.1	8.24	6.6	3.79	9.1	1.19	11.6	0.02
1.7	14.68	4.2	8.04	6.7	3.67	9.2	1.10	11.7	0.02
1.8	14.27	4.3	7.84	6.8	3.55	9.3	1.01	11.8	0.01
1.9	13.88	4.4	7.64	6.9	3.43	9.4	0.92	11.9	0.01
2.0	13.51	4.5	7.44	7.0	3.40	9.5	0.83	12.0	0.01
2.1	13.16	4.6	7.24	7.1	3.21	9.6	0.75	12.1	0.01
2.2	12.82	4.7	7.04	7.2	3.10	9.7	0.67	12.2	0.005
2.3	12.50	4.8	6.84	7.3	2.99	9.8	0.59	13.0	0.0008

5. 最低 pH 值和酸效应曲线

由于 pH 值对 EDTA 的有效浓度有很大的影响，所以有实际意义的是利用金属离子准确滴定的条件，求出金属离子完全反应时所需要的最小 pH 值或最大允许酸度，利用缓冲溶液调节稍小于此酸度或大于此 pH 值进行测定。

若使某离子完全和 EDTA 反应，在金属离子浓度 $C_M = 0.01mol/L$，滴定的允许误差不大于 0.1%，由 $\lg\alpha_{Y(H)} \leqslant \lg K_{MY} - 8$ 可以计算出各种金属离子被准确滴定时所允许的最低 pH 值。

【例 5-1】 求用 EDTA 标准溶液滴定 Zn^{2+} 的最低 pH 值。

解： 用 EDTA 测定 0.01mol/L 的 Zn^{2+}，要求误差在 0.1% 以下。查表 5-12，$\lg K_{ZnY} = 16.5$，若用 EDTA 准确滴定 Zn^{2+}，应满足 $\lg\alpha_{Y(H)} \leqslant \lg K_{MY} - 8$，即 $\lg\alpha_{Y(H)} \leqslant 8.5$。

查表 5-12，$\lg\alpha_{Y(H)} = 8.5$ 时，pH ≈ 4.0。因此，最低 pH 值为 4。

同样，可以计算出 EDTA 滴定各种离子所需的最低 pH 值。以 $\lg K_{MY}$ 为横坐标，最低 pH 值为纵坐标，然后绘出酸效应曲线，见图 5-7。

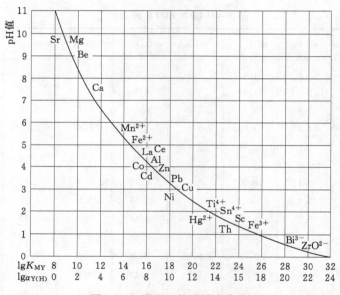

图 5-7 EDTA 的酸效应曲线

从图 5-7 中可查出金属离子准确滴定的最小 pH 值，如 Fe^{2+} 和 Fe^{3+} 的最小 pH 值分别为 5 和 1.2 左右。曲线显示，EDTA 螯合物稳定常数越大的金属离子，所允许的 pH 值越小，可容纳较强的酸度，稳定常数小的离子，只能在较弱的酸性介质和 EDTA 下反应完全。这为控制较强酸度优先测定螯合物稳定性较强的金属离子提供了可能。

5.6.3 金属指示剂

在配位滴定中，指示剂是指示滴定过程中金属离子浓度的变化，故称为金属指示剂。金属指示剂对金属离子浓度的改变十分灵敏，在一定的 pH 值范围内，当金属离子浓度发生改变时，指示剂的颜色发生了变化，用它可以确定滴定的终点。

1. 金属指示剂的作用原理

金属指示剂是一种配位性的有机染料，能和金属离子生成有色配合物或螯合物。在如 pH＝10 时，用铬黑 T 指示剂指示 EDTA 滴定 Mg^{2+} 的终点。滴定前，溶液中只有 Mg^{2+}，加入铬黑 $T（HIn^{2-}）$ 后，发生配位反应，生成的 $MgIn^-$ 呈红色，反应式为

$$M＋In（游离态颜色）＝MIn（络合态颜色） \qquad （络合反应）$$

滴定开始至化学计量点前，由于 EDTA 和 Mg^{2+} 反应的生成产物 MgY^{2-} 无色，所以溶液一直是 $MgIn^-$ 的红色。

滴定反应的化学式为

$$M＋Y＝MY$$

化学计量点时，金属离子全部反应完全，稍加过量的 EDTA 由于具有强的螯合性，把铬黑 T—金属螯合物中的铬黑 T 置换出来，其反应式为

$$Y＋MIn（络合态颜色）＝MY＋In（游离态颜色）$$

pH＝10 时，铬黑 T 为纯蓝色，因此反应结束时，溶液颜色由红色转变为蓝色，利用此颜色的转变可以指示滴定终点。

2. 金属指示剂具备的条件

一个良好的金属指示剂，一般具有以下条件：

（1）在滴定要求的 pH 值条件下，指示剂与金属—指示剂螯合物具有明显的色变。

（2）金属—指示剂螯合物应有适当的稳定性，其稳定性必须小于 EDTA 与金属离子的稳定性；否则，化学计量点时 EDTA 不能从金属指示剂螯合物中夺取金属，而看不到颜色的变化。但金属—指示剂螯合物的稳定性也不能太低；否则此螯合物在化学计量点前发生解离，指示剂提前释放，游离出来，终点提前，而且变色不敏锐。因此，金属—指示剂螯合物的稳定性要适当，以避免引起滴定误差。

（3）指示剂与金属离子的反应要迅速，In 与 MIn 应易溶于水。

（4）指示剂应具有较好的选择性，在测定的条件下只与被测离子显色。若选择性不理想，应设法消除干扰。

（5）指示剂本身在空气中应稳定，便于保存。大多数金属指示剂由于其自身结构特点，在空气中或在水溶液中易被氧化，所以最好现用现配。保存时应避光、密封保存在棕色容器中。有时直接使用盐稀释的固体。

封闭现象：加入过量的 EDTA 也不能将 MIn 中的 In 置换出来的现象。解决办法：加掩蔽剂。原因：络合物稳定常数 MY＜MIn。

僵化现象：由于生成的显色络合物为胶体或沉淀，使终点延长或拖后的现象。解决办法：①加有机溶剂或加热；②慢滴，振摇。

综上所述，选择金属指示剂时，需要考虑给定 pH 值下金属—指示剂螯合物的稳定性，螯合物与 EDTA—金属螯合物的稳定性差异，颜色变化的敏锐性，干扰离子的去除等，最后还需要通过试验验证指示结果的准确性。

3. 常用的金属指示剂

一些常用的金属指示剂的配制方法、用途及注意事项见表 5－13。

表 5 - 13 常 用 金 属 指 示 剂

指示剂	使用的适宜 pH 值范围	颜色变化 In	颜色变化 MIn	配制方法	用途	注意事项
铬黑 T （EBT）	8～10	蓝	红	（1）0.5g 铬黑 T 加 20mL 三乙醇胺加水稀释至 100mL （2）1∶100 NaCl 研磨，棕色瓶保存	pH＝10 时，直接滴定 Mg^{2+}、Zn^{2+}、Ca^{2+}、Pb^{2+}、Mn^{2+}、Cd^{2+}、Hg^{2+}	Al^{3+}、Fe^{3+}、Ni^{2+}、Co^{2+}、Cu^{2+}、Ti^{4+}、铂族封闭指示剂
酸性铬蓝 K	8～13	蓝	红	1g 酸性铬蓝 K＋2g 萘酚绿 B＋40KCl 混合研磨	pH＝10：Mg^{2+}、Zn^{2+}、Mn^{2+} pH＝13：Ca^{2+}	
PAN	1.9～12	黄	紫红	0.1% 乙醇溶液	pH＝2～3：Bi^{3+}、In^{3+}、Th^{4+} pH＝5～6：Cu^{2+}、Cd^{2+}、Pb^{2+}、Zn^{2+}	常常加入有机溶剂或加热处理
二甲酚橙 （XO）	＜6.4	黄	红	0.5% 乙醇或水溶液	pH＜1：Zr^{4+} pH＝2：Bi^{3+} pH＝5～6：Pb^{2+}、Zn^{2+}、Cd^{2+}、Hg^{2+}	Al^{3+}、Fe^{3+}、Ni^{2+}、Ti^{4+} 等封闭指示剂
磺基水杨酸（Ssal）	1.8～2.5	无	红	2% 水溶液配制	pH＝1.8～2：Fe^{3+}	加热到 60～70℃
钙指示剂	12～13	蓝	酒红	1∶100 NaCl 研磨，棕色瓶保存	pH＝12～13：Ca^{2+}	Al^{3+}、Fe^{3+}、Ni^{2+}、Co^{2+}、Cu^{2+} 封闭指示剂

5.6.4 提高配位滴定选择性的方法

在实际水样中往往有多种金属离子共存的情况，而 EDTA 能与许多金属离子生成稳定的配合物，因此如何在混合离子中对某一离子进行选择滴定，是配位滴定中的一个十分重要的问题。

1. pH 值来控制

【例 5 - 2】 水样中含有 Al^{3+}、Fe^{3+}、Mg^{2+}、Ca^{2+} 离子，能否利用控制酸度的方法滴定 Fe^{3+}？

解：$\lg K_{FeY}＝25.1$，$\lg K_{AlY}＝16.1$，$\lg K_{CaY}＝10.07$，$\lg K_{MgY}＝8.69$，可见 $\lg K_{FeY}＞\lg K_{AlY}$，$\lg K_{CaY}$，$\lg K_{MgY}$。均可同时满足上述判断式的判断条件，根据酸效应曲线（见图 5 - 7），如控制 pH＝2，只能满足 Fe^{3+} 所允许的最小 pH 值，其他 3 种离子达不到允许的最小 pH 值，不能形成配合物，即消除了干扰。

如果干扰离子比被选定测定的离子 EDTA 螯合物稳定或两者稳定程度相近，则不能使用调酸度控制干扰的方法进行测定，而要使用其他方法。

2. 掩蔽技术

加入一种试剂与干扰离子作用，使干扰离子浓度降低，这就是掩蔽作用。加入的试剂叫掩蔽剂。

常用的掩蔽方法有配位掩蔽、沉淀掩蔽和氧化还原掩蔽。

（1）配位掩蔽。

利用配位掩蔽与干扰离子形成稳定的配合物，降低干扰离子浓度的方法，称为配位掩蔽法。如 Al^{3+} 和 Fe^{3+} 与 EDTA 的螯合物比 Mg^{2+} 和 Ca^{2+} 的螯合物稳定，在 Al^{3+}、Fe^{3+} 存在时，测定 Mg^{2+}、Ca^{2+} 离子时，可以在酸性溶液中加入三乙醇胺使 Al^{3+}、Fe^{3+} 生成配合物而除去。又如，Al^{3+} 和 Zn^{2+} 两种离子共存时，由于两种 EDTA 螯合物的稳定性相近，所以可用加入氟化物的方法使 Al^{3+} 生成稳定的 AlF_6^{3-} 除去 Al^{3+}，而测定 Zn^{2+}。

在选择掩蔽剂时要考虑掩蔽剂的用量、酸度范围、形成配合物的稳定性、该掩蔽剂的加入是否影响到被测离子及配合物的颜色等。

（2）沉淀掩蔽。

利用掩蔽剂与干扰离子形成沉淀，降低干扰离子浓度的方法，称为沉淀掩蔽法。如水样中含有 Mg^{2+} 和 Ca^{2+}，欲测定其中 Ca^{2+} 的含量，因为两种离子的 EDTA 螯合物的稳定常数相差很小，则可加入 NaOH，使 $pH>12$，产生 $Mg(OH)_2$ 沉淀，以 EDTA 溶液滴定 Ca^{2+}，则 Mg^{2+} 不干扰测定。

沉淀掩蔽法要求生成沉淀的溶解度小，反应安全，且是无色紧密的晶形沉淀，否则吸附被测离子，会影响终点颜色的观察。

（3）氧化还原掩蔽。

利用氧化还原反应改变干扰离子的价态，消除干扰的方法，称为氧化还原掩蔽法。例如，在 Fe^{3+} 存在下测定水中 ZrO^{2+}、Th^{4+}、Bi^{3+} 等任一种离子时，3 种离子的 $\lg K_{MY}$ 与 $\lg K_{FeY^-}$ 之差很小，用抗坏血酸或盐酸羟胺把 Fe^{3+} 还原为 Fe^{2+}，使 $\lg K_{MY}-\lg K_{FeY^{2-}}$ 很大，可以用控制酸度的方法形成 MY 而 FeY^{2-} 不能形成，消除了 Fe^{3+} 的干扰。

常用的掩蔽剂列于表 5-14 中。

表 5-14 常用的掩蔽剂

名称	pH 值范围	被掩蔽的离子	备注
NH₄F	4～6	Al^{3+}、Ti^{4+}、Sn^{4+}、Zr^{4+}、W^{6+}	用 NH₄Y 比 NaF 好，优点是加入后溶液 pH 值变化不大
	10	Al^{3+}、Mg^{2+}、Ca^{2+}、Sr^{2+}、Ba^{2+} 及稀土元素	
三乙醇胺（TEA）	10	Al^{3+}、Fe^{3+}、Sn^{4+}、Ti^{4+}	与 KCN 并用，可提高掩蔽效果
	11～12	Al^{3+}、Fe^{3+} 及少量 Mn^{2+}	
二巯基丙醇（BAL）	10	Hg^{2+}、Ca^{2+}、Pb^{2+}、Zn^{2+}、Bi^{3+}、Sn^{4+}、Sb^{3+}、Ag^+ 及少量 Ni^{2+}、Co^{2+}、Cu^{2+}	Ni^{2+}、Co^{2+}、Cu^{2+} 与 BAl 的配合物有色
酒石酸	1～2	Fe^{2+}、Sn^{2+}、Mo^{6+}、Sb^{3+}、Sn^{4+}、Fe^{3+} 及 5mg 以下的 Cu^{2+}	与抗坏血酸联合掩蔽

名称	pH值范围	被掩蔽的离子	备 注
酒石酸	5.5	Fe^{2+}、Al^{3+}、Sn^{4+}、Ca^{2+}	与抗坏血酸联合掩蔽
	10	Al^{3+}、Sn^{4+}	
草酸	2	Sn^{4+}、Cu^{2+}	草酸对Fe^{3+}的掩蔽能力比酒石酸强，对Al^{3+}却不如酒石酸
	5.5	ZrO^{2+}、Th^{4+}、Fe^{3+}、Fe^{2+}、Al^{3+}	
柠檬酸	5～6	UO_2^{2+}、Th^{4+}、Zr^{2+}、Sn^{2+}	
	7	UO_2^{2+}、Th^{4+}、ZrO^{2+}、Ti^{4+}、Nb^{5+}、WO_4^{2-}、Ba^{2+}、Fe^{3+}、Cr^{3+}	

5.6.5　配位滴定的方式

在配位滴定中，采用不同的滴定方式，不仅可以扩大配位滴定的应用范围，而且可以提高配位滴定的选择性。常用的配位滴定方式有直接滴定法、返滴定法和置换滴定法。

1. 直接滴定法

将水样调节到所需要的酸度，加入必要的其他试剂（如掩蔽剂）和指示剂，用 EDTA 标准溶液直接滴定水中被测离子浓度。

如 pH＝1～2 时，直接滴定 Fe^{3+}、Bi^{3+}；pH 值＝4 时，直接滴定 Ni^{2+}、Co^{2+}、Cu^{2+}、Zn^{2+}、Cd^{2+}、Pb^{2+}、Al^{3+} 等离子；pH 值＝10 时，测定 Mg^{2+}、Ca^{2+} 的含量。

直接滴定法必须满足下列条件：

（1）形成的配合物稳定，即 $lgK'_{MY}＝lgCK_{MY}\geqslant6$（$K'_{MY}$ 为条件稳定常数，$K'_{MY}＝\dfrac{K_{MY}}{\alpha_{Y(H)}}$）。

（2）配位反应速率快。

（3）有变色敏锐的指示剂，且无封闭现象。

不满足以上条件时，可采用以下滴定方式。

2. 返滴定法

返滴定法是在水样中加入过量的 EDTA 标准溶液，用另一种金属盐的标准溶液滴定过量的 EDTA，根据两种标准溶液的浓度和用量，求得水样中被测金属离子含量的方法。下列情况可采用返滴定法。

（1）被测金属离子 M 与 EDTA 配位速度慢或封闭指示剂。

如测定水中的 Al^{3+} 时，Al^{3+} 与 EDTA 配位缓慢，且 Al^{3+} 对指示剂二甲酚橙有封闭现象，可采用返滴定法。在水样中加入准确体积的过量 EDTA 标准溶液，在 pH＝3.5 的条件下，加热煮沸，以加快反应速率，使 Al^{3+} 与 EDTA 配位完全。冷却后，再调节 pH＝5～6，以 PAN 或二甲酚橙为指示剂，用 Cu^{2+}（或 Zn^{2+}）标准溶液返滴定剩余的 EDTA。

（2）无变色敏锐的指示剂。

如测定水样中 Ba^{2+} 时，由于没有符合要求的指示剂，可加入过量的 EDTA 标准溶液，使 Ba^{2+} 与 EDTA 生成配合物 BaY 后，再加入铬黑 T 作指示剂，用 Mg^{2+} 标准溶液返滴定剩余的 EDTA 至溶液由红色变为蓝色。

注： 返滴定法中的金属盐标准溶液与 EDTA 形成的螯合物的稳定性不宜超过被测离子与 EDTA 螯合物的稳定性；否则会把被测离子从螯合物中转换出，引起滴定误差。

3. **置换滴定法**

置换滴定法是利用置换反应，置换出等物质的量的另一种金属离子或置换出 EDTA，然后进行滴定的方法。

置换滴定法适用于多种金属离子共存时，测定其中一种金属离子，或是用于无适当指示剂的金属离子的测定。

如测定 Cu^{2+}、Zn^{2+}、Al^{3+} 共存水样中 Al^{3+}，可先加入过量 EDTA，加热使 3 种离子都与 EDTA 配位完全，在 pH＝5～6 时以二甲酚橙或 PAN 为指示剂，用 Cu^{2+} 标准溶液返滴定过量的 EDTA，再加入选择性高的配合剂 NH_4F，使 AlY^- 转变为配合物 AlF_6^{3-}，置换出的 EDTA 再用 Cu^{2+} 标准溶液滴定至终点。其反应式为

$$AlY^- + 6F^- \Longrightarrow AlF_6^{3+} + Y^{4-}$$
$$Y^{4-} + Cu^{2+} \Longrightarrow CuY^{2-}$$

技能训练 10——水中的硬度的测定

1. **水的总硬度**

（1）硬度的概念。

水的硬度是指水中 Mg^{2+}、Ca^{2+} 浓度的总量，是水质的重要指标之一。硬度可以分为暂时硬度和永久硬度，暂时硬度由 $Ca(HCO_3)_2$、$Mg(HCO_3)_2$ 或 $CaCO_3$、$MgCO_3$ 形成的硬度，可加热煮沸除去。永久硬度主要指由 $CaSO_4$、$MgSO_4$、$CaCl_2$、$MgCl_2$ 等形成的硬度。

如果水中 Fe^{3+}、Fe^{2+}、Al^{3+}、Sr^{2+}、Mn^{2+} 等离子含量较高时，也应记入硬度含量中，但用配位滴定法测定硬度，可不考虑它们对硬度的贡献。一般天然地表水中硬度较小，如长江水为 4～7 度，松花江水月平均硬度 2～3 度，地下水、咸水和海水的硬度较大，一般为 10～100 度，多者达几百度，一般情况下，工业废水和污水可不考虑硬度的测定。有时把含硬度的水称为硬水（硬度大于 8 度），含有少量或完全不含有硬度的水称为软水（硬度小于 8 度）。

（2）硬度的表示方法。

1）mmol/L。这是现在硬度的通用单位。

2）mg/L（以 $CaCO_3$ 计）。1mmol/L＝100.1mg/L（以 $CaCO_3$ 计）。我国饮用水中总硬度不超过 450mg/L（以 $CaCO_3$ 计）。

3）德国硬度（简称度）。1 德国硬度相当于 10mg/L CaO 所引起的硬度，即 1 度。通常所指的硬度是德国硬度。

1 度＝10mg/L（以 CaO 计）

1mmol/L（CaO）＝56.1÷10＝5.61 度

1 度＝100.1÷5.61＝17.8mg/L（以 $CaCO_3$ 计）

此外，还有法国硬度、英国硬度和美国硬度（均以 $CaCO_3$ 计），这些单位与德国硬度、mmol/L 等硬度单位的关系见表 5-15。

表 5-15 几种硬度单位及其换算

硬度单位	mmol/L	德国硬度 （10mg/L CaO）	英国硬度 （10mg/L CaCO₃）	法国硬度 （10mg/L CaCO₃）	美国硬度 （10mg/L CaCO₃）
1mmol/L	1	5.61	7.02	10	100
1 德国硬度（10mg/L CaO）	0.178	1	1.25	1.78	17.8
1 英国硬度（10mg/L CaCO₃）	0.143	0.08	1	1.43	14.3
1 法国硬度（10mg/L CaCO₃）	0.1	0.56	0.7	1	10
1 美国硬度（10mg/L CaCO₃）	0.01	0.056	0.07	0.1	1

（3）水中总硬度的测定方法。

水中总硬度的测定，目前常采用 EDTA 配位滴定法。在 pH=10 的氨性缓冲溶液条件下，以铬黑 T 为指示剂，用 EDTA 标准溶液进行滴定。其测定原理如下：

在 pH=10 的氨性缓冲溶液条件下，指示剂铬黑 T 和 EDTA 都能与 Mg^{2+}、Ca^{2+} 生成配合物，且配合物稳定程度顺序为 $CaY^{2-}>MgY^{2-}>MgIn^->CaIn^-$。在加入指示剂铬黑 T 时，铬黑 T 与试样中少量的 Mg^{2+}、Ca^{2+} 生成紫红色的配合物，即

$$Mg^{2+}+HIn^{2-}\Longleftrightarrow MgIn^-+H^+$$
$$Ca^{2+}+HIn^{2-}\Longleftrightarrow CaIn^-+H^+$$

滴定开始后，EDTA 首先与试样中游离的 Mg^{2+}、Ca^{2+} 配位，生成稳定无色的 MgY^{2-} 和 CaY^{2-} 配合物即

$$H_2Y^{2-}+Mg^{2+}\Longleftrightarrow MgY^{2-}+2H^+$$
$$H_2Y^{2-}+Ca^{2+}\Longleftrightarrow CaY^{2-}+2H^+$$

当游离的 Ca^{2+}、Mg^{2+} 与 EDTA 配位完全后，由于 CaY^{2-}、MgY^{2-} 配合物的稳定性远大于 $CaIn^-$、$MgIn^-$ 配合物，继续滴加的 EDTA 夺取 $CaIn^-$、$MgIn^-$ 配合物中的 Ca^{2+}、Mg^{2+}，使铬黑 T 游离出来，溶液由紫红色变为蓝色，指示滴定终点。反应式为：

$$H_2Y^{2-}+MgIn^-\Longleftrightarrow MgY^{2-}+HIn^{2-}+H^+$$
$$H_2Y^{2-}+CaIn^-\Longleftrightarrow CaY^{2-}+HIn^{2-}+H^+$$

根据 EDTA 标准溶液的浓度及滴定时的用量，即可计算出总硬度为

$$总硬度=\frac{C_{EDTA}\cdot V_{EDTA}\times 1000}{V}\quad mmol/L$$

式中　C_{EDTA}——EDTA 标准溶液的浓度，mol/L；

　　　V_{EDTA}——EDTA 标准溶液的体积，mL；

　　　V——原水样的体积，mL。

从上述反应可以看出，在测定过程中的每一步反应都有 H^+ 产生，为了控制滴定条件为 pH=10，使 EDTA 与 Ca^{2+}、Mg^{2+} 形成稳定的配合物，所以必须使用氨性缓冲溶液稳定溶液的 pH 值。

2. **硬度的测定**

（1）测定原理。

用 EDTA 溶液配位滴定 Ca^{2+}、Mg^{2+} 总量,是在 pH＝10 的氨性缓冲溶液中,铬黑 T 作指示剂,与钙和镁生成紫红色或紫色溶液。滴定中,游离的钙和镁离子首先与 EDTA 反应,与指示剂配位的钙和镁离子随后与 EDTA 反应,到达终点 EDTA 把指示剂置换出来,此时溶液的颜色由紫变为天蓝色。

滴定 Ca^{2+} 量,用 2mol/L NaOH 调溶液使 pH＞12,使 Mg^{2+} 生成 $Mg(OH)_2$ 沉淀。钙指示剂与 Ca^{2+} 形成红色配合物,滴定终点为蓝色。根据两次滴定值,可分别计算总硬度和钙硬度。镁硬度可由总硬度减去钙硬度求得。

由于铬黑 T 与 Mg^{2+} 显色的灵敏度高,与 Ca^{2+} 显色的灵敏度低,所以当水样中 Mg^{2+} 的含量较低时,用铬黑 T 作指示剂往往得不到敏锐的终点。这时可在溶液中加入一定量的 Mg—EDTA 缓冲溶液,提高终点变色的敏锐性。可采用酸性铬蓝 K—萘酚绿 B 混合指示剂,此时终点颜色由紫红色变为蓝绿色。

本法的主要干扰离子有 Fe^{3+}、Al^{3+}、Mn^{2+}、Cu^{2+}、Zn^{2+} 等。当 Mn^{2+} 含量超过 1mg/L 时,在加入指示剂后,溶液会出现浑浊的玫瑰色。可加入盐酸羟胺使之消除。Fe^{3+}、Al^{3+} 等的干扰,可用三乙醇胺掩蔽;Cu^{2+}、Zn^{2+} 可用 Na_2S 消除。

若测定时室温过低,可将水样加热至 30～40℃,滴定时要注意速度不可太快,并不断摇动,使之充分反应。

(2) 仪器与试剂。

1) 250mL 锥形瓶 2 个。

2) 25mL 酸式滴定管 1 支。

3) 25mL、100mL 移液管各 1 支。

4) 10mL 量筒 1 个。

5) 250mL 烧杯 1 个。

6) 盐酸 (1∶1)。

7) 氨水 (1∶1)。

8) $C≈0.02mol/L$ EDTA 标准溶液的配制。同应用技能训练 1 中溶液配制。

9) 锌标准溶液 $C(Zn^{2+})＝0.02mol/L$。准确称量金属锌 0.3300g 于小烧杯中,加入约 5mL HCl (1∶1),可适当加热,待完全溶解后,冷却转移至 250mL 容量瓶中,加水至刻度,混匀。

10) 缓冲溶液 (pH＝10)。称取固体 NH_4Cl 5.4g 于 20mL 蒸馏水中,再加入 35mL 浓氨水,溶解后稀释至 100mL。

11) 铬黑 T 指示剂。称 2.5g 铬黑 T 和 2.5g 盐酸羟胺,以 50mL 无水乙醇溶解,置于棕色瓶中。

(3) 操作步骤。

1) EDTA 标准溶液的标定。标定用的基准物质可用 Zn (锌粒纯度为 99.9%)、$ZnSO_4$、$CaCO_3$ 等,指示剂可用铬黑 T (EBT),pH＝10.0,终点时溶液由紫红色变为蓝色。

准确吸取 25.00mL 0.02mol/L Zn^{2+} 标准溶液于 250mL 锥形瓶中,加入 25mL 蒸馏水,滴加入 1∶1 氨水至刚出现浑浊,此时 pH＝8,再加入 10mL NH_3—NH_4Cl 缓冲溶液,使溶液 pH＝10.0,加入 4 滴铬黑 T 指示剂,用近似浓度的 EDTA 溶液滴定至终点,消耗近似浓度的 EDTA 溶液 V_1（mL）。平行测定 2～3 次，求 EDTA 二钠溶液的平均体积 $\bar{V}_1$。

2）总硬度的测定。用移液管移取 100.0mL 水样于锥形瓶中，加入 5mL 缓冲液和 4 滴铬黑 T 指示剂，水样呈紫色。用 EDTA 二钠标准溶液滴定至溶液由紫红色变为亮蓝色即为终点。记录 EDTA 二钠标准溶液体积。平行测定 2～3 次，求测定水样消耗 EDTA 二钠溶液的平均体积 $\bar{V}_2$。

根据 $\bar{V}_1$ 和 $\bar{V}_2$ 计算水样总硬度。以（$CaCO_3$，mg/L）表示分析结果。

（4）数据记录与计算。

1）将数据记录在表 5-16 中。

表 5-16　　数　据　记　录　表

水样编号	1	2	3
V_1（mL）			
平均值 $\bar{V}_1$			
EDTA 标准溶液的浓度（mol/L）			
V_2（mL）			
平均值 $\bar{V}_2$			
总硬度（mmol/L）（$CaCO_3$ 计，mg/L）			

$$C_{EDTA} = \frac{25.00 \times C_{Zn^{2+}}}{\bar{V}_1}$$

式中　C_{EDTA}——EDTA 二钠标准溶液的浓度，mol/L；

　　　$C_{Zn^{2+}}$——Zn^{2+} 标准溶液的浓度，mol/L；

　　　$\bar{V}_1$——消耗近似浓度的 EDTA 溶液的平均体积，mL。

2）计算。总硬度为

$$总硬度 = \frac{C_{EDTA} \times \bar{V}_2 \times 1000}{V_水} \quad mmol/L$$

$$总硬度（若以 CaCO_3 计）= \frac{C_{EDTA} \times \bar{V}_2 \times M_{CaCO_3} \times 1000}{V_水} \quad mg/L$$

式中　C_{EDTA}——EDTA 二钠标准溶液浓度，mmol/L；

　　　$\bar{V}_2$——消耗 EDTA 标准溶液的平均体积，mL；

　　　M_{CaCO_3}——碳酸钙摩尔质量，100.1g/mol；

　　　$V_水$——水样的体积，mL。

（5）注意事项。

1）掌握滴定速度应先快后慢。即加入缓冲溶液后立即在 5min 内完成滴定；否则将使结果偏低。

2）调节使 pH=10。

3）若测定中有 Fe^{3+}、Al^{3+} 干扰可加入 1∶1 三乙醇胺掩蔽；若有 Cu^{2+}、Zn^{2+} 干扰可加入 2%Na_2S 溶液 0.5～4.5mL，生成 CuS 及 ZnS 沉淀，从而消除上述干扰。

5.7 仪 器 分 析 法

5.7.1 分光光度法

分光光度法是基于物质对光的选择性吸收而建立起来的分析方法，因此又叫吸光光度法或吸收光谱法。

根据射入光波长范围的不同，分光光度法又分为可见光光度法、紫外分光光度法、红外分光光度法等。分光光度法是水质分析中最常用的分析测定方法之一，它主要应用于测定试样中微量组分的含量。与化学分析法比较它具有以下特点。

1. 灵敏度高

可不经富集直接测定试样中低至 0.00005% 的微量组分。一般情况下，测定浓度的下限也可达 $0.1 \sim 1 \mu g/g$（10^{-6}），相当于含量为 0.001% ~ 0.0001% 的微量组分。如果对被测组分预先富集，灵敏度还可以提高 2~3 个数量级。

2. 准确度高

通常分光光度法的相对误差为 2% ~ 5%，完全能够满足微量组分的测定要求。若采用差示分光光度法，其相对误差甚至可达 0.5%，已接近重量分析和滴定分析的误差水平；相反，滴定分析法或重量分析法却难以完成这些无量组分的测定。

3. 操作简便、快捷

分光光度法的仪器设备一般都不复杂，操作简便。如果将试样处理成溶液，一般只经历显色和测量吸光两个步骤，就可得出分析结果。采用高灵敏度、高选择性的显色反应与掩蔽反应相结合，一般可不经分离而直接进行测定。

4. 应用范围广

几乎所有的无机离子和有机化合物都可直接或间接地用分光光度法测定。还可用来研究化学反应的机理，如测定溶液中配合物的组成、测定一些酸碱的离解常数等。目前，分光光度法是广泛用于工农业生产和生物、医学、临床、环保等领域的一种常规分析法。

5.7.1.1 分光光度法测定原理

1. 溶液对光的选择性吸收

如果将各种单色光依次通过固定浓度和固定厚度的某一有色溶液，测量该溶液对各种单色光的吸收程度（即吸光度 A），然后以波长 λ 为横坐标、吸光度为纵坐标作图，所得曲线称为该溶液的光吸收曲线，该曲线能够准确地描述溶液对不同波长单色光的吸收能力。图 5-8 是 4 种浓度 $KMnO_4$ 溶液的光吸收曲线。

从图 5-8 中可以看出：

（1）$KMnO_4$ 溶液对不同波长的光的吸收程度不同，对绿色光区中 525nm 的光吸收程度最大（此波长称为

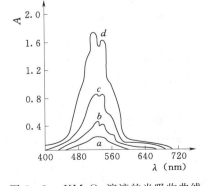

图 5-8　$KMnO_4$ 溶液的光吸收曲线

最大吸收波长，以 λ_{max} 或 $\lambda_{最大}$ 表示），所以吸收曲线上有一最大的吸收峰；相反 $KMnO_4$ 溶液，对红色和紫色光基本不吸收，所以，$KMnO_4$ 溶液呈现紫红色。

（2）不同物质吸收曲线形状不同。这一特性可以作为物质定性分析的依据。同一物质的吸收曲线是相似的，并且 λ_{max} 或 $\lambda_{最大}$ 相同。

（3）相同物质不同浓度的溶液，在一定波长处吸光度随浓度增加而增大，因此，d 的浓度最大。

吸收曲线是分光光度法选择测量波长的重要依据，通常选择最大吸收波长的单色光进行比色，因为在此波长的单色光照射下，溶液浓度的微小变化能引起吸光度的较大改变，因而可以提高比色的灵敏度。

2. 光的吸收定律——朗伯—比尔定律

当一束平行的单色光通过某一溶液时，光的一部分被吸收，一部分透过溶液，设实际入射光的强度为 I_0，透过光的强度为 I，用 T 表示透光率，则 $T=\dfrac{I}{I_0}$。透光率的负对数称为吸光度，用符号 A 表示。

溶液对光的吸收程度与溶液的浓度、液层的厚度及入射光的波长等因素有关。早在 1760 年和 1852 年，朗伯（Lambert）和比尔（Beer）分别提出了溶液的吸光度与液层厚度 b 及溶液浓度 C 的定量关系。其数学表达式为

$$\lg \frac{I_0}{I}=K_1 \cdot b（朗伯定律）$$

$$\lg \frac{I_0}{I}=K_2 \cdot C（比尔定律）$$

如果同时考虑溶液浓度和液层厚度对光吸收程度的影响，即将朗伯定律和比尔定律结合起来，则可得朗伯—比尔定律，此定律也称为光吸收基本定律。其数学表达式为

$$A=KCb$$

朗伯—比尔定律不仅适用于可见光区，也适用于紫外光区和红外光区；不仅适用于溶液，也适用于其他均匀的非散射的吸光物质（包括气体和固体），是各类吸光光度法的定量依据。式中 K_1、K_2 和 K 均为比例常数，K 随 C、b 所用单位不同而不同。

如果液层厚度 b 的单位为 cm，浓度 C 单位为 g/L，K 用 a 表示，a 称为吸光系数，又称为质量吸收系数，单位是 L/(g·cm)，则有

$$A=abC$$

如果液层厚度 b 的单位仍为 cm，但浓度单位为 mol/L，则常数 K 用 ε 表示，ε 称为摩尔吸光系数，其单位是 L/(mol·cm)，则表达式为

$$A=\varepsilon bC$$

3. 分光光度法的定量方法——标准曲线法

根据光的吸收定律，如果液层厚度、入射光波长保持不变，则在一定浓度范围内，所测的吸光度与溶液中待测物质的浓度成正比。先配制一系列已知准确浓度的标准溶液，在选定波长处分别测其吸光度 A，然后以标准溶液的浓度 C 为横坐标，以相应的吸光度 A 为纵坐标，绘制 A-C 关系曲线，得到一条通过坐标原点的直线，称为标准曲线（图 5-9）。

在相同条件下测出试样溶液的吸光度，可从标准曲线上查出试样溶液的浓度。

5.7.1.2 分光光度计及其测定条件的选择

1. 分光光度计的结构

分光光度计的类型很多，按波长范围可分为可见分光光度计（300～800nm）、紫外可见分光光度计（200～1000nm）和红外分光光度计（760～400000nm）等。但就其结构来讲，都是由光源、分光系统（单色器）、吸收池（比色皿）、检测器和信号显示系统所组成。

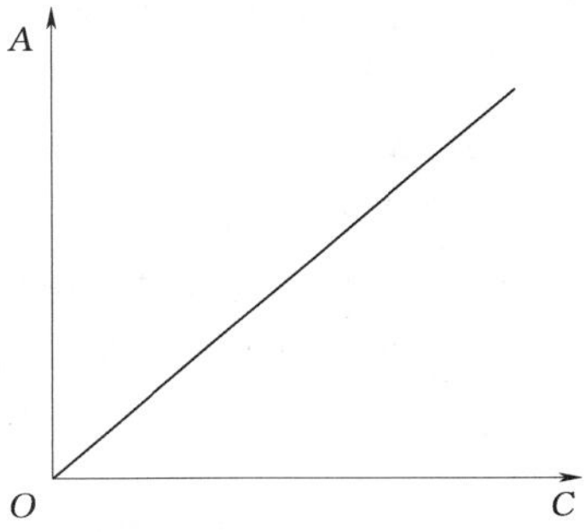

（1）光源。

根据不同光源一般采用钨灯（320～2500nm，可见光用）、氢灯、氘灯（190～400nm，紫外光用）。

图 5-9　标准曲线

（2）分光系统（单色器）。

单色器是一种能把复合光分解为按波长的长短顺序排列的单色光的光学装置，包括入射和出射狭缝、透镜和色散元件。色散元件由棱镜和光栅制成，是单色器的关键性部件。

棱镜由玻璃或石英制成，是分光光度计常用的色散元件，复合光通过棱镜时，由于入射光的波长不同，折射率也会不同。故而能将复合光分解为不同波长的单色光。有些分光光度计用光栅作色散元件，其特点是工作波段范围宽，但单色光的强度较弱。

（3）吸收池（比色皿）。

分光光度计中用来盛放溶液的容器称为吸收池，它是由石英或玻璃制成的，玻璃吸收池只能用于可见光区，石英吸收池可用于可见光区，也可用于紫外光区。吸收池形状一般为长方体，它的规格有很多种，可根据溶液的多少和吸收情况选用。在测定时，各仪器应选用配套的吸收池，不能混用。吸收池的两光面易损伤，应注意保护。

（4）检测器。

检测器是一种光电转换元件，它的作用是把透过吸收池后的透射光强度转换成可测量的电信号，分光光度计中常用的检测器有光电池、光电管和光电倍增管3种。

1）光电池。光电池是用某些半导体材料制成的光电转换元件。种类很多，在分光光度计中常用硒光电池。使用光电池应注意防潮、防疲劳。不同的半导体材料，它的感光光波范围也不同，如果测量红外光谱外缘的光吸收时，应该选用硫化银光电池进行工作。

2）光电管。光电管是一个阴极和一个阳极构成的真空（或充有少量惰性气体）二极管。阴极是金属做成半圆筒，内表面涂有一层光敏物质（如碱或碱土金属氧化物等）；阳极为金属电极，通常为镍环或镍片。两电极间外加直流电压，当光照射至阴极的光敏物质时，阴极表面就发射出电子，电子被引向阳极而产生。光越强，阴极表面发射的电子就越多，产生的光电流就越大。

3）光电倍增管。光电倍增管是利用二次电子发射以放大光电流，放大倍数在10^4～10^8倍。光电倍增管的灵敏度比光电管的约高200倍，产生电流适于测量十分弱的光，它的阳极上的光敏材料通常用碱金属锑、铋、银等合金。

（5）信号显示系统。

分光光度计通常用的显示装置有检流计、微安表、电位计、数字电压表、自动记录仪等。早期的分光光度计多采用检流计、微安表作显示装置，直接读出吸光度或透光率。近代的分光光度计多采用数字电压表等显示和用 $X-Y$ 记录仪直接绘出吸收（或透射）曲线，并配有计算机数据处理台。

2. 分光光度计的工作原理

（1）721 型分光光度计。

721 型分光光度计是分析试验室常用的一种分光光度计。其结构合理，性能稳定，工作波段为 $360\sim800\text{nm}$，采用光电管做检测器。其内部构造和光路系统如图 5-10、图 5-11所示。

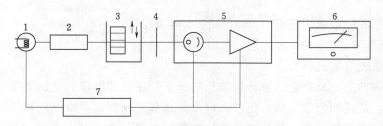

图 5-10　721 型分光光度计内部结构

1—光源；2—单色光器；3—比色皿槽；4—光量调节器；5—光电管暗盒部件；6—微安表；7—稳压电源

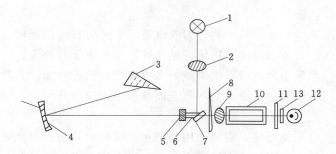

图 5-11　721 型分光光度计电路和系统示意图

1—光源灯；2—透镜；3—棱镜；4—准直镜；5，13—保护玻璃；6—狭缝；7—反射镜；
8—光栅；9—聚光透镜；10—比色皿；11—光门；12—光电管

由光源发出的连续辐射光，经聚光透射镜汇聚后，照射到平面反射镜上并旋转 90°再通过进光狭缝进入单色器内。狭缝正好位于平面准直镜的焦面上，因此当入射光线经准直镜反射后，就以一束平行光投射到背面镀铝的棱镜上，入射光在镀铝面上反射回来又射出棱镜。这样，经棱镜二次色散后的光线，再经准直镜的反射汇聚在出光狭缝上，出光和进光狭缝是共轭的。为减少光线通过棱镜后的弯曲而影响单色性，把构成狭缝的两片刀口做成弧形，以便近似地符合谱线的弯曲，保证了仪器具有一定的单色性。转动波长调节器就能改变棱镜角度，从而使不同波长的光通过出光狭缝。从出光狭缝出来的光线经光栅、吸收池和光门投射到光电管上，光电管将光能转变为电能，再经电路放大，最后由微电流表显示出来。

721 型分光光度计的操作步骤如下：

1）首先检查仪器，电源线路是否接好，放大器与单色器的两个硅胶干燥筒是否受潮变色，如果变色应更换新的硅胶。

2）未送电之前，电表的指针必须在"0"刻度上，如果不在"0"位应调整电表上的螺钉进行校正。放大器的灵敏度选择旋钮应放在1挡位置。

3）用波长调节旋钮调节至所需的波长。

4）打开电源开关，指示灯亮。打开比色皿箱的盖板，预热20min，同时用调零电位器把电表指针调至0处。

5）盖上比色皿箱盖板，用光量调节旋钮把指针调至100％处。如果调不到，把放大器灵敏度选择旋钮放在2挡，再调至100％处。

6）把空白或参比溶液放在比色皿槽中的第一格，其余3格依次放入被测溶液。把空白溶液推入光路，盖上比色皿箱盖板，用光量调节器调整指针至100％处。再打开盖板，用调零电位器指针调至0处。反复调整几次，直至稳定为止。

7）拉动比色皿架的拉杆，依次把被测溶液推入光路，待指针稳定后，读取相应的吸光度值。然后查工作曲线并计算分析结果。

8）测定结束后，取出比色皿，关闭电源，把比色皿清洗干净，放在专用的盒中。盖上仪器的防尘罩。

（2）751型分光光度计。

751型分光光度计是在721型基础上生产的一种紫外、可见和近红外分光光度计。其工作原理与721相似，而波长范围较宽（200～1000nm），精密度也较高。

751型分光光度计配有两种光源：当波长在320～1000nm时用钨丝白炽灯；当波长在200～320nm时用氢弧灯。其光电管也有两种：200～650nm范围内用紫敏光电管，650～1000nm范围内用红敏光电管。为了防止玻璃对紫外光的吸收，751型的棱镜、透镜都由石英制成。

上述分光光度计和其他类型分光光度计在使用时均需详细阅读仪器使用说明书，并按使用说明书进行操作。

3. 测定条件的选择

（1）选择合适的波长。

波长对比色分析的灵敏度、准确度和选择性有很大的影响。选择波长的原则是：吸收最多，干扰最小。因为吸光度越大，测定的灵敏度越高，准确度也容易提高；干扰越小时，选择性好，测定的准确度越高。

（2）控制适当的吸光度范围。

为了减小测量误差，一般应使被测溶液的吸光度 A 处在 $0.1～0.7$ 之间为宜，为此可通过调节溶液的浓度和选择不同厚度的吸收池来达到此要求。

（3）选择适宜的参比溶液。

参比溶液亦称空白溶液。在测定吸光度时，利用参比溶液调节仪器的零点，不仅可以消除由吸收池和溶剂对入射光的反射和吸收所带来的误差，而且能够提高测定的抗干扰能力。

技能训练 11——纳氏试剂比色法测定氨氮

1. 水中的氨氮

水中的氨氮指以 NH_3 和 NH_4^+ 形式存在的氮，当酸性较强时，主要以 NH_4^+ 存在；相反，则以 NH_3 存在。水中的氨氮主要来自焦化厂、合成氨化肥厂等某些工业废水、农用排放水及生活污水中所含的含氮有机物受到水中微生物的分解作用后，逐渐变成较简单的化合物，即由蛋白性物质分解成肽、氨基酸等，最后产生氨。

当地下水中，由于硝酸盐与 Fe（Ⅱ）作用，也会分解产生 NH_4^+。此外，沼泽水中腐殖酸能将硝酸盐还原成氨，故沼泽水中通常含有较大量的 NH_4^+。由此可知，水中氮的来源很多，但以含氮有机化合物被微生物氧化分解为主。在发生生物化学反应的过程中，含氮有机化合物不断减少；而含无机氮化合物逐渐增加。若无氧存在，氨即为最终产物。有氧存在，氨继续分解并被微生物转变成亚硝酸盐（NO_2^-）、硝酸盐（NO_3^-），此作用称为消化作用。这时，含氮有机化合物显然已由复杂的有机物转变为无机性硝酸盐，含氮有机化合物完成了"无机化"作用。

在水质分析中，通过测定各类含氮化合物，可推测水体被污染的情况及当前的分解趋势。水体的自净作用包括含氮有机化合物逐渐转变为氨、亚硝酸盐和硝酸盐的过程。这种变化进行时，水中的致病细菌也逐渐消除，所以测定各类含氮化合物，有助于了解水体的自净情况。如果水中主要含有机氮和氨氮，可认为此水最近受到污染，有严重危险。水中氮的大部分如以硝酸盐的形式存在，则可认为污染已久，对于卫生影响不大或几乎无影响。通常，地面水中硝酸盐氮为 0.1~1.0mg/L。

2. 氨氮的测定方法

水中氨氮的测定常采用纳氏试剂比色法。氨与碘化汞钾的碱性溶液（纳氏试剂）反应，生成淡黄色到棕色的配合物碘化氨基合氧汞（$[Hg_2ONH_2]I$），选用 410~425nm 波段进行测定，测出吸光度，由标准曲线法，求出水中氨氮的含量。本法的最低检出限为 0.25mg/L，测定上限为 2mg/L。颜色深浅与氨氮含量成正比，若氨含量小时，呈淡黄色；相反，则生成黄棕色沉淀。反应式为

$$NH_3 + 2K_2HgI_4 + 3KOH \longrightarrow [Hg_2ONH_2]I \downarrow + 7KI + 2H_2O$$
$$\text{黄棕色}$$

可根据配合物颜色的深浅粗略估计氨氮含量。

水样浑浊可用滤纸过滤。少量 Ca^{2+}、Mg^{2+}、Fe^{3+} 等离子可用酒石酸钾钠或 EDTA 掩蔽。当干扰较多、氨氮含量较少时，应采用蒸馏法，氨从碱性溶液中呈气态逸出，但操作麻烦，精密度和准确度较差。

纳氏试剂对氨的反应很灵敏，本法的最低检出限为 0.25mg/L，测定上限为 2mg/L。

当水样（如污水）中氨氮含量大于 5mg/L 时，可采用蒸馏—酸滴定法进行测定。

3. 纳氏试剂比色法测定水中的氨氮

本方法测定氨氮浓度范围以氮计为 0.050~0.30mg/L。酮、醛、醇、胺等有机物可产生浊度或颜色，使结果偏高。

（1）方法原理。

氨氮是指以游离态的氨或铵离子形式存在的氮。氨氮与纳氏试剂反应生成黄棕色的络合物，在 $400\sim500nm$ 波长范围内与光吸收成正比，可用分光光度法进行测定。

（2）试剂和材料。

均使用分析纯试剂及无氨蒸馏水。

1）无氨蒸馏水。在每升蒸馏水中加入 0.1mL 浓硫酸进行重蒸馏。或用离子交换法，蒸馏水通过强酸性阳离子交换树脂（氢型）柱来制取。无氨水储存在带有磨口玻璃塞的玻璃瓶内，每升中加 10g 强酸性阳离子交换树脂（氢型），以利保存。

2）硫酸铝溶液。称取 18g 硫酸铝 $[Al_2(SO_4)_3 \cdot 18H_2O]$ 溶于 100mL 水中。

3）50%（$m+V$）氢氧化钠溶液。称取 25g 氢氧化钠溶于 50mL 水中。

4）酒石酸钾钠溶液。称取 50g 酒石酸钾钠（$KNaC_4H_6O_6 \cdot 4H_2O$）溶于 100mL 水中，加热煮沸驱氨，待冷却后用水稀释至 100mL。

5）纳氏试剂。称取 80g 氢氧化钾（KOH），溶于 60mL 水中。称取 20g 碘化钾（KI）溶于 60mL 水中。称取 8.7g 氯化汞（$HgCl_2$），加热溶于 125mL 水中，然后趁热将该溶液缓慢地加到碘化钾溶液中，边加边搅拌，直到红色沉淀不再溶解为止。

在搅拌下，将冷却的氢氧化钾溶液缓慢地加到上述混合液中，并稀释至 400mL，于暗处静置 24h，倾出上清液，储于棕色瓶内，用橡皮塞塞紧，存放在暗处，此试剂至少稳定一个月。

6）磷酸盐缓冲溶液。称取 7.15g 无水磷酸二氢钾（KH_2PO_4）及 45.08g 磷酸氢二钾（$K_2HPO_4 \cdot 3H_2O$）溶于 500mL 水中。

7）2%（$m+V$）硼酸溶液。称取 20g 硼酸（H_3BO_3）溶于 1000mL 水中。

8）氨氮储备溶液（1000mg/L）。称取（3.819 ± 0.004）g 氯化铵（NH_4Cl，在 $100\sim105℃$ 干燥 2h），溶于水中，移入 1000mL 容量瓶中，稀释至标线。此溶液可稳定一个月以上。

9）氨氮标准溶液（10mg/L）。吸取 10.00mL 氨氮储备溶液于 1000mL 容量瓶中，稀释至标线，用时现配。

（3）仪器。

1）500mL 全玻璃蒸馏器。

2）分光光度计。

（4）样品。

样品采集后应尽快分析，如不能及时分析，每升样品中应加 1mL 浓硫酸，并在 4℃ 下储存，用酸保存的样品，测定时用氢氧化钠将 pH 值调整至 7 左右。

（5）分析步骤。

1）空白试验。用 50mL 无氨蒸馏水，按照下面预处理和测定的第一步进行操作。用所得吸光度查得空白值，若空白值超出置信区间时应检查原因。

2）预处理。

a. 取 100mL 样品，加入 1mL 硫酸铝溶液及 2～3 滴氢氧化钠溶液调节 pH≈10.5，经混匀沉淀后，上清液用于测定。

b. 若采用上述方法后，样品仍浑浊或有色，影响直接比色测定，应采用蒸馏法预处理，取 50mL 样品用氢氧化钠（1mol/L）或硫酸（1mol/L）调至中性，然后加放 10mL 磷酸盐缓冲溶液进行蒸馏。用 5mL 硼酸溶液吸收，收集 50mL 馏出液进行测定。

　　（6）测定。

　　1）取适量经预处理后的样品作为试料，转入 50mL 比色管，不到 50mL 定容到 50mL，浓度稍大时可进行稀释，使氨氮含量控制在测定的线性范围内，加入 0.5mL 酒石酸钾钠溶液 摇匀，再加 1mL 纳氏试剂，摇匀，放置 10min 后，在 420nm 波长处，用 20mm 比色皿，以水作参比，测定吸光度。

　　2）确定氨氮含量。将试料吸光度扣除空白试验的吸光度，从工作曲线上查得氨氮含量。

　　（7）工作曲线的绘制。

　　在 8 个 50mL 的比色管中，分别加入 0mL、0.50mL、1.00mL、2.00mL、3.00mL、5.00mL、7.00mL、10.00mL 氨氮的标准溶液，再稀释至标线，加 0.5mL 酒石酸钾钠溶液，混匀。加 1mL 纳氏试剂，混匀。放置 10min 后，在波长 420nm 处，用光程 20mm 比色皿，以水为参比，测定吸光度。

　　从测得的吸光度减去零标准的吸光度，然后绘制吸光度对氨氮含量的工作曲线。

　　（8）分析结果的表述。

　　1）氨氮的浓度用下式计算，即

$$C = \frac{m \times 1000}{V}$$

式中　　C——氨氮的浓度，mg/L；

　　　　m——从工作曲线上查得的氨氮含量，mg；

　　　　V——测定时试料的体积，mL。

　　2）将结果记入表 5 - 17 中。

表 5 - 17　　　　　　　　　　　　结 果 记 录

实验编号	1	2	3	4	5	6	7	8
氨标准溶液使用体积（mL）	0.0	0.50	1.00	2.00	3.00	5.00	7.00	10.00
$NH_3 - N$ 的质量（mg）	0.0							
50mL 溶液中 $NH_3 - N$ 含量（mg/L）	0.0							
吸光度值	0.0							

技能训练 12——邻二氮菲分光光度法测定总铁

　　1. 实验目的

　　（1）掌握邻二氮菲分光光度法测定铁的方法及测定条件。

　　（2）了解分光光度计的构造及使用方法。

　　2. 测定原理

　　在试样中加入盐酸羟胺将 Fe^{3+} 还原为 Fe^{2+}，亚铁离子在 pH＝2.5～9 范围内与显色剂邻菲罗啉（也称邻二氮菲，即 1，10－二氮杂菲）反应，生成稳定的橙红色配合物 $[(C_{12}H_8N_2)_3Fe]^{2+}$，溶液的颜色与 Fe^{2+} 的浓度成正比。在最大吸收波长 510nm 下（$\varepsilon=1.1\times10^4 L/mol\cdot cm$），用 1cm 厚的比色皿测定吸光度。用标准曲线法确定待测水样的铁含量。

3. 仪器

（1）分光光度计，1cm 比色皿。

（2）具塞比色管：50mL。

（3）移液管：1mL、2mL、5mL、10mL 和 25mL。

（4）容量瓶：1000mL、100mL。

4. 试剂

（1）铁储备液 $100\mu g/mL$。称 0.0702g $(NH_4)_2Fe(SO_4)_2\cdot6H_2O$，于 5mL（1＋1）硫酸溶液中溶解后，转移至 100mL 容量瓶中，用水稀释至刻度，摇匀。此溶液中含 Fe^{2+} 为 $100\mu g/mL$。

（2）铁的标准使用溶液 $25\mu g/mL$。准确移取铁储备液 25mL 于 100mL 容量瓶中，用水稀释至刻度，摇匀。此溶液中含 Fe^{2+} 为 $25\mu g/mL$（临用时配制）。

（3）10％盐酸羟胺溶液。

（4）0.5％邻菲罗啉溶液。配制时加数滴盐酸能助溶或先用少许酒精溶解，再用水稀释至所需的体积。

（5）盐酸溶液：（1＋3）。

（6）缓冲溶液。40g 醋酸铵加到 50mL 冰醋酸中，再用水稀释至 100mL。

5. 操作步骤

（1）校准曲线的绘制。

取 6 个 50mL 干净比色管，编号后依次加入铁的标准使用液 0.00mL、2.00mL、4.00mL、6.00mL、8.00mL、10.0mL 用水稀释至 50mL，加入 10％盐酸羟胺溶液 1mL 混匀，加 5mL 缓冲溶液混匀、0.5％邻菲罗啉溶液 2mL 混匀。15min 后，在 510nm 波长下，用 1cm 比色皿以空白试剂为参比溶液，测定各溶液的吸光度。以 50mL 比色管中溶液的含铁量（μg）为横坐标，相应的吸光度为纵坐标，绘制校准曲线。

（2）试样铁含量的测定。

向两个 50mL 比色管中分别加入 5.00mL（所取未知水样中铁含量以在标准曲线范围内为宜）未知水样溶液，与上述相同的条件下，测定水样的吸光度。根据校准曲线找出水样吸光度值对应的浓度，计算未知水样中铁的含量（以 mg/L 表示）。

如果水样需要进行预处理时，标准系列的溶液同样也要进行预处理，然后再显色测定。

预处理方法是：准确移取铁的标准使用液和水样分别置于 8 个 150mL 的锥形瓶中，加蒸馏水至 50mL，再加（1＋3）盐酸 1mL，玻璃珠数粒，加热煮沸至溶液剩余约 15mL，冷却至室温移入 50mL 比色管，加饱和的醋酸钠溶液，使刚果红试纸刚刚变红，然后依次加入 5mL 缓冲溶液、0.5％邻菲罗啉溶液 2mL，加水稀释至刻度，摇匀。15min 后，在 510nm 波长下，用 1cm 比色皿以空白试剂为参比溶液，测定各溶液的吸光度。

6. 数据记录

将数据记入表 5-18 中。

表 5-18　　　　　　　　　数 据 记 录 表

分光光度计型号：　　　　　　　　比色皿厚度：　　　　　　　　　　　年　月　日

编号	1	2	3	4	5	6	水样 1	水样 2
标准使用液体积（mL）	0.00	2.00	4.00	6.00	8.00	10.00	5.00	5.00
铁含量（μg）	0.0	50.0	100.0	150.0	200.0	250.0	m_1	m_2
吸光度 A								

7. 结果计算

$$铁（Fe）= \frac{m}{V} \quad mg/L$$

式中　V——所取水样的体积，mL；

　　　m——由校准曲线查得的水样含铁量的均值，μg。

8. 注意事项

（1）本法适用于水和废水中的铁，最低检测限为 0.03mg/L，测定上限为 5.00mg/L。

（2）根据水样情况，需要进行预处理时，应先将水样和标准都进行同样的预处理，然后再显色测定。

（3）配制溶液时，移液管切勿交叉使用，以免污染试剂，且加入试剂的先后顺序不能颠倒。

技能训练 13——二苯碳酰二肼法测定水中 6 价铬

1. 实验目的

（1）掌握水中 6 价铬的测定原理和方法。

（2）了解几种常见的干扰和消除方法。

2. 实验原理

在酸性条件下，6 价铬与二苯碳酰二肼反应，生成紫红色配合物，在 540nm 波长有最大吸收光。

3. 仪器和试剂

（1）仪器。分光光度计；50mL 比色管；容量瓶；移液管等。

（2）试剂。

1）铬标准储备液。称取 0.2829g 经 110℃ 烘干 2h 的重铬酸钾（K_2CrO_7，优级纯）溶于适量水中，转移至 1000mL 容量瓶中，加水稀释至刻度，混匀。此溶液 6 价铬浓度为 0.100mg/mL。

2）铬标准溶液（Ⅰ）。准确移取 5.00mL 铬标准储备液于 500mL 容量瓶中，加水至刻度，摇匀。此溶液 6 价铬浓度为 1.00μg/mL，使用当天配制。

3）铬标准溶液（Ⅱ）。准确移取 25.00mL 铬标准储备液于 500mL 容量瓶中，加水至刻度，摇匀。此溶液 6 价铬浓度为 $5.00\mu g/mL$，使用当天配制。

4）显色剂（Ⅰ）。称取二苯碳酰二肼 0.2g，溶于 50mL 丙酮中，加水稀释至 100mL，摇匀，此溶液应无色。若颜色变深不能使用，需重新配制。且储于棕色瓶中，放入冰箱内保存。

5）显色剂（Ⅱ）。将显色剂（Ⅰ）中的二苯碳酰二肼称取质量改为 2g。其余操作同显色剂（Ⅰ）。

6）1＋1 硫酸溶液。

7）1＋1 磷酸溶液。

8）氢氧化钠溶液。0.2%（m/V）。

9）氢氧化锌共沉剂。将 8% 的硫酸锌（$ZnSO_4 \cdot 7H_2O$）100mL 与 2% 氢氧化钠溶液 120mL 混合。

10）亚硝酸钠溶液。2%（m/V）。

11）尿素溶液。20%（m/V）。

12）丙酮。

13）高锰酸钾溶液。4%（m/V）。称取 4g 高锰酸钾，在加热和搅拌下溶于水，稀释至 100mL。

4. 操作步骤

（1）样品的预处理。

1）若样品中不含悬浮物，为低色度的清洁地面水可直接测定。

2）若水样有色但不太深，则再取一份水样，和前一份水样进行相同操作，只是这第二份水样不加显色剂，而是加 2mL 丙酮，然后以此代表水作参比，测定待测水样的吸光度。

3）若水样浑浊，色度较深，可用锌盐沉淀分离法进行预处理。即取适量水样（含 6 价铬少于 $100\mu g$ 于 150mL 烧杯中，加水至 50mL，滴加 0.2% 的 NaOH，调节 pH＝7～8。在不断搅拌下滴加氢氧化锌共沉剂，使溶液 pH＝8～9。将此溶液移入 100mL 容量瓶中，用水稀释至刻度，用慢速定性滤纸过滤，弃去初滤液约 20mL，取剩余滤液中的 50mL 供测定。

4）若水样含有还原物质（如二价铁、硫代硫酸盐、亚硫酸盐等），可取适量水样（含 6 价铬少于 $50\mu g$）于 50mL 比色管中，加水至刻度，加 4mL 显色剂（Ⅱ）混匀。等待 5min 后，加入（1＋1）H_2SO_4 1mL 摇匀。放置 5～10min 后，在 540nm 波长下，用 1.0cm 或 3.0cm 的比色皿，用水作参比，测其吸光度，扣除空白试验吸光度后，从标准曲线中查得水样中 6 价铬含量（用同法作标准曲线）。

5）若水样中含有氧化性物质（如次氯酸盐等），可取适量水样（含 6 价铬少于 $50\mu g$）于 50mL 比色管中，用水稀释至刻度，加（1＋1）H_2SO_4 0.5mL，20% 的尿素溶液 1.0mL 混匀，再滴加 1mL 亚硝酸钠溶液，边加边摇（除去过量的亚硝酸钠与尿素反应生成的气泡），待气泡除去后，除了不再加硫酸和硫酸溶液外，其他操作同水样的操作过程。

（2）标准曲线的绘制。

取 9 支 50mL 比色管分别加入 0.00mL、0.20mL、0.50mL、1.00mL、2.00mL、

4.00mL、6.00mL、8.00mL、10.00mL 标准溶液（Ⅰ）（若用锌盐沉淀分离法预处理，要加倍吸取铬标准溶液），用水稀释至刻度，然后按照同样品一样的预处理及测定操作进行吸光测量。标准系列测得的吸光度值减去试剂空白（零浓度）的吸光度值，绘制校正吸光度对 6 价铬含量（μg）的标准曲线。

（3）样品的测定。

移取适量（含 6 价铬少于 50μg）水样或经预处理的水样，置于 50mL 比色管内，用水稀释至刻度，加 1+1 硫酸和 1+1 磷酸各 0.5mL，摇匀，加显色剂（Ⅰ）摇匀，放置 5～10min，在 540nm 波长下，用 1.0cm 比色皿，用水作参比，测吸光度，并作空白校正。从标准曲线上查得 6 价铬含量。

5. 计算

计算公式为

$$6 \text{ 价铬（Cr）} = \frac{m}{V} \quad mg/L$$

式中　m——由标准曲线查得 6 价铬的含量，μg；

V——水样的体积，mL。

6. 注意事项

（1）所用的玻璃器皿均不能用铬酸洗液洗涤，可以用硝酸、硫酸或洗涤剂洗涤。玻璃器皿内壁应保持光洁，防止铬被吸附。

（2）使用铬标准溶液（Ⅰ）测定的范围为 0.004～0.20mg/L。使用铬标准溶液（Ⅱ）测定范围为 0.02～1.00mg/L。

（3）6 价铬与二苯碳酰二肼反应时，显色酸度一般控制在 0.05～0.3mol/L（1/2 H_2SO_4），以 0.2mol/L 时显色最好。显色时温度在 15℃，放置 5～15min 显色最稳。

5.7.2　电位分析法

5.7.2.1　方法简介

在被测溶液中插入指示电极与参比电极，通过测量两电极间电位差而测定溶液中某组分含量的方法称电位分析法。电位分析法又可分为两类，即直接电位法和电位滴定法。

直接电位法是根据指示电极与参比电极间的电位差与被测离子浓度间的函数关系直接测出该离子的浓度。玻璃电极法测定溶液 pH 值就是典型例子。

电位分析法中，必须准确测定电极的电位，根据测得电位，求出待测离子浓度。但是单个电极的电位是无法测量的，必须再加一个已知电极电位的电极作参比，测量两个电极间的电位差，从而求出待测电极的电位。这样把能指示被测离子浓度变化的电极称为指示电极，把另一个不受被测离子影响，电位基本恒定的电极称为参比电极。下面分别介绍几种指示电极和参比电极。

1. 指示电极

（1）金属电极。

当金属插入含有该金属离子的溶液中时，即形成金属电极，它的电位与金属离子浓度有关，其电位值符合能斯特方程。这类电极中最常用的是银电极，它可作为银量滴定法的指示电极，其电极电位为 $E = E_0 + 0.0591 \lg [Ag^+]$，它可与甘汞电极一起指示银量滴定法的终点。

（2）离子选择电极。

离子选择电极是近年来发展起来的新型指示电极，它的品种繁多，响应机理也各异，但都有一个共同的部分，即离子敏感膜。

（3）玻璃电极。

玻璃电极是固体膜电极的一种，它的玻璃膜对溶液中的 H^+ 有选择性响应，因此可用来测定溶液中 H^+ 离子浓度，即溶液的 pH 值。

玻璃电极的构造如图 5-12 所示。它是一个用特种玻璃吹制成球状的膜电极，厚度约 0.2mm。球的内部插入一根镀有 AgCl 的银丝，银丝浸在 0.1mol/L 的盐酸中，构成内参比电极。普通玻璃电极可测 pH 值 = 0~10，若用含锂的玻璃制成电极则可测至 pH 值 = 13.5。用玻璃电极测定溶液 pH 值时响应速度快，不污染溶液，缺点是容易破损。

改变玻璃膜的组成，还可制成对 Li^+、Na^+、K^+ 等离子有选择性响应的电极，分别测定溶液中 Li^+、Na^+、K^+ 的浓度。其中应用最广泛的是铂电极，与钠度计配套，用于测定锅炉水中 Na^+ 离子含量。

（4）标准氢电极。

氢电极的主体是一个镀有铂黑的铂片，铂片周围通入 0.1MPa 的纯 H_2。这时的电极反应式：$2H^+ + 2e = H_2$。在 25℃ 时规定氢电极的电位为零伏，是校正其他指示电极和参比电极的基准。用氢电极作参比电极虽然准确，但操作不方便，实际应用不多。

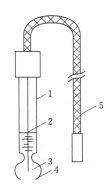

图 5-12 玻璃电极
1—玻璃管；2—内参比电极；
3—内参比溶液；4—玻璃
薄膜；5—接线

2. 参比电极

（1）甘汞电极。

甘汞电极是分析中最常用的参比电极。甘汞电极内部有一根铂丝，插入捣成糊状的汞与甘汞内，外部充以饱和氯化钾溶液。这时的电极反应按下式进行，即

$$Hg_2Cl_2 + 2e \Longleftrightarrow 2Hg + 2Cl^-$$

其电极电位取决于溶液中 Cl^- 离子的浓度。只要 Cl^- 的浓度一定，电极电位的数值就是恒定的。

（2）银—氯化银电极。

此电极是一个涂有 AgCl 的银丝，浸在用 $AgCl + e \Longleftrightarrow Ag\downarrow + Cl^-$ 电极电位也与 Cl^- 离子浓度有关。除了氢电极外，$Ag-AgCl$ 电极的重现性最好，对温度不敏感，可以在 50℃ 以上使用。

5.7.2.2 pH 计的使用说明

1. pH 计的使用（以 pHS-2 或 pHS-3 型为例）

（1）仪器使用前的准备。新的玻璃电极或长期不用的电极，使用前要在蒸馏水中浸泡 24h，以使电极表面形成稳定的水化层。

（2）接通电源，按下 pH 键，预热 30min。

（3）把电极表面的水吸干，浸入 pH＝6.86 的 pH 标准缓冲溶液中。

（4）使用手动温度补偿时温度补偿方式选择开关置 MTC 位置，调节温度补偿计补偿的刻度与溶液温度一致。

（5）按下读数开关，调整定位器，使读数为该温度下标准缓冲液的 pH 值。定位完毕，放开读数开关，以后再不要随意旋动定位器。为使读数准确，可反复定位几次。

（6）把电极提起，用蒸馏水淋洗，吸干，然后浸入待测样品中，摇几下，使电极平衡。

（7）如果样品的温度与标准缓冲液不一致，则调节温度补偿器的刻度至样品的温度，然后按下读数开关，读取样品的 pH 值。

（8）测定结束后，关掉电源彻底清洗电极，浸泡在蒸馏水中以备下次再用。

2. 影响 pH 值测定的因素

（1）温度的影响。温度影响能斯特方程的斜率，所以测定 pH 值时要进行温度补偿。测定样品时最好与定位时的温度一致。

（2）玻璃电极由于玻璃膜的组成及厚度不均匀，存在着不对称电位。为消除不对称电位对测定的影响，所以要用 pH 值标准缓冲液进行定位，而且最好用与被测溶液 pH 值接近的标准缓冲液定位。

（3）标准缓冲溶液是测定 pH 值的基准，因此配制的标准缓冲液必须准确无误。使用时要注意各种标准缓冲液在不同温度下的 pH 值。

（4）玻璃电极有一定的适用性。普通玻璃电极只适用于 pH＜10 的溶液，pH＞10 时有钠差，使测定结果偏低，用锂玻璃制成的玻璃电极可以测定 pH＝14 的强碱性溶液。

（5）离子强度的影响。溶液的离子强度影响离子的活度，因而也影响 H^+ 的有效浓度。测定离子强度较大的样品时，应使用同样离子强度的标准缓冲溶液进行定位，这样可以减少测定误差。

3. 玻璃电极的使用与保养

（1）玻璃电极的膜很薄，易破碎，使用时要十分小心，不要碰坏。

（2）玻璃电极的表面要保持清洁。如被沾污，可用稀 HCl 或乙醇清洗，最后浸在蒸馏水中。

（3）玻璃电极不要接触能腐蚀玻璃的物质，如 F^-、浓 H_2SO_4、铬酸洗液等，也不要长期浸泡在碱性溶液中。

技能训练 14——直接电位法测水的 pH 值

pH 值电位法测定水中 pH 值采用《生活饮用水标准检验方法》（GB 5750—2006）标准检验方法。

1. 应用范围

本法适用于测定生活饮用水及其水源水的 pH 值。水的颜色、浑浊度、游离氯、氧化剂、还原剂、较高含盐量均不干扰测定，但在较高的碱性溶液中，当有大量钠离子存在时，会产生误差，使读数偏低。用本法测定，可准确到 0.01pH 单位。

2. 仪器

精密酸度计。

3. 试剂

下列标准缓冲溶液均需用新煮沸并放冷的纯水配制。配成的溶液应储存在聚乙烯瓶或硬质玻璃瓶内。此类溶液可以稳定 1～2 个月。

（1）pH 值标准缓冲溶液甲。称取 10.21g 在 105℃ 烘干 2h 的苯二甲酸氢钾（$KHC_8H_4O_4$），溶于纯水中，并稀释至 1000mL。此溶液的 pH 值在 20℃ 时为 4.00。

（2）pH 值标准缓冲溶液乙。称取 3.40g 在 105℃ 烘干 2h 的磷酸二氢钾（KH_2PO_4）和 3.55g 磷酸氢二钠（Na_2PHO_4），溶于纯水中，并稀释至 1000mL。此溶液的 pH 值在 20℃ 时为 6.88。

（3）pH 值标准缓冲溶液丙。称取 3.81g 硼酸钠（$Na_2B_4O_7 \cdot 10H_2O$），溶于纯水中，丙稀释至 1000mL。此溶液的 pH 值在 20℃ 时为 9.22。

以上 3 种标准缓冲溶液的 pH 值随温度而异，见表 5-19。

表 5-19　　　　　　　　　pH 标准缓冲溶液在不同温度时的标准值

温度（℃）	pH 值标准缓冲溶液		
	甲	乙	丙
0	4.00	6.98	9.46
5	4.00	6.95	9.40
10	4.00	6.92	9.33
15	4.00	6.90	9.28
20	4.00	6.88	9.22
25	4.01	6.86	9.18
30	4.02	6.85	9.14
35	4.02	6.84	9.10
40	4.04	6.84	9.07

4. 测定步骤

（1）玻璃电极在使用前应放入纯水中浸泡 24h 以上。

（2）在标准缓冲溶液甲、乙、丙中检查仪器和电极其 pH 值必须正常。

（3）测定时用接近于水样 pH 值的标准缓冲溶液校正仪器刻度。

（4）用洗瓶以纯水缓缓淋洗两电极数次，再以水样淋洗 6～8 次，然后插入水样中，1min 后直接从仪器上读出 pH 值。

注：甘汞电极内为氯化钾的饱和溶液，当室温升高后，溶液可能由饱和状态变为不饱和状态，故应保持一定量氯化钾晶体。

5.7.3　气相色谱法

气相色谱法是 20 世纪 50 年代后迅速发展起来的一种对复杂混合物中各种组分的分离和分析技术。目前已广泛用于石油、化工、医药、卫生、食品、农药及环境监测等领域。

5.7.3.1 方法原理

当载气把被分析的气态混合物带入装有固定相的色谱柱时，由于各组分分子与固定相分子发生吸附或溶解、离子交换等物理、化学过程，使各组分的分子在载气和固定相两相间分配系数不一样，经反复多次分配，不同组分在色谱柱上移动速度不同，使各组分得到完全分离。

5.7.3.2 气相色谱的特点

气相色谱法具有以下特点：

（1）分离效能高。

（2）选择性好。

（3）灵敏度高。

（4）分析速度快。

（5）样品用量少。

（6）分离和检测能一次完成，这也是气相色谱的特点。

但是气相色谱法的应用有其局限性。即只能测定单一物质的量，不能测定某些同类物质的总量；在进行定性和定量分析时，需要被测物的标准品为对照，而标准品往往不易获得，这给定性鉴定带来困难。

5.7.3.3 色谱图及相关术语

1. 色谱图

一系列表示组分性质、含量信号—时间曲线就是色谱图。对于微分型的检测器，信号近似于正态分布曲线，色谱峰面积正比于组分质量。色谱图是气相色谱法定性、定量的依据，也是衡量仪器好坏的依据。

2. 基线

只有纯载气经过检测器时，记录仪所记录的检测器输出信号—时间曲线为基线。理论上是一直线，但在高灵敏度量程时，基线常有一定的噪声和漂移。

（1）噪声。基线在短暂时间的波动，以波动的峰值表示。噪声大往往和基流高联系在一起。

（2）漂移。基线在一段较长时间（如几十分钟）内缓慢改变。噪声是叠加在漂移上同时表现出来的。

3. 色谱峰

当载气带着样品组分经过检测器时，检测器输出的信号随时间变化的曲线为色谱峰。理想的色谱峰为正态分布函数，表示其峰形是对称的。

峰高：色谱峰的最高点到峰底（峰下面基线的延伸部分）的垂直距离，一般常用 h 表示。

半峰高宽度：峰高 1/2 处的宽度，常用单位为 cm。

峰底：从峰的起点与终点之间连接的直线。

5.7.3.4 色谱柱

色谱柱的选择是气相色谱分析的关键环节。

1. 填充色谱柱

在柱内装有填料的色谱柱称为填充色谱柱。

(1) 一般填充柱。内径以 2~4mm 为宜，柱径加大将增加纵向扩散，柱效降低，不利于分离。分离高沸点物质一般使用 1~2m 柱长，低沸点物质则以 3~4m 为宜。柱的材料有不锈钢、铜、玻璃和聚四氟乙烯，常用的是玻璃柱。柱形有 U 形和螺旋形。

(2) 填充毛细管柱。将多孔性填料疏松地装入玻璃管中，然后拉制成内径为 0.25~0.50mm 柱子，就称为填充毛细管柱。这种柱子具有填充柱和毛细管柱的一些共同特点，如填充密度小、柱效能较高、分析速度快等。

2. 毛细管柱

其又称开管柱或空心毛细管柱。内径为 0.2~0.5mm。玻璃毛细管柱比较经济，柱效能很高，应用较广泛。但由于其表面存在吸附和催化活性，需经硅烷化等一系列的处理，而且易折断，操作时应特别小心。近年来石英弹性柱的出现完全克服了玻璃毛细管柱的缺点。石英柱在柔性和惰性方面有很大的改进，便于安装，重复性好，目前已广泛用于环境样品有机污染物的分析。

5.7.3.5 检测器

理想的检测器应具有灵敏度高、噪声低、线性范围宽，且对所测物质都有信号，而对流速和温度变化不敏感的特点。但实际上不存在这种理想的检测器，现将各种检测器作一介绍。

(1) 氢火焰检测器。适宜于分析环境样品中的碳氢化合物，这种检测器能直接注进水样，但多量水注入会发生灭火、灵敏度下降、基线提高等现象。

(2) 电子捕获检测器。适宜于检测含有卤素、硝基等电负性基因的被测物。这种检测器灵敏度高，水样需经萃取和脱水后测定。

(3) 火焰光度检测器。适宜测定含硫、磷的样品。

无论使用何种检测器，都要保证其清洁防潮，不能沾污有机物。若有沾污，要用有机溶剂清洗。未经净化的载气、氢气、空气，不能输入检测器。老化柱子时，必须将连接检测器的管道断开。当分析污染严重的样品时，分析完毕不能立刻关闭仪器，以免污染物累积或腐蚀电极，造成严重噪声。应提高温度，将杂质清除殆尽后停止加热，待仪器冷却到室温后再关闭载气。

5.7.3.6 气相色谱定量方法

前面已经叙述，气相色谱法是一种物理的分离分析的方法。混合物中各组分在色谱柱中得到分离，根据各组分的保留值调整保留时间、调整保留体积、相对保留时间等来进行定性；根据各组分的色谱峰面积来定量，不同组分在相同的固定相上保留值不同，同一组分在不同固定相上保留值也不同。但是，化合物种类如此之多，有时在同一固定相上保留值相同的化合物有 n 个。因此，单纯从色谱保留值来定性是困难的，往往需要借助于化学方法、质谱方法和红外光谱方法来帮助定性。

但是，色谱法定量是它的优点，特别是不需要预先分离能进行多种组分的定量分析是其他方法不能比拟的。

色谱定量方法有校正面积归一化法、内标法和外标法等。

1. 校正面积归一化法

校正面积归一化法是色谱定量分析中最常用的一种定量方法。当试样组分全部流出色谱柱并显示色谱峰时，可将测量的各组分的面积乘校正因子，校准为各组分的相应质量，然后归一化，求出各组分的百分含量。

2. 内标法

内标法是将已知量的标准物（称为内标物）加入到已知量的试样中，那么内标物在试样中浓度为已知。作色谱分离，内标物和各待测组分同时出峰，将各待测组分的峰面积和内标物的峰面积进行比较，由于内标物在试样中含量已知，那么就可计算出试样中各待测组分的含量。

内标法的要求：内标法中要求加入的内标物不与试样中组分发生化学反应，但溶解性好；内标物应在待测组分邻近出峰，但又不产生合峰；应预先测定待测组分和内标物的校正因子。

3. 外标法

外标法又分为比较法和标准曲线法。比较法是比较标样和试样的峰面积，在相同的色谱条件下，分别注入相同量的试样和用待测组分配制的标样，测量试样中待测组分的峰面积和标样中该组分的峰面积。当进样量相等，试样和标样组成相同（故密度相同）时，两个峰面积之比等于其含量之比。

外标法的要求：色谱操作条件要严格控制不变；标样和试样的进样量要准确一致；由于相同组分的比较，不需要校正因子；适合测定试样中某一个组分。

5.7.3.7 气相色谱法在水质分析中的应用

水中有机物的含量很低，成分复杂，在进行气相色谱测定之前需要进行浓缩和分离，以达到净化或者去除干扰物的目的。

随着工业的发展，水中污染物的种类特别是有机污染物将日益增多，用化学法测定这些物质是比较困难的，而气相色谱仪是分离和鉴定微量有机污染物的有力工具。我国水质工作者于 20 世纪 70 年代起开始研究、探讨气相色谱在水质分析中的检测方法，20 世纪 80 年代中期《生活饮用水标准检验法》已将氯仿、滴滴涕、六六六等几项气相色谱检验方法列为标准检验法，被广泛采用。近十几年来，采用毛细管色谱与质谱联机进行分离鉴定，电子计算机进行数据处理，使气相色谱法在水质分析中的应用更为广泛。

5.7.4 原子吸收分光光度法

原子吸收分光光度法是测定基态原子对光辐射能的共振吸收。

由光源发射出某种元素特定波长的光，通过该元素的原子蒸发时，其辐射能被原子蒸气中基态原子吸收，吸收的程度与蒸气中基态原子的数目成正比。通过测量辐射能的减弱程度，从而得出试样中元素的含量。其定量依据光吸收定律，即朗伯—比尔定律。

1. 原子吸收（AAS）的原理

将无机离子高温离解成基态的自由原子，吸收火焰热能或适当波长辐射能变为激发态，很快回到基态并以光的形式放出能量，由基态到第一激发态化的谱线称为共振吸收线。每一种元素在高温作用下，都可以发出一定波长的特征谱线。

例如，钠（发出黄色光）588.996nm 和 589.593nm 波长所代表的特征谱线。

2. 原子吸收法的特征

优点：可以分析大部分的无机元素（主要指阳离子）。

缺点：测定的无机元素必须选择使用与其结构性质完全相同的同种元素所发出的射线。

3. 原子吸收分光光度计的组成

空心阴极灯＋原子化器（心脏部件）＋单色器＋检测系统。

4. 定量方法

（1）定量公式。基于朗伯—比尔定律。

分子光谱

$$A = \varepsilon CL$$

原子光谱

$$A = K \cdot N \cdot L = K \cdot C$$

式中　L——原子蒸气的厚度；

　　　N——基态自由原子的个数；

　　　K——比例常数；

　　　C——被测元素的浓度。

（2）定量方法。标准曲线法。

首先制作标准曲线。以 Fe 元素为例，吸取 0.1mL 的铁标准储备液（1.00mL＝1.00mgFe），置于 10mL 容器瓶中，以 1＋999（V/V）硝酸（或 1＋99（V/V）硝酸，与样品酸度保持一致，稀释至刻度，摇匀。吸取上述标准溶液（1.00mL＝10.0μgFe）0、0.10mL、0.30mL、0.50mL 分别置于 10mL 容器瓶中，以 1＋999（V/V）硝酸稀释到刻度，摇匀，则上述标准溶液的浓度分别为 0、0.1、0.3、0.5μg/mL。测定各标准溶液的吸光度，以吸光值为纵坐标，浓度为横坐标，在坐标纸上绘制标准曲线（为一直线）。

同时，在相同的试验条件下测定试样溶液的吸光度，直接在标准曲线上查得试样溶液中铁的浓度（也可利用计算器进行回归计算，求出样品中待测元素的浓度）。

思 考 题

1. 什么是理论终点？什么是滴定终点？

2. 为什么用 $NaOH/H_2O$ 溶液滴定 HCl/H_2O 溶液用酚酞指示剂，而不用甲基橙，在用 HCl/H_2O 溶液滴定 $NaOH/H_2O$ 溶液时用甲基橙指示剂而不用酚酞？

3. 分别用滴定法和连续滴定法测定含 CO_3^{2-}、HCO_3^- 混合碱度时，如何计算其总碱度和分碱度？写出对应的计算式。

4. 硬度测定中为什么要加入缓冲溶液？

5. 配位滴定时为什么要控制 pH 值？怎样控制 pH 值？

6. 配位滴定中金属指示剂如何指示终点？

7. 怎样测定水的钙硬度？

8. 莫尔法准确滴定水样中氯离子时，为什么要做空白试验？

9. 莫尔法为什么不能用氯离子滴定银离子？

10. 为什么在有铵盐存在时，莫尔法测定氯离子只能在中性条件下进行？

11. 怎样提高氧化还原反应的反应速度？

12. 氧化还原指示剂与酸碱指示剂有什么不同？

13. 高锰酸钾标准溶液为什么不能直接配制，而需标定？

14. 重铬酸钾法中用试亚铁灵做指示剂时，为什么常用亚铁离子滴定重铬酸钾，而不是用重铬酸钾滴定亚铁离子？

15. 测定 COD_{cr} 时，1mmol $K_2Cr_2O_7$ 相当于多少有机碳？相当于多少 O_2 mg？

16. 碘量法测定溶解氧时必须在取样现场固定溶解氧？怎样固定？

17. 在测定 BOD_5 时，什么样的水样必须稀释？用什么稀释？

18. 测出某水样中的氮主要以有机氮、氨态氮的形式存在，说明了什么？

19. 分光光度计上 T. A 刻度哪个为均匀刻度？T. A 的对应关系是什么？

计 算 题

1. 某自来水水样 100mL，加 pH＝8.3 指示剂不变色，又加 pH＝4.8 指示剂用盐酸（C_{HCl}＝0.1000mol/L）滴定至橙色，消耗盐酸 4.33mL，求水样的总碱度和分碱度（以 $CaCO_3$ mol/L 计）。

2. 今有一水样，取一份 100mL，调节 pH＝10，以铬黑 T 为指示剂，用 0.01000 mol/LEDTA 溶液滴定到终点用去 25.40mL，另一份水样用样调节 pH＝12，加钙指示剂，用 EDTA 溶液 14.25mL，求钙、镁硬度及总硬度（以 $CaCO_3$ mg/L 计）

3. 某水样用莫尔法测氯离子时，100mL 水样消耗 0.1016mol/L，$AgNO_3$ 8.08mol/L，空白试验消耗 1.05mL，求该水样中氯离子浓度（以 Clmg/L 表示）（已知 Cl 的原子量为 35.45）。

4. 测定耗氧量时，每消耗 1mmol $KMnO_4$ 相当于消耗于有机物氧化时消耗多少 mg 氧气？

5. 取 100mL 某水样，酸化后用 10.00mL 0.001986mol/L 高锰酸钾煮沸 10min，冷却后加入 10.00mL 0.004856mol/L 草酸，最后用 4.40mL 高锰酸钾溶液滴定过量草酸恰至终点，求耗氧量。

6. 称取 0.06320g 分析纯 $H_2C_2O_4 \cdot 2H_2O$ 配成 1L 溶液，取 10.00mL 草酸溶液，在 H_2SO_4 存在下用 $KMnO_4$ 滴定，消耗 $KMnO_4$ 溶液 10.51mL，求该 $KMnO_4$ 标准溶液浓度和草酸浓度。

7. 取 25.00mL 某水样用蒸馏水稀释至 50.00mL，在 H_2SO_4 存在下，用 0.04000mol/L K_2CrO_7 溶液 25.00mL，回流后以试亚铁灵为指示剂，用 0.2500mol/L $FeSO_4$ 滴定剩余 K_2CrO_7 用去 11.85mL，求水样的 COD。

8. 某水样溶解氧被固定后加 KI、H_2SO_4 溶解，取 25.00mL 反应液，用 0.01027mol/L $Na_2S_2O_3$ 滴定，消耗 2.03mL，求 DO（溶解氧）。

9. 测定水样 BOD_5，测定数据如下：稀释水培养前后溶解氧 DO 分别为 8.90mg/L、8.78mg/L；另加水样 3 倍稀释后样品培养前后 DO 分别为 6.20、4.10，求水样 BOD_5 值。

10. 从一含甲醇废水取出 50mL 水样，在 H_2SO_4 存在下，与 0.04000mol/L K_2CrO_7 溶液 25.00mL，作用完全后，以试亚铁灵为指示剂，用 0.2500mol/L $FeSO_4$ 滴定剩余 K_2CrO_7 用去 11.85mL，假设空白试验与理论值相当，求 COD 值。

11. 某水样未经稀释直接测 BOD_5，水样培养前后溶解氧分别为 6.20mg/L、4.10mg/L，求该水样的 BOD_5 值。

情景6 水质自动监测系统

学习目标： 本情景介绍了水质自动监测系统的发展概况和系统构成，主要水质自动监测仪器的分析原理，以及水质自动监测站的管理职责分工和质量保证措施。通过本情景的学习，应达到以下目的：

(1) 了解水质自动监测系统的构成及其各组成单元的作用。

(2) 了解水质自动监测站的自动监测项目及主要分析仪器。

(3) 了解水质自动监测站的管理职责分工和质量保证措施。

6.1 水质自动监测发展概况

随着人们环保意识的提高，以及国家对水污染问题越来越重视，人们对水源水质的监测要求也越来越高，必须要有先进的水质监测系统才能满足要求。水质自动监测适应了水质监测技术发展的方向，水质的自动监测实现了水质的实时、连续监测和远程监控，达到了掌握主要流域重点断面水体的水质状况，预警预报重大或流域性水质污染事故，解决跨行政区域的水污染事故纠纷，监督总量控制制度落实情况，监督排放达标情况等要求，对环保部决策部门及时作出有效措施和管理对策具有重要意义，近年来我国水质自动监测站的建设取得了极大的进展，成为环境监测的重要手段之一。

1. 国家级水质自动监测站的发展和分布

近10年来，我国水质自动监测站建设进展迅速，"九五"末期建设了10个试点站，规划了32个站。"十五"期间，利用世界银行贷款和国家财政资金，分4批规划了58个水站的建设，截至"十五"末期，共有100个水站投入运行。"十一五"期间，分3批建设，一是根据松花江流域污染防治规划投资建设了10个水站；二是2008年污染减排专项投资建设26个水站；三是2009年污染减排专项投资建设的13个水站。目前国家水质自动监测网共有水站149个和一个控制中心站（中国环境监测总站）。具体的水站建设时间见图6-1。

到目前为止，初步形成的覆盖我国主要水体的水质自动监测网络，在满足公众对水环境质量的知情权和水环境质量管理的要求等方面起着非常重要的作用。

2. 广东省水质自动监测站的发展和分布

广东省是我国最早建设水质自动监测站的省份之一，从1997年开始，按照"统一领导、明确职责、分工负责、密切配合"的原则，广东省积极推进水质自动监测站的建设，目前全省已经建成并投入使用的水质自动监测站共70多个，加上一个远程控制中心（设于广东省环境监测中心）共同组成了广东省水质自动监测网络。水质自动监测系统能做到实时、连续监测和远程监控，同时还可以在发生源水水质污染时及时通报政府有关部门，启动相应应急预案，确保城市供水安全。

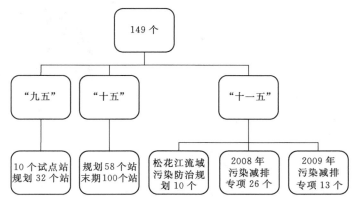

图 6-1 国家水质自动监测网水站建设时间

目前全省已经建立的水质自动监测站共 76 个，其中包括国家投资建设 3 个、省财政投资建设 25 个，地方财政投资建设 48 个。国家在广东省境内投资建设的 3 个水站，分别为 2001 年建成的清远七星岗、广州长洲水站和 2003 年建成的中山横栏六沙水站。地方财政投资建设的水质自动监测站共 48 个，其中佛山市 10 个，珠海市 9 个，中山市 8 个，广州市 7 个，深圳市 6 个，东莞市 6 个，江门市 1 个，茂名市 1 个。省投资建设的 25 个水质自动监测站分布为东江 4 个、北江 3 个、西江 4 个、韩江 4 个、榕江 1 个、鉴江 3 个、漠阳江 1 个、鹤地水库 1 个、入海河口 4 个。

6.2 水质自动监测系统及其构成

6.2.1 水质自动监测系统简介

1. 国家自动监测系统简介

国家地表水水质自动监测系统由中国环境监测总站（以下简称总站）、各托管站（各地方环境监测站）和各水质自动监测站（以下简称子站）共同组成。它以在线自动分析仪器为核心，运用现代传感技术、自动测量技术、自动控制技术、计算机技术、通信技术等组成一个综合性的水质在线自动监测体系。总站是中心站，各水质自动监测站是子站，中心站可通过 VPN、电话拨号或者其他多种通信方式实现对各子站的实时监视、远程控制及数据采集；子站是一个独立完整的水质自动监测子系统，子站系统内各单元之间必须实现合理的连接，形成一个独立自动运行的完整系统，并确保稳定运行。

水质自动监测系统由采水系统、配水系统、测试系统、数据采集系统、控制系统、数据传输系统和系统管理中心等构成，基本结构如图 6-2 所示。

采水系统、水样预处理及配水系统、辅助系统完成水质自动监测站的水样采集、水样预处理、管路清洗、除藻杀菌等采样控制过程。

测试系统完成自动监测站水质监测参数的分析过程。

控制系统完成系统的监控操作、各类数据的采集等。

传输系统实现数据及控制指令的上行及下行传输过程。

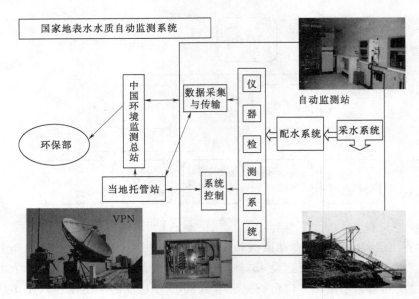

图 6-2 国家地表水水质自动监测系统结构

远程监控中心作为系统的中心站，实时接收数据并进行远程监控操作及数据分析。

整个系统是依据合理、实用、经济、可靠、运行维护简单的原则，并参照国家有关技术标准、规范及有关部门技术标准严格设计，满足用户对水质实时监测和远程监控的要求。

2. 广东省自动监测系统简介

广东省地表水水质自动监测系统由广东省环境监测中心站（以下简称中心站）、各托管站和各水质自动监测站（以下简称子站）共同组成。该水质在线自动监测系统是一套集水样采集、水样预处理、水质自动分析、数据采集、水质留样、远程监控于一体的在线全自动环保监控系统。系统大致示意图如图 6-3 所示。

它结合现代通信技术，实时地将仪器的测量结果、系统运行状况、各台仪器的运行状况、系统故障和仪器故障等信息自动传送到中心管理单位，并可接受中心站所发来的各种指令，实时地对整个系统进行远程设置、远程校准、远程清洗和远程紧急监测等控制。

市级地表水水质自动监测系统由各市环境监测站（以下简称中心站）和各水质自动监测站（以下简称子站）共同组成，也包括水样采集、水样预处理、水质自动分析、数据采集、水质留样、远程监控等系统，能单独进行各类水质自动监控。

广东省为了进一步整合全省水质自动监测资源，实时掌握各流域水环境质量状况，及时发现水质异常情况，省环保厅于 2011 年下发了《关于印发广东省水质自动监测站数据实时联网工作方案和广东省水质自动监测站数据实时报送技术指南的通知》（粤环〔2011〕44），要求全省已经建成的水质自动监测站于 2012 年年底实现全部联网，纳入水环境质量实时监控平台。截至 2012 年 4 月上旬，共 48 个水站联入省水质自动监测实时联网平台，其中包括市级地方水站 23 个。目前很多市级水质自动监测系统已经纳入省级水质自动监测系统，成为广东省水质自动监测网络中的一部分。

3. 水质自动监测站功能特点

水质自动监测站是一套以在线自动分析仪器为核心，运用现代自动监测技术、自动控

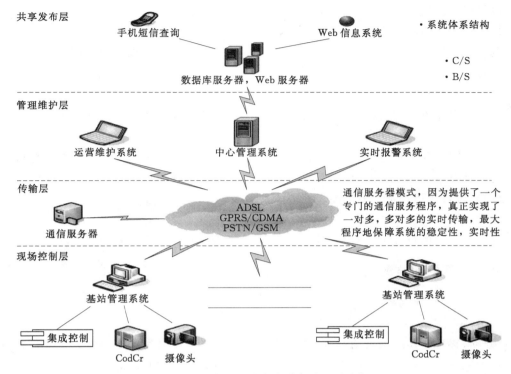

图 6-3 广东省地表水水质自动监测系统

制技术、计算机应用技术以及相关的专用分析软件和通信网络所组成的一个综合性的在线自动监测系统。因此，系统完全实现水样的自动采集和预处理，水质分析仪器的连续自动运行，对监测数据能自动采集并存储到计算机中，并能提供远程传输接口及控制接口。

该系统具备以下具体功能：

（1）自动监测。

根据用户的设定，系统能连续、及时、准确地监测目标水域的水质及其变化状况。

（2）自动化控制。

现场利用 PLC（过程逻辑控制系统）可控制水泵、电磁阀、空压机等设备，完成管路取水、配水、清洗、反吹等分步功能。

（3）数据采集。

现场测站信息处理系统具有信息提取采集功能，并把提取采集来的数据以统一的格式自动存入数据库。

（4）数据传输。

监测站可自动与监测中心站建立连接，并把数据存入本地和中心站数据库；支持电话拨号、GPRS、GSM、CDMA 网络。

（5）直观显示。

现场可通过 LED 触摸屏实时显示仪器运行状态和监测数据。

（6）自动报警。

当监测数据发生较大变化时自动向中心站进行报警，如数据异常、仪器状态异常、电源停电等报警功能。

（7）设备运转状态管理。

具备自动运行、停电保护、来电恢复功能；维护检查状态测试，便于例行维修和应急故障处理。

（8）远程控制。

远程设置监测时间及频次、数据召测、打开关闭自动运行等远程控制功能。

（9）数据处理。

中心站对监测数据进行合理性检查和实时处理，按规定格式存入数据库；能进行分析、统计计算数据（如月均值、年均值及日、月、年、最大值统计），并能按规定标准（可修改）进行水质评价、各类图表处理。

（10）反吹清洗。

在每次分析的过程中，对系统管路进行反吹清洗，具备除藻、杀菌功能。

6.2.2　水质自动监测系统构成

6.2.2.1　采水及配水系统

1. 采水系统

水样采集单元是保证自动站采样代表性、完整性的首要环节。采水单元主要包括采水泵、浮船或浮筒、采水工程和采水管路。采水单元向系统提供可靠、有效的样品水，必须能够自动与整个系统同步工作。采水管路的安装必须保证安全可靠；必须选用合适材质以避免对水样产生污染；必须安装保温材料，减少环境温度对水样温度的影响。

此外，不同自动站的采水单元还可能需要一些辅助设备，如浮台固定锚、隔栅或过滤网、压力流量监控设备和调节阀、保温套管以及相应的检测、控制、驱动电气电路等。详细的采水单元构成见图 6-4。

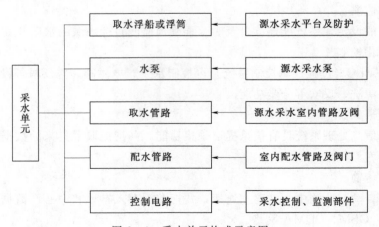

图 6-4　采水单元构成示意图

采水泵的主要功能是把样品水从河道或湖中的采样点输送到站房的配水单元中以供分析，目前使用自吸泵和潜水泵两种。自吸泵主要是依据真空离心作用下的液体、气体甚至固体产生位移的原理下设计制造的，当水泵的引流体内注满引流液并接通电源时，水泵叶轮转动，使水泵引流体内形成真空离心状态，排空管路中气体后使液体在真空离心作用下产生移位，达到抽水目的。潜水泵为直接放置在水中取水的水泵，潜水泵适应于远距离、大落差的取水条件，但是由于其在室外水中工作，因此其维护量大，需其他额外安全保护措施。

（1）浮筒或者浮船。根据环境监测标准要求，水质监测取水点必须在水下 0.5～1m 的深度，固定潜水泵或者自吸泵的取水头应该满足该条件，并且由于监测河流或者湖泊的水位经常发生变化，有的站点水位变化甚至超过 20m，因此系统必须采用浮筒或者浮船的方式固定水泵或者取水头，从而满足条件。

（2）防护网。采用双层防护措施，在采水头外围设计防护隔栅以有效地防止沙石、悬浮物堵塞，在采水头上还要加装一层不锈钢防护网罩，可以加强防藻功能，内、外层防护网罩的设计结构易于日常维护。

（3）取水和配水管路。采用互为备份的双管路硬质 PVC 或 PPR 水管，管材应用不影响水质的惰性材质制造，室外取水管路具有保温措施，全部管路良好密封，不漏气。在室内配水管路的关键部位设计一段透明管路，用于监测管路中的积藻状况。

2. 配水系统

配水单元包括水样预处理装置、自动清洗装置及辅助部分。配水单元直接向自动监测仪器供水，其水质、水压和水量必须满足自动监测仪器的需要。

配水流程分为进样、分析、内清、除藻、外清、补水。各配水流程中，通过几个电动球阀相应地开启、闭合，来保证管路内样水或自来水的流动和流向；通过手阀可以手动调节管内水流的压力和流量。一般一台仪器对应一个采样杯，有的采样杯内有过滤头，仪器是提取采样杯中的液体来进行测量的。电动球阀、采样杯及过滤头需要定期拆下清洗。

6.2.2.2　测试系统

测试系统负责完成自动监测站水质监测参数的自动测试分析，因涉及的自动监测项目及相关仪器设备较复杂，将在本情景的 6.3 节单独介绍。

6.2.2.3　控制、传输系统

子站系统的控制单元应具有系统控制、数据采集与储存及通信功能。传输系统则实现数据及控制指令的上行及下行传输过程，是连接总站、托管站和子站的纽带。控制单元应具有在系统断电或断水时的保护性操作和自动恢复功能。国家水质自动站的控制中心包括中央控制单元、通信控制单元、控制输出单元、数据采集单元、数据存储单元。其中央控制单元为 SWC－1 型控制单元，该控制单元功能强大，具有模拟、数字信号传输，特别是在数字通信方面，可以兼容多种通信协议。

6.2.2.4　VPN 通信系统

VPN（Virtual Private Network，虚拟专用网）利用隧道技术以及加密、身份认证等方法，在公众网络上构建专用网络技术，通过安全的"加密管道"在公众网络中进行数据传播。国家水质自动监测的 VPN 网络由中国环境监测总站、环境技术有限公司、各水质自动监测站和托管站组成。中国环境监测总站为总部，各自动站为分支，分别与中国环境监测总站总部连接。各托管站通过 Dkey 与各水质自动站链接调取历史数据，各托管站又通过安装 DPLAN 与总站数据库建立连接上传周报。水质自动监测 VPN 网络结构示意图如图 6-5 所示。

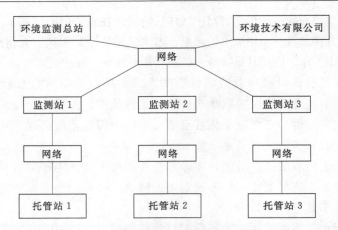

图6-5　水质自动监测 VPN 网络结构示意图

6.2.2.5　数据处理软件系统

国家水质自动监测系统的数据采集及远程控制的软件为 Sentech 水质自动监测系统软件，该软件分为网络版和单机版两种版本，适用于不同用户的需求。Sentech 软件可以通过 5 种方式与数据采集器（5510）连接调取实时数据和历史数据，分别是电话拨号连接、串口连接、VPN 连接、GSM 数据采集、GPRS 数据采集。

该数据软件系统的功能如下：

（1）数据采集。不同时间段，不同监测项目的数据采集。

（2）监测图设计。令水质监测图图文并茂，满足不同客户的需要。

（3）数据浏览。

（4）数据处理。完成各种数据对比和指标计算。

（5）周报上传。每周一 12 点前将水质周报上报国家总站。

（6）数据输出。

该软件数据采集、浏览和数据导出等界面如图 6-6～图 6-8 所示。

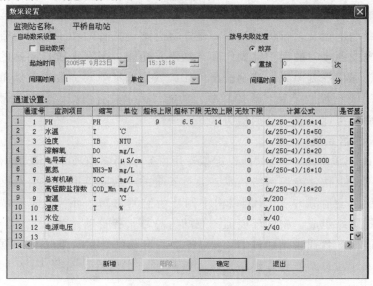

图6-6　Sentech 水质自动监测系统软件数据采集界面

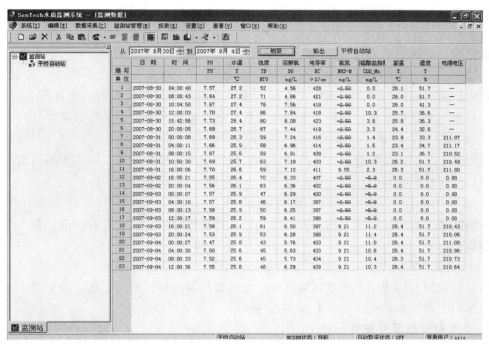

图 6-7　Sentech 水质自动监测系统软件数据浏览界面

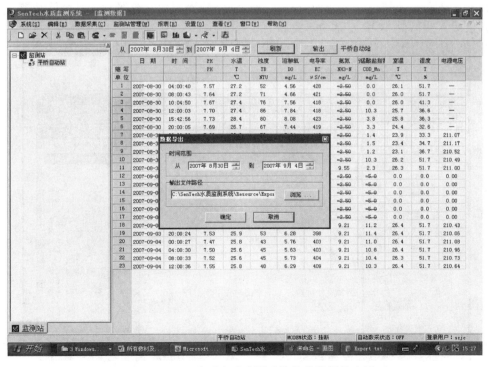

图 6-8　Sentech 水质自动监测系统软件数据导出界面

广东省水质自动监测系统的数据采集、数据审核和标识等采用了Silverlight客户端技术、B/S架构。

数据软件系统的功能如下。

1. 数据查询

查询任何时间段内的分析数据，有最大值、最小值和异常值查询；能自动生成日报、周报、月报、季报和年报；进行历史曲线分析；还可以查询报警及操作记录。

2. 数据导入、导出、归档及备份

数据导入、导出使得数据在不同的计算机间使用变得更为方便，将不常用的数据进行归档可以加快数据查询的速度，对数据进行备份可增强其安全性。

3. 远程传输

数据管理中心通过"拨号网络"可以和现场计算机连接，便于查看仪器当前工作状态和下载数据。

4. 远程数据审核与自动标识系统

通过后台的自动程序，把数据划分为几个类型，如超标、超上下线、离群等，并打上相应的标识。系统中建立了一套数据审核标识。

5. 水质超标报警与预警系统

当站点的实时监测数据值大于该站点水质目标对应数据值时，实时水质超标报警会将数据展示出来，并展示出24h内相关数据。

此外，还具有流域性污染空间分析、神经网络预测和建立分级管理系统等功能。

其水质在线监测Web发布的形式如图6-9所示。

图6-9 水质在线监测Web信息发布

6.3 自动监测项目及相关仪器设备

6.3.1 自动监测项目与频次

1. 国家水质自动监测站主要监测项目与频次

监测项目：五参数（温度、pH 值、溶解氧、浊度、电导率）、高锰酸盐指数、氨氮等，重点湖泊水库还需要监测总磷、总氮、叶绿素 a，饮用水源地增加生物毒性、挥发性有机物、重金属。

监测频次：每 4h 监测一次，即每天从 0：00 时开始，依次为 4：00 时、8：00 时、12：00时、16：00 时、20：00 时，当发现水质状况明显变化或发生污染事故时，监测频率可调整为 2h 一次或 1h 一次。

2. 广东省水质自动监测站主要监测项目

监测项目：水温、pH 值、溶解氧、氯化物、高锰酸盐指数、活性磷、化学需氧量、氨氮、硝酸盐氮、亚硝酸盐氮、氰化物、铅、铜、锌、镉、石油类。

监测频次：每 2h 采样分析一次。监测频次，即每天从 0：00 时开始，依次为 2：00 时、6：00 时、8：00 时、10：00 时、12：00 时等不同时段采样监测，当发现水质状况明显变化或发生污染事故时，监测频率可调整为 1h 一次。

各市级水质自动监测站的监测项目和频次由本市环境监测站自行决定，但是根据监测的断面要求不同，必须包含主要污染物的监测项目。例如，中山市水质自动监测站主要自动监测项目包含以下监测项目：pH 值、溶解氧、电导率、水温、浊度、高锰酸盐指数、氨氮、铜、锌、铅、镉、氰化物、总砷、挥发酚、总磷、氯离子、6 价铬。其监测频次：每 2h 采样分析一次，即每天从 0：00 时开始，依次为 2：00 时、6：00 时、8：00 时、10：00时、12：00 时等采样监测，当发现水质状况明显变化或发生污染事故时，监测频率可调整为 1h 一次。

6.3.2 水质自动监测仪器

水质自动监测仪器仍处在发展中，欧美、日本、澳大利亚和我国等均有一些专业厂商生产，可以说种类繁多。目前较成熟的常规项目有水温、pH 值、溶解氧（DO）、电导率、浊度、高锰酸盐指数、TOC、氨氮、总氮、总磷。其他还有氯化物、硝酸盐、亚硝酸盐、氰化物、磷酸盐、BOD、油类、酚、叶绿素、金属离子（如 6 价铬）等。不同公司开发生产的仪器，仪器性能、分析原理和操作各不相同。下面简单介绍一下主要自动监测仪器的分析原理和操作方法。

6.3.2.1 氨氮在线分析仪（比色法）

1. 原理

往水样中加入碱性缓冲液，加热到一定温度，吹气将其中的氨氮吹脱，用酸吸收，碘化汞和碘化钾的碱性溶液与氨反应生成淡红棕色胶态化合物，在 400nm 处检测吸光度 A，

由 A 值查询标准工作曲线，计算氨氮的浓度，如图 6-10 所示。

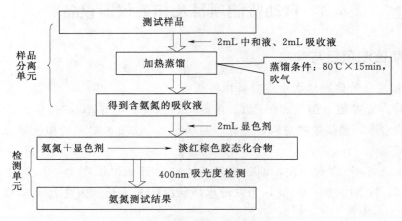

图 6-10 氨氮在线分析仪分析原理

2. 周核查测试步骤

自动监测站每个星期分别对各仪器进行周核查，原则是配制与水样浓度接近的标液进行测试，如果日常监测水样的水质较好，其监测结果经常在仪器最低检出限的 3 倍以下，核查点取检出限的 3 倍为宜。以下为氨氮分析仪详细核查测试步骤：

（1）核查标准样品准备。

采用国家标准样品研究所出品的氨氮标准溶液，按比例配制成日常所用的核查浓度值（接近日常监测浓度范围，如果低于最低检出限，按 3 倍检出限配制）。配制好后的标准溶液移至特氟龙试剂瓶（建议采用专用试剂瓶）。核查所用的标准溶液在 4℃ 左右环境下保存不超过 7d。

（2）启动核查测试。

将仪器从联机状态改为本地控制状态，将采样管放入标准溶液中，启动样品泵大概 1min 后，检查标准溶液是否充满整条采样管（避免采样管路中残留余液对核查结果产生影响）；排空测试室，关闭样品泵。启动仪器监测流程，测试过程大约在 25min 完成，测试完成结果会在主界面中显示。连续测定两次，取得两个核查数据。

（3）结果判定。

根据仪器测定结果即可判断当前仪器运行情况。如核查结果满足不了准确度及精密度的要求，应查明原因，对仪器进行重新鉴定，必要时执行空白校准，重新进行核查测试，直到满足质量控制管理的要求。

（4）核查过程中可能遇到的问题。

周核查结果不符合质量控制管理要求，在仪器状态正常的情况下，有可能是由以下问题所引起的：

1）仪器进样管路残留有水样或者采样管路内壁附着异物，对核查结果造成干扰。

2）测量室受水样污染比较严重，应用高纯水进行清洗。

3）检查各试液管是否连接正常，不可有气泡存在。

4）用无氨水按照测试水样的方法进行测试，核查仪器零点。

6.3.2.2 高锰酸盐指数在线分析仪

水样中加入一定量高锰酸钾和硫酸溶液，在95℃的条件下加热反应数分钟后，剩余的高锰酸钾用过量草酸钠溶液还原，再用高锰酸钾溶液回滴过量的草酸钠，通过回滴的高锰酸钾体积计算出高锰酸盐指数值，如图6-11所示。

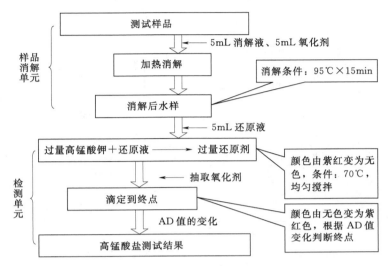

图6-11 高锰酸盐指数在线分析仪分析原理

周核查：高锰酸盐指数等项目在线分析仪周核查原理和制度与氨氮一样，方法在这里不再一一介绍。

6.3.2.3 化学需氧量在线分析仪

以重铬酸钾为氧化剂、硫酸银为催化剂、硫酸汞为氯离子掩蔽剂，在强酸性条件下，高温高压密闭消解样品，消解后的溶液在470nm处测定吸光度A，由A值查询标准工作曲线，计算COD_{Cr}的浓度，如图6-12所示。

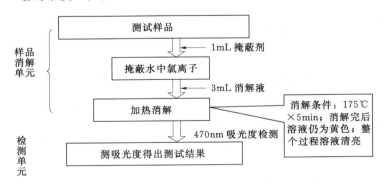

图6-12 化学需氧量在线分析仪分析原理

6.3.2.4 重金属（四合一）在线分析仪

用恒电位的方法在工作电极上施加一定值的电位V_1（相对参比电极），持续一定时间t_1，同时启动搅拌器，使待测离子富集于工作电极上，静置一定时间t_2，电位从V_1向正方向扫描到V_2，富集于电极上的物质被氧化"溶出"回到溶液中，从而产生一峰值电流，记录溶出过程中的电流—电位（i-E）曲线，根据峰值电流与溶液中离子浓度成正比的关系，从曲线中计算出离子的浓度。其原理如图6-13所示。

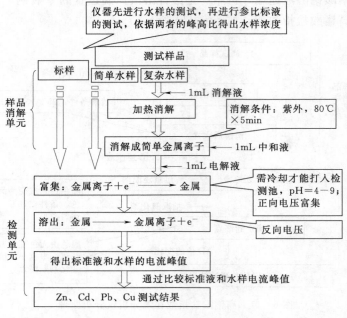

图6-13 重金属（四合一）在线分析仪分析原理

6.4 水质自动监测站的管理和质量保证

为了加强地表水自动监测站的管理，确保水质自动监测站长期、稳定运行，及时、准确地发布水质自动监测数据，发挥水质自动监测站的实时监控和预警监视作用，国家环境监测总站和各省环境监测中心都对管辖的水质自动监测站制定了相应的管理办法和技术规定，并要求运行技术人员全面掌握，在工作中认真落实，贯彻执行。

1. 管理职责分工

中国环境监测总站对国家地表水自动监测站（以下简称水站）实行统一管理，具体职责如下：

（1）负责水站运行的指挥调度、检查考核。

（2）负责制定和修改水站运行管理制度和技术规定，组织研究解决运行中出现的问题。

（3）组织实施水站的质量保证和质量控制工作，定期对水站进行质量考核。

（4）负责水站数据库的管理与维护，组织发布水站水质监测周报以及编写季度、年度水质评价报告。

（5）负责组织水站技术人员的技术培训与交流工作，负责与专业机构联系并建立专业化培训基地。

（6）负责水站的运行经费管理和固定资产管理，负责设备的定期更新、调配，负责组织运行软件的修改与升级。

（7）负责协调监督专业维修单位及时进行设备维修。

（8）负责水站运行管理的奖惩。

（9）检查水站的质量保证和质量控制工作。每年对全国水站上、下半年各进行一次现场检查和现场考核。

各有关省（自治区、直辖市）监测中心（站）接受总站委托，对本辖区内的水站进行监督管理，具体职责如下：

（1）检查水站的运行管理制度执行情况。按总站要求检查仪器运行情况、运行记录情况、数据质量情况、人员机构与经费使用情况。

（2）安排专人负责水站数据的监视，发现数据质量问题应及时通知托管站予以检查复核。

（3）每半年通报一次辖区内水站运行管理与质量管理情况。

（4）根据检查结果进行年终评议，并提出整改措施。将检查结果上报总站，并在年终评比中推荐本省内水站的排序。

各托管站受总站委托，全面负责所托管水站的日常管理、运行、仪器设备维护维修及安全工作，保证系统的正常、稳定运行。

（1）建立水站运行管理机构并明确专职人员，根据总站制定的水站运行管理规定，建立水站的管理规章制度。

（2）定期对水站运行的仪器设备进行维护，并做好运行维护记录。出现故障及时维修或报修。

（3）负责监测数据质量保证和质量控制工作，确保水站监测数据的完整性和准确性。

（4）按时、准确、完整地向总站上报监测数据及运行情况的说明材料。

（5）负责水站的安全保卫工作，切实做好防盗、防火、防雷击以及防止其他人为或自然事故的发生。

（6）负责对水站运行状况及监测数据进行实时监视，当发现水质异常时应及时采集水样进行试验室分析，并在最短时间内报告当地环保局、省（自治区、直辖市）环保局、省（自治区、直辖市）站和总站。

（7）协助总站做好水站固定资产的管理、备品配件的登记等工作。

（8）定期参加总站主办的技术培训班，加强业务学习，不断提高业务能力和水平；接受总站或省（自治区、直辖市）站的质量控制考核。

（9）根据工作中存在的问题，积极开展监测技术方法方面的实验、研究工作。

（10）定期评价分析本水站监测断面月、季、年的水质状况。

通过政府采购程序确定的水站专业维护维修服务机构与总站签订的服务合同，对水站进行必要的维护维修。具体职责如下：

（1）负责各委托水站的所有设备故障的现场维修工作。

（2）负责水站的例行巡检和维护工作。

（3）承担水站软件系统的改进、升级和完善工作。

（4）负责协助总站进行自动监测技术交流与培训工作。

（5）负责建立备品备件及易耗品库，负责备品备件及易耗品的采购与发放工作。

（6）协助总站进行水站运行情况的调查、查询工作。

（7）承担由于地震、洪水和意外雷击等不可预防和不可抗拒力造成的自动站系统损坏的修复费用。

（8）根据服务合同承担总站委托的其他有关服务工作。

2. 质量保证措施

（1）管理维护人员持证上岗制度。

为了加强国家地表水质自动监测站（水站）的管理，确保水站长期、稳定地运行，中国环境监测总站将对从事水站运行维护的托管站技术人员实行持证上岗考核制度。凡承担水站运行维护工作的技术人员均应参加上岗证考核，考试合格后方可从事水站的运行与维护工作。每个托管站至少应有两名人员持证上岗。持证上岗考核工作由总站负责，总站组织有关专家组成考核小组进行考核，并由总站颁发水站上岗证书。

（2）水质自动监测站日常维护制度。

1）一般要求。发现数据有持续异常值出现时，应立即前往现场进行调查和处理，必要时采集实际水样进行试验室分析。

2）定期远程检查。技术人员每天上午和下午两次通过中心站软件远程下载水站监测数据，并对站点进行远程管理和巡视。

3）定期水站巡视。每周应巡视水站1～2次，主要工作内容为查看自动监测系统的各组成部分是否正常，对试剂等易耗品进行定期更换，实施质量保证和质量控制及日常运行及维护记录。

（3）仪器定期考核制度。

1）仪器校准。

2）试剂配制与有效性检查。

3）标准溶液核查。

（4）比对实验。

各托管站每月应进行一次比对试验。采用试验室方法同步分析实际水样，与自动监测仪器的测定结果相比对，并记录比对试验结果。比对试验结果相对误差不大于±20%，项目浓度在检测限3倍以内不受此限。

（5）数据3级审核制度。

技术人员应每日对数据进行检查，发现异常数据应及时判断和处理，并记录处理办法。经由技术人员、室主任以及主管业务站长审核上报的数据为有效数据。

（6）周报上报制度。

要保证水站的数据传输线路专线专用。目前使用VPN传输，必须保证畅通。监测频次至少每间隔4h监测1次，每天至少应采集6个数据。水站监测时间为每天0：00、4：00、8：00、12：00、16：00及20：00。需要加密监测的在统一规定时间内按整数时间均匀增加，但需经总站书面同意。

（7）总站每年对水站的运行管理进行量化考核。

考核依据为托管站对有关管理规定的执行情况、水站的运行、周报上报、质量管理等情况及经费管理与使用情况。

（8）建立水站质量控制档案管理制度。

其包括水站日常数据检查情况、试剂配制情况、每周巡检的作业情况、每周标准溶液的核查结果、每月比对试验的结果、自动监测系统日常运行情况等的记录。

（9）数据实时发布制度。

在环保部及中国环境监测总站网上发布国家水站实时的监测数据。

（10）水站运行中杜绝不合理现象。

要杜绝无正当理由未定期上报水质周报数据、长期停止水站运行、擅自更改原始数据等现象，存在上述行为的，总站将采取通报批评、暂停运行费用、申请撤消水站等措施。

思 考 题

1. 子站系统的基本单元构成是什么？

2. 国家水质自动站监测项目包括哪些内容？

3. 采水单元包括哪些部分？

4. 自吸泵的工作原理是什么？

5. 国家水质自动站控制中心单元有哪些功能？

6. 简述国家和广东省水质自动监测系统软件的主要功能。

7. 国家和广东省水质自动站监测频次是多少？

8. 简述高锰酸盐指数和氨氮的周核查过程。

9. 国家水质自动站的质量保证措施有哪些？

情景 7　水环境监测报告的编制

学习目标： 本情景对水环境监测报告的分类、编制进行了介绍，并列举了各类监测报告实例作为学习参考。通过本情景的学习，应具备以下单项技能：

（1）了解各类水环境监测报告的编制。

（2）理解水环境监测报告的编写原则。

（3）能读懂各类水环境监测报告。

（4）掌握实验室监测报告的编制。

应形成的综合技能：能够依据水样分析测定结果编制实验室监测报告。

环境监测报告是环境监测工作的最终成果，是整个环境监测过程和结果的最终表达，是相关部门进行环境管理的基础资料，是对公众发布环境信息的主要途径。所以环境监测报告内容要科学、完整，结果要准确、可靠且具有可比性，上报和发布要及时。

水环境监测报告就是针对水环境或者包含水环境内容的监测报告。

7.1　报　告　的　种　类

在我国参与水环境监测的部门很多，主要是水利部门和环保部门，海洋部门和地矿部门等也都涉及，所以监测报告种类和形式很多，并没有统一的编制规范，也没有严格的分类标准。不过对一些重要的监测报告，国家或者行业颁布了相关的制度、标准和规范。例如，1996 年环保部门颁布了《环境监测报告制度》（环监〔1996〕914 号），2009 年国家颁布了《水资源公报编制规程》（GB/T 23598—2009），2012 年环保部颁布了《环境质量报告书编写技术规范》（HJ 641—2012）等。

本节根据相关的规范和经验，按照监测报告编制的方式、周期和内容的不同，对监测报告进行了不同的分类。《环境监测报告制度》确立了环境保护部门内部一套完善的环境监测报告体系，并对环境监测报告的种类、编制和上报等环节进行了明确规定，本节中依据不同编制周期进行的分类主要参考该制度的内容。

7.1.1　按报告编制方式分类

环境监测报告根据其编制方式不同，可以分为数据型监测报告和文字型监测报告两种。

1. 数据型监测报告

数据型监测报告主要是为了数据统计需要，各级监测部门根据原始监测数据编制的各种数据报表等。

在环保部门各级环境监测站编制的数据型监测报告要向其上级环境监测站逐级上报，中国环境监测总站是数据型报告的最终统计分析部门。其他部门也都会对环境监测数据进行汇编，资料来源就是各级单位上报的数据型监测报告。

数据型监测报告主要应用于各个部门的数据汇编、数据型环境监测季（月）报和环境质量年报等。

2. 文字型监测报告

文字型监测报告主要是为了各级政府部门行政管理服务和环境信息的对外公布需要，相关单位在定期组织开展有关环境监测工作的基础上，依据各种原始监测数据及综合统计、计算、评价结果编制而成的以文字表述为主的报告。

文字型监测报告主要应用于各部门的环境公报、环境监测快报、重点城市环境质量文字型季报和环境质量报告书等。

7.1.2　按报告编制周期分类

以《环境监测报告制度》为例，环保部门将其环境监测报告按照编制周期不同分为环境监测快报、月报、季报和年报。

1. 环境监测快报

环境监测快报是指采用文字型一事一报的方式，报告重大污染事故、突发性污染事故和对环境造成重大影响的自然灾害等事件的应急监测情况，以及在环境质量监测、污染源监测过程中发现的异常情况及其原因分析和对策建议。环境监测快报由地方各级环境保护局负责组织编写并报出，应包括以下信息：

（1）报告名称，如"事故监测快报"。

（2）监测机构名称和地址。

（3）报告的唯一标识（如编号）及页号和总页数。

（4）监测地点及时间。

（5）事件的时间、地点及简要过程和分析。

（6）污染因子或环境因素监测结果。

（7）对短期内环境质量态势的预测分析。

（8）事件原因的简要分析。

（9）结论与建议。

（10）对报告内容负责人员的职务和签名。

（11）报告的签发日期。

《环境监测报告制度》规定，污染事故发生后24h内应报出第一期环境监测快报，并应在污染事故影响期间内根据污染事故情况连续编制各期快报。环境敏感地区在污染事故易发期间，地方各级环境监测站应定期组织开展有关环境监测工作，在每次监测任务完成后5d内将本次监测快报报到主管部门，同时抄报中国环境监测总站，中国环境监测总站在接到地方监测快报5d内，将有关内容编制成《环境监测快报》报到国家环境保护局。

2. 环境监测月报告

环境监测月报告是一种简单、快速报告环境质量状况及环境污染问题的数据型报告，应包括以下信息：

（1）报告名称，如"环境质量监测月报告"、"环境污染监测月报告"。

（2）报告编制单位名称和地址。

（3）报告的唯一标识（如序号）、页码和总页数。

（4）被监测单位名称、地点。

（5）监测项目的监测时间及结果。

（6）监测简要分析。

（7）对报告内容负责的人员职务和签名。

（8）报告签发日期。

3. 环境监测季报告

环境监测季报告在时间和内容上介于月报和年报之间，也是一种简要报告环境质量状况及环境污染问题的数据型报告。季报告应包括以下信息：

（1）报告名称，如"环境质量监测季报告"或"环境污染监测季报告"。

（2）报告编报单位名称、地址。

（3）报告的唯一标识（如序号）、页码和总页数。

（4）各监测点情况。

（5）监测技术规范执行情况。

（6）监测数据情况。

（7）被监测单位名称地址。

（8）各环境要素和污染因子的监测频率、时间及结果。

（9）单要素环境质量评价及结果。

（10）本季度主要问题及原因简要分析。

（11）环境质量变化趋势估计。

（12）改善环境管理工作的建议。

（13）环境污染治理工作效果监测结果及综合整治考检结果。

（14）对报告内容负责的人员职务和签名。

（15）报告的签发日期。

《环境监测报告制度》规定，环境监测基层站应于每季度第 1 个月的 15 日前将上一季度数据型环境监测季报报到上级监测站，由上级监测站负责编制本辖区环境监测数据型季报，并于每季度第 1 个月 30 日前报到中国环境监测总站，中国环境监测总站负责于每季度的第 2 个月 20 日前将上一季度全国环境质量状况和全球环境监测系统（中国站）数据型报告报到国家环境保护局。各流域环境监测网络成员单位应于每年的 2 月底、5 月底和 9 月底前分别将当年枯水期、平水期、丰水期的数据型监测季报报到组长或副组长单位，各流域监测网组长单位负责编制本流域各类文字型环境监测季报或期报，并于 3 月底、6 月底、10 月底前分别将当年枯水期、平水期、丰水期监测期报报到中国环境监测总站。

4. 环境监测年报告

环境监测年报告是环境监测重要的基础技术资料，是环境监测机构重要的监测成果之一，主要包括环境质量年报和环境质量报告书。

（1）环境质量年报。

环境质量年报属数据型报告，国家环保总局规定，国家环境质量监测网成员单位应自1997年1月1日起，正式开始以微机网络有线传输方式，逐级上报环境质量年报。国家环境质量监测网成员单位应于每年1月20日前将上年度的环境质量年报报到省级环境监测中心站，监测中心站应于每年2月20日之前将本地区年报报到中国环境监测总站。

环境质量年报应包括以下信息：

1）报告名称，如"环境质量监测年报告"、"环境污染监测年报告"等。

2）报告年度。

3）报告唯一标识、页码和总页数。

4）环境监测工作概况。

5）监测结果统计图表。

6）环境监测相关情况。

7）当年环境质量或环境污染情况分析评价。

8）对报告内容负责人的人员职务和签名。

9）报告的签发日期。

（2）环境质量报告书。

环境质量报告书属文字型报告，是各级人民政府环境行政主管部门定期上报的环境质量状况报告，是行政决策与环境管理及信息发布的重要依据。

环境质量报告书按时间分为年度环境质量报告书和5年环境质量报告书，按行政区划分为全国、省级、市级和县级环境质量报告书。环境监测报告书一般由地方各级环境保护局按时完成并上报，每年3月底和6月底前，应完成上一年度《环境质量报告书》简本和详本的编制并上报，5月底完成环境质量报告书公众版；在5年环境质量报告书编写年的8月底前，完成5年环境质量报告书的编写。

环境质量报告书编制工作程序如图7-1所示。

环境质量报告书简要编写提纲：

1）前言。简单说明年度环境质量报告书的编写情况。

2）目录。应包括年度环境质量报告书的主要章节标题。

3）概况。说明年度内为改善环境质量和解决环境问题所采取的各项环境保护措施及成效，描述监测工作概况、监测点位布设情况和采样及实验室分析工作情况。

4）污染排放。说明影响环境质量的污染源状况。

5）环境质量状况。主要内容包括监测结果及现状评价、本年度时空变化分布规律分析、年度对比分析和结论及原因分析。

6）结论及对策。提出全面宏观的环境质量结论，明确指出存在的主要环境问题和区域特异环境问题，提出改善环境质量的对策和建议。

7）专题。说明辖区内围绕环境质量开展的工作情况，如特色环境保护工作、预测预警工作和环境监测新领域的拓展等，并对监测数据进行分析。

环境质量报告书编制的具体内容参见《环境质量报告书编写技术规范》（HJ 641—2012）。

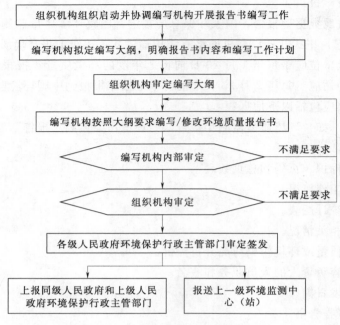

图 7-1　环境质量报告书编制工作程序

7.1.3　按报告编制内容分类

按照报告编制的内容和所针对的对象不同，可以将监测报告分为专题监测报告、综合监测报告和实验室监测（检测）报告。

1. 专题监测报告

专题性水环境监测报告是指针对某一类的水体所编制的水环境监测报告，比如地表水（河流、湖泊、省界、水源地、水功能区等）、地下水及污染源等，这类监测报告以描述水环境质量状况为主。

地表水专题报告针对某一区域的河流、湖泊、省界、水源地中的一种或者多种水体水环境状况进行分析评价。其中河流、湖泊监测报告是反映某一河流、湖泊或者某一区域内主要河流、湖泊水体的水环境状况。省界监测报告主要是由水利部门流域机构编制完成，用来反映上、下游省级行政区域的水体污染情况。水源地监测报告主要是反映某一水源地或者某一区域内主要供水水源地的水环境状况。水功能区监测报告是根据国家和地方批复的水功能区划，反映全国、流域和各区域内主要功能区的水环境状况。

地下水监测报告是反映某一区域内地下水水环境状况。

污染源监测报告是反映某一污染源或者某一区域内主要污染源的排污状况。

针对某一次调水过程的水环境状况以及与水环境相关的重大事件的监测报告也可归纳为专题报告。

2. 综合监测报告

综合性的水环境监测报告所反映的是某一区域水环境的综合状况，不仅包括地表水、地下水和污染源等水环境质量状况，还包括这一区域的水资源量、水资源开发利用情况以及水利工程状况等信息，甚至还包括区域内的社会、地理和人文信息等。这类报告主要包括国家级、流域级和省级、地市级的水资源公报和水资源质量年报等。

专题水环境监测报告和综合水环境监测报告的分类并没有严格的标准和界限。比如一些信息量比较全的、全国和较大区域的地表水质量报告也可归为综合性监测报告。还有一些报告虽然只包含某一类水体的内容，但其还涵盖了区域内包括大气、噪声等在内其他环境因子，这类报告也属于综合性监测报告。

3. 实验室监测（检测）报告

作为水环境监测的基础单位，各级水环境监测中心实验室也都会出具自己原始数据的监测（检测）报告，该报告的编制必须严格按照实验室计量认证的要求，确保对所进行的每项检测活动的监测（检测）结果报告，都能准确、清晰、明确、客观、完整地体现和描述，并符合检测方法规定要求。按照计量认证要求，每个实验室的程序文件中都会有关于监测（检测）报告编制和管理程序的专门文件。

下面以某流域水环境监测中心关于检测报告编制和管理程序的文件为例加以说明。

（1）检测报告的内容。

1）本监测中心检测报告的内容包括客户需求的、为说明测试结果所需的及测试方法要求的全部信息，每份检测报告至少应包括以下信息：

a）标题。

b）本监测中心的名称和地址。

c）检测报告的唯一性标识。

d）客户名称和地址（必要时）。

e）所采用标准或方法的识别。

f）检测样品的描述和标识。

g）接样日期和检测日期（必要时）。

h）检测结果，适用时包括测量单位。

i）签发人和签发日期。

j）对报告和检测结果的有效性声明。

k）实验室或其他机构所用抽（采）样计划和程序的引用。

2）包含抽（采）样结果的检测报告，如果在说明时需要加入抽（采）样方面的信息，还应包括：

a）抽（采）样日期、抽（采）样地点、样品标识。

b）抽（采）样计划和程序的引用。

c）抽（采）样过程中可能影响检测结果说明的环境条件描述。

d）抽（采）样方法或程序的标准，及对有关规范的偏离、增补或删除。

3）检测报告中包括评价和说明时，应将评价和说明的依据文件化，评价和说明须如检测报告中一样清晰地标出，评价和说明可包括但不限于以下内容：

a）对声明结果符合/不符合要求的评价。

b）满足合同要求的说明。

c）对结果如何使用的推荐性意见。

d）用于改进的指导。

4）检测报告中若包括从分包方获得的检测结果，应在检测报告中清晰地标明。

5）检测报告的格式一律用 A4 纸打印，按中心规定的封面和规格填写完整，要求数据准确、结论正确、签名齐全。

6）检测报告中测试样品的编号、结果、计量单位等内容的编排，应便于客户的理解和使用，避免出现误解。

（2）检测报告的编制、审核和签发。

1）报告编制人对经复核无误的检测结果，按照上述规定的内容要求填制并出具检测报告，自核无误签名后，连同原始检验记录（对检验数据的计算或转换）和合同及有关证据一并送交水质分析室主任进行校核。

2）水质分析室主任应对检测报告进行认真校核，校核无误签名后，送交质量保证室进行审核。发现一般性问题，返回报告编制人，监督改正或重新出具检测报告；发现重大问题，向技术负责人报告。

3）质量保证室对审核的检测报告进行认真审核，审核无误签名后，交授权签字人签发，授权签字人签发后交业务管理室发送。

4）注意事项。

a）授权签字人签发的检测报告，必须由本人签字。

b）校核人员和审核人员不得改动检测数据。

c）在"四核"中发现重大问题时，应做好有关记录并报告技术负责人处理。

（3）检测报告的发送。

1）报告封面正下部盖监测中心章。经过认证的检测，在报告封面的左上角加盖计量认证的标志章。多于一页的检测报告，还必须在检测报告边缘加盖骑缝章。

2）经签发的检测报告由业务管理室通知客户当面签收，未经客户许可，不得发送他人。

3）当客户不能当面签收时，应与客户商定以其他发送方式。

4）采用电话、传真等其他电子方式向客户传输检测结果报告时，应向委托方详细询问发送方式，尽可能采取保密和可靠措施。

（4）检测报告的修改。

1）对已发出的检测报告，如果需要作出重大修改，须经技术负责人批准，由原报告签发人重新签发检测报告或出具数据修改单，并及时声明。同时应填制"检测报告修改记录"。

2）重新签发的检测报告应重新编号，并说明所替代的原检测报告的编号。

3）修改后的检测报告，应在更改位置标注"＊"，并在适当位置作出声明，如"对编号×××检测报告的更改或补充"或其他相应的文字说明。

4）检测报告的更改或补充的编写、审批、发送记录和存档的要求与原检测报告相同。

（5）检测报告的管理。

1）本监测中心对检测报告实行"四核"制度，每份检测报告要经过严格的自核、校核、审核程序才能签发，并加盖检测报告专用章方可生效。

2）本监测中心的检测报告均为一式两份，检测报告正本交委托方，检测报告副本连同原始检验记录由业务管理室负责存档保存。

3）本监测中心检测报告副本归档保存期为5年。

4）本监测中心的检测报告不得随意传阅他人，以确保客户机密和所有权得到保护，具体见《保护客户机密和所有权程序》（××—CX—01—2008）。

5）当检查发现检测工作出现问题，而对检测报告或其修正报告所给出的检测结果的有效性有怀疑时，应立即以书面形式通知委托方。

7.2 编 写 原 则

水环境监测报告种类很多，各个部门之间的报告也存在着差异，但其目的和作用是一致的，都是相关部门进行环境管理的基础资料，是对公众发布环境信息的主要途径，所以，所有水环境监测报告会有着相对统一的编制原则，总结归纳有以下几点：

1. 准确性原则

水环境监测报告首先要保证水质监测数据、统计分析和评价结论的准确性，要做到真实可靠，实事求是，客观地反映水环境质量的好坏，以保证监测报告的公正性、权威性和可靠性。

2. 及时性原则

水环境监测报告作为相关部门进行环境管理的基础资料以及对公众发布环境信息的主要途径，所以报告的编制、上报和发布必须及时才能保证其时效性，才能更好地为环境管理服务，才能让公众及时掌握身边水环境状况。

3. 科学性原则

水环境监测报告不是对水质数据的简单罗列，必须经过科学的统计、评价和分析，才能正确地体现监测结果以及环境的质量和变化趋势。

4. 可比性原则

水环境监测报告要具有一定的可比性，包括在时间、空间上连续性的可比和在不同部门、单位间对同一环境监测结果和评价结论的可比，以便进行结果的汇总和对比分析。

5. 社会性原则

因为水环境监测报告不仅要为水环境管理服务，还要对公众发布，所以在编制中，特别是对外公布的报告中，不仅要严谨还要通俗易懂，便于公众的理解和认知。

在各种环境监测报告编制过程中，还有更为具体严格的编制原则和要求。例如，国家于2013年刚刚颁布的《环境质量报告书编写技术规范》（HJ 641—2012）中就明确提出了报告编写的原则要求：

（1）环境质量报告书应着眼于法定环境整体，以系统理论为指导，采用科学的方法，以定量评估为重点，兼顾定性评估；全面、客观地分析和描述环境质量状况，剖析环境质量变化趋势。表征结果应具有良好的科学性、完整性、逻辑性、准确性、可读性、可比性和及时性。

（2）报告书内容要求层次清晰、文字精练、结论严谨，术语表述规范、统一。正文中的文字、数字、图、表、编排格式等参照附录 A 执行，量和单位参照 GB 3100～3102 及其他相关规定要求执行。5 年环境质量报告书编写格式可根据实际情况适当调整。

（3）环境质量报告书的数据和资料的来源，除环境监测部门的监测数据和资料外，还需要收集调研其他权威部门的相关自然环境要素和社会经济的监测数据和资料。环境质量状况采用环境监测部门的数据，污染源采用环境监测部门监督性监测数据和环境统计数据，社会、自然、经济数据采用住房与建设、水利、农业、统计、林业、气象等主管部门发布的数据。对收集调研的监测数据和资料应根据环境质量报告书的编写目的进行分析和处理，做到环境监测数据与权威统计数据相结合，环境质量变化与社会经济发展相结合。

（4）环境质量报告书编写过程中涉及的环境监测数据处理、评价标准及方法、规律和趋势分析、报告项目及图表运用等方法均执行各环境要素的相关技术要求。

7.3　监　测　报　告　实　例

上一节对监测报告进行了分类，在实践中，因为工作的需要，水环境监测报告种类比上节书中提及的要多，而且并不是所有监测报告都有系统的分类，名字和叫法也不尽统一。有明确编制规范和标准的报告种类只占监测报告很少的一部分，更多的监测报告内容和形式都是根据实际工作需要而定，报告的内容也是根据实际工作需要而有所增减。本节对监测报告实例选择既有上节提到的监测报告种类，也有些没有专门提及的但比较经典的报告实例，也是对第一节知识的一个补充。

本节所列举的监测报告实例均为公开发布的监测报告。

7.3.1　环境监测快报

1. 报告名称

镇江市环境监测中心站监测快报。

2. 报告来源

镇江市环境保护局网站，网址链接：

http://hbj.zhenjiang.gov.cn/zwgk/rdzt/hchzh/201108/t20110817_556690.htm

3. 报告内容

镇江市环境监测中心站监测快报

镇环监〔2011〕031-4 号

2011 年 8 月 4 日，我局技术人员对金山湖跟踪监测情况显示我市蓝藻状况较上次调查有略微变化，覆盖面积经现场估算扩大到 200m² 左右，占金山湖总面积的 0.025‰。

本次现场共调查 4 个主要易富集点位，分别为长江引航道入口、江南桥闸、三号码头和北固山牌坊。监测数据见表 1。

表 1　　　　　　　　　　　　　　　　**金 山 湖 监 测 数 据**

日期	pH 值	溶解氧（mg/L）	总磷（mg/L）	氨氮（mg/L）	藻类密度（万个/L）
引航道	7.81	8.7	0.08	0.08	80
江南桥闸	8.17	10.7	0.14	0.08	130
三号码头	8.61	12.7	0.10	0.15	140
北固山牌坊	8.97	12.6	0.11	0.05	140
评价标准①	6—9	≥5	≤0.2	≤1.0	≤500②

①　金山湖水质 pH 值、溶解氧、氨氮、总磷按照《地表水环境质量标准》（GB 3838—2002）Ⅲ类评价。
②　藻类密度按照太湖流域水资源保护局［2008］《关于印发太湖蓝藻评价暂行规定的通知》执行评价。

　　这 4 个点位水质也达到地表水环境质量 3 级标准，水质良好。4 个主要蓝藻易富集点位的现场照片如图 1 至图 4。

图 1　引航道　　　　　　　　　　　　　　图 2　江南桥闸

图 3　三号码头　　　　　　　　　　　　　图 4　北固山牌坊

　　分析数据显示，三号码头和北固山牌坊藻类密度增加，光合作用促使溶解氧增大，三号码头氨氮浓度超标。各监测点位的藻类密度除引航道外均增长一倍左右。

　　现场情况显示，引航道无蓝藻分布，岸边水体清澈；江南桥闸表面没有蓝藻膜状覆盖，水体中藻类呈现垂直分布，整体水质发绿；三号码头水质出现变化，水体泛绿，并有少量蓝藻垂直分布；北固山牌坊水体发绿情况略微加重。以上断面水质均没有异味。

总体来看，近期高温闷热天气促进了蓝藻生长。大部分水质参数均保持在正常范围内，藻类密度仍远低于 500 万个/L 标准，蓝藻覆盖面积仅占金山湖水体面积的 0.025‰（远小于 5%），按照《金山湖蓝藻应急预警监测预案》分级标准，目前我市金山湖水质尚未达到轻度污染程度。

我局已将相关情况通报给市水利局等单位，同时将继续做好跟踪监测和巡视工作。

7.3.2　环境监测月报

1. 报告名称

兴化市主要饮用水源地水质状况月报。

2. 报告来源

兴化市环保局网站，网址链接：http://www.xhhb.gov.cn。

3. 报告内容

2012 年 10 月饮用水源地水质状况月报

水厂名称	监测结果（mg/L）					
	高锰酸盐指数	溶解氧	氟化物	挥发酚	氨氮	生化需氧量
自来水一厂	5.8	5.1	0.45	0.001	0.73	2.2
自来水二厂	6.0	5.0	0.32	0.001	0.60	3.0
兴化自来水厂	3.9	5.4	0.24	0.001	0.18	1.5
评价标准（Ⅲ）类	6.0	5.0	1.0	0.005	1.0	4.0
水质状况简述	达到饮用水源地水质要求					

（表题上方：兴化市主要饮用水源地水质状况月报　2012 年 10 月）

注　1. Ⅱ类水主要适用于集中式生活饮用水地表水源地一级保护区、珍稀水生生物栖息地、鱼虾类产卵场、仔稚幼鱼的索饵场等。

　　2. Ⅲ类水主要适用于集中式生活饮用水地表水源地二级保护区、鱼虾类越冬场、洄游通道、水产养殖区等渔业水域及游泳区。

7.3.3　环境监测年报

1. 报告名称

2010 年河南省环境质量年报。

2. 报告来源

河南省环境保护厅网站，网址链接：http://www.hnep.gov.cn/tabid/435/InfoID/859/frtid/431/Default.aspx。

3. 报告内容

2010 年河南省环境质量年报

河南省环境保护厅

2010 年，全省地表水水质级别为轻污染。监控的 7979.4km 河段长度中，Ⅰ～Ⅲ类水质河段长 4813.1km，占监控河段总长度的 60.3％；Ⅳ 类水质河段长 903.0km，占11.3％；Ⅴ 类水质河段长 522.5km，占 6.6％；劣 Ⅴ 类水质河段长 1740.8km，占 21.8％。全省 18 个省辖市城市环境空气质量级别均为良。城市集中式饮用水源地水质、地下水水质级别均为良好。城市功能区噪声测点达标率为 88.5％，道路交通噪声路段达标率为87.2％。城市降水平均 pH 值为 6.41，酸雨平均发生率为 0.4％。

与 2009 年相比，地表水水质级别仍为轻污染，加权综合污染指数下降 0.02。城市环境空气质量级别仍为良。城市功能区噪声测点达标率上升 0.4 个百分点，城市道路交通噪声路段达标率上升 2.7 个百分点。城市降水平均 pH 值下降 0.23 个单位，酸雨平均发生率上升 0.1 个百分点。

2010 年，全省地表水 83 个省控河流断面 COD 浓度年均值由 2009 年的 25.7mg/L 下降为 22.7mg/L，下降 11.7％；氨氮浓度年均值由 2009 年的 2.530mg/L 下降为 2.145mg/L，下降 15.2％。

2010 年，全省二氧化硫浓度年均值与 2009 年相比无变化，均为 0.046mg/m^3。

1. 城市环境空气质量

2010 年，全省城市环境空气质量主要污染物为可吸入颗粒物。18 个省辖市城市环境空气质量级别均为良。

与 2009 年相比，全省城市环境空气质量基本稳定。

国控重点城市二氧化硫污染程度基本稳定。

2. 地表水环境质量

2010 年，全省地表水水质级别为轻污染。省辖海河流域污染程度位于首位，淮河流域和黄河流域次之，长江流域较轻。全省地表水污染程度有所减轻，加权综合污染指数为 0.32。

监控的 7979.4km 河段长度中，Ⅰ～Ⅲ 类水质河段长 4813.1km，占监控河段总长度的 60.3％，比 2009 年增加 7.0 个百分点，增加 559.7km；Ⅳ 类水质河段长 903.0km，占11.3％，比 2009 年减少 1.9 个百分点，减少 146.7km；Ⅴ 类水质河段长 522.5km，占6.6％，比 2009 年减少 1.4 个百分点，减少 110.8km；劣 Ⅴ 类水质河段长 1740.8km，占21.8％，比 2009 年减少 3.8 个百分点，减少 302.2km。

淮河流域水质级别为轻污染。

监控的 4513.1km 河段长度中，Ⅰ～Ⅲ 类水质河段长 2605.8km，占监控河段长度的57.7％，比 2009 年增加 420.8km；Ⅳ 类水质河段长 694.2km，占 15.4％，比 2009 年减少115.6km；Ⅴ 类水质河段长 226.9km，占 5.0％，比 2009 年减少 73.0km；劣 Ⅴ 类水质河段长 986.2km，占 21.9％，比 2009 年减少 232.2km。

与 2009 年相比，淮河流域污染程度基本无变化。淮河干流、浉河、竹竿河、潢河、白露河、史灌河、汝河、臻头河、沙河、北汝河、澧河水质级别继续保持优或良，洪河仍为轻污染，涡河、沱河仍为中污染，黑茨河由轻污染变为良，颍河、泉河由中污染变为轻污染，大沙河由重污染变为轻污染，清潩河、贾鲁河、双洎河、黑河、惠济河、包河仍为重污染。重污染的河流中，清潩河、包河有所减轻；贾鲁河、惠济河、沱河污染程度基本无变化；双洎河污染程度有所加重。

海河流域水质级别为中污染。

监控的 788.8km 河段长度中，Ⅰ～Ⅲ类水质河段长 205.5km，占监控河段长度的 26.0%，与 2009 年持平；无Ⅳ类水质河段，与 2009 年持平；Ⅴ类水质河段长 73.3km，占监控河段长度的 9.3%，与 2009 年持平；劣Ⅴ类水质河段长 510.0km，占 64.7%，与 2009 年持平。

与 2009 年相比，海河流域污染程度基本无变化。淇河水质级别继续保持优，安阳河仍为轻污染，汤河仍为中污染，卫河、共产主义渠、马颊河仍为重污染。重污染的河流中，共产主义渠、卫河、马颊河污染程度基本无变化。

黄河流域水质级别为轻污染。

监控的 1912.9km 河段长度中，Ⅰ～Ⅲ类水质河段长 1338.0km，占监控河段长度的 70.0%，比 2009 年减少 13.0km；Ⅳ类水质河段长 108.0km，占 5.6%，比 2009 年增加 20.0km；Ⅴ类水质河段长 222.3km，占 11.6%，比 2009 年增加 63.0km；劣Ⅴ类水质河段长 244.6km，占 12.8%，比 2009 年减少 70.0km。

与 2009 年相比，黄河流域污染程度基本无变化。黄河干流、宏农涧河、洛河、伊河水质级别继续保持优或良，沁河、天然文岩渠仍为中污染，蟒河、金堤河仍为重污染。重污染的河流中，蟒河污染程度有所减轻，金堤河污染程度有所加重。

长江流域水质级别为良。

监控的 764.6km 河段长度中，Ⅰ～Ⅲ类水质河段长 663.8km，占监控河段长度的 86.8%，比 2009 年增加 151.9km；Ⅳ类水质河段长 100.8km，占 13.2%，比 2009 年减少 51.1km；无Ⅴ类水质，比 2009 年减少 100.8km；无劣Ⅴ类水质，与 2009 年持平。

与 2009 年相比，长江流域水质级别由轻污染变为良。白河、老灌河水质级别继续保持良。湍河、唐河水质级别由轻污染变为良。

3. 城市集中式饮用水源地水质

2010 年，全省城市集中式饮用水源地水质级别为良好。濮阳、驻马店、平顶山、鹤壁、许昌、郑州等 6 个城市集中式饮用水源地水质级别为优，洛阳、济源、三门峡、新乡、安阳、信阳、商丘、焦作、开封、漯河、周口、南阳等 12 个城市水质级别为良好。

与 2009 年相比，全省城市集中式饮用水源地水质基本稳定。驻马店市集中式饮用水源地水质级别由良好变为优，洛阳、新乡、济源、信阳 4 个城市由优变为良好。

4. 城市地下水质量

2010 年，全省城市地下水水质级别为良好。鹤壁、南阳、郑州等 3 个城市地下水水质级别为优，漯河、驻马店、平顶山、焦作、许昌、洛阳、三门峡、商丘、周口、安阳、济源、信阳、新乡等 13 个城市地下水水质级别为良好，开封、濮阳 2 个城市为较差。

与 2009 年相比，全省城市地下水水质基本稳定。郑州、鹤壁、南阳地下水水质级别由良好变为优，其他城市地下水水质级别无变化。

5. 声环境质量

2010 年，全省城市建成区声环境质量级别为较好。城市功能区噪声测点达标率为 88.5%，道路交通噪声路段达标率为 87.2%。周口、濮阳、新乡、济源 4 个城市建成区声环境质量级别为好；三门峡、信阳、鹤壁、开封、安阳、许昌、洛阳、南阳、平顶山、驻马店、焦作 11 个城市为较好；漯河、商丘、郑州为轻度污染。

濮阳、周口、济源、三门峡、新乡、漯河、商丘、焦作、驻马店、鹤壁、信阳、南阳、平顶山、郑州、洛阳 15 个城市道路交通声环境质量级别为好；许昌、安阳、开封等 3 个城市为较好。

与 2009 年相比，功能区噪声测点达标率上升 0.4 个百分点；城市道路交通噪声路段达标率上升 2.7 个百分点。

濮阳、新乡、信阳 3 个城市建成区声环境质量有所好转，其中信阳由轻度污染变为较好，濮阳、新乡由较好变为好；三门峡、漯河、商丘、郑州建成区声环境质量有所下降，其中三门峡由好变为较好，漯河、商丘、郑州由较好变为轻度污染。洛阳、信阳城市道路交通声环境质量有所改善，其中洛阳由较好变为好，信阳由轻度污染变为好；许昌城市道路交通声环境质量由好变为较好。

6. 降水

2010 年，全省降水平均 pH 值为 6.41，酸雨平均发生率为 0.4%。济源、南阳、周口等 3 个城市出现酸雨，酸雨发生率分别为 5.0%、2.2%、4.5%。

与 2009 年相比，全省降水平均 pH 值下降 0.23 个单位，酸雨平均发生率上升 0.1 个百分点，周口、济源、南阳等 3 个城市酸雨发生率分别上升 4.5、2.5、1.4 个百分点。

7.3.4 专题监测报告—省界水体

1. 报告名称

海河流域省界水体水环境质量状况通报（2010 年全年总结）。

2. 报告来源

水利部海河水利委员会水信息网，网址链接：http://www.hwcc.gov.cn/pub/hwcc/ztxx/hhslw/zyhhszxx/sjsz/201103/t20110305_329074.html。

3. 报告内容

海河流域省界水体水环境质量状况通报（2010 年全年总结）

海河流域水环境监测中心

2010 年，海河流域水环境监测中心对流域内 52 个省界断面（其中 5 处全年河干）的水质进行了监测，《海河流域省界水体水环境质量状况通报》总共发布了 12 期。水质评价标准采用国家《地面水环境质量标准》（GB 3838—2002），参评项目总磷、总氮不参加水质类别评价，评价方法采用单因子评价法，评价结果如下：

全年期。参加评价的断面中，Ⅰ类水质断面有 1 个，占评价断面的 2.1%；Ⅱ类水质断面有 7 个，占评价断面的 14.9%；Ⅲ类水质断面 10 个，占评价断面的 21.3%；29 个水质断面受到不同程度的污染，占评价断面的 61.7%。与 2009 年相比受污染断面上升了 3.5 个百分点。其中，Ⅳ类水质断面有 3 个，占评价断面的 6.4%；Ⅴ类水质断面有 2 个，占评价断面的 4.3%；劣Ⅴ类水质断面有 24 个，占评价断面的 51.0%，详见图 1。

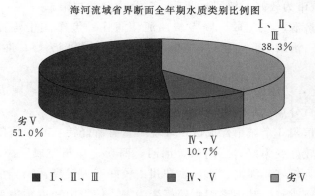

海河流域省界断面全年期水质类别比例图

图 1　全年期水质评价

汛期。参加评价的断面中，Ⅱ类水质断面有 12 个，占评价断面的 26.1%；Ⅲ类水质断面 3 个，占评价断面的 6.5%；31 个水质断面受到不同程度的污染，占评价断面的 67.4%。与 2009 年相比受污染断面上升了 4.9 个百分点。其中，Ⅳ类水质断面有 5 个，占评价断面的 10.9%；Ⅴ类水质断面有 2 个，占评价断面的 4.3%；劣Ⅴ类水质断面有 24 个，占评价断面的 52.2%，详见图 2。

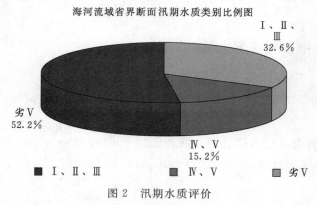

海河流域省界断面汛期水质类别比例图

图 2　汛期水质评价

非汛期，参加评价的断面中，Ⅱ类水质断面有 8 个，占评价断面的 17.4%；Ⅲ类水质断面 12 个，占评价断面的 26.1%；26 个水质断面受到不同程度的污染，占评价断面的 56.5%。与 2009 年相比受污染断面下降了 4.0 个百分点。其中，Ⅳ类水质断面有 1 个，占评价断面的 2.2%；Ⅴ类水质断面有 3 个，占评价断面的 6.5%；劣Ⅴ类水质断面有 22 个，占评价断面的 47.8%，详见图 3。

与 2009 年全年相比，受到污染的断面比例上升了 3.5%，严重污染断面所占比例下降了 7.2%。其主要超标项目为溶解氧、氨氮、高锰酸盐指数、化学需氧量、5 日生化需氧量和氟化物等。从总体上看，海河流域水质变化不大，污染仍比较严重。具体详见表 1、表 2、表 3 和表 4。

海河流域省界水体污染状况严重的地区如下：

河北—天津省界：东周大桥和南赵扶断面河干外，实测断面为 10 个，其中Ⅱ类水质

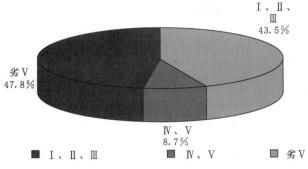

图 3　非汛期水质评价

断面有 1 个，Ⅲ类水质断面有 3 个，Ⅴ类水质断面有 1 个，其余断面水质均为劣Ⅴ类，包括还乡河的小定府庄、北运河的土门楼、大清河的台头、沧浪渠的窦庄子南和北排水河的窦庄子北。

河北—山东省界：10 个断面除马颊河的沙王庄和宣惠河的景庄桥河干外，其余 8 个断面水质均为劣Ⅴ类，包括卫运河的馆陶、先锋桥、白庄桥、四女寺、南运河的第三店、漳卫新河的吴桥、王营盘和辛集闸。

河北—北京省界：9 个水质断面除永定河的固安为河干外，其余 8 个水质断面包括Ⅰ类的断面 1 个，Ⅱ类的断面 1 个，Ⅲ类的断面 1 个，劣Ⅴ类断面 4 个，受到污染的断面比例为 62.5%，包括潮白河的赶水坝、泃河的双村、永定河的八号桥、小清河的码头东和琉璃河的码头西。

山西—河北省界：8 个水质断面包括Ⅱ类的断面 2 个，Ⅲ类水质断面有 3 个，Ⅳ类水质断面有 1 个，劣Ⅴ类的断面有 2 个，受到污染的断面比例为 37.5%，包括南洋河的水闸屯、桑干河的册田水库和绵河的地都。

河南—山东省界：大清集断面全年为严重污染，主要污染项目为氨氮、5 日生化需氧量和化学需氧量。

河南—河北省界：实测的 3 个水质断面中，Ⅱ类的断面有 1 个，劣Ⅴ类断面为 2 个，受到污染的断面比例为 66.7%，包括卫河的龙王庙和马颊河的南乐。

表 1　　　　　　　　　　海河流域省界断全年污染物超标断面数统计表

超标项目	超标断面数（个）	所占比例（%）	最大浓度值（mg/L）	最大超标倍数	出现站点
溶解氧	5	10.6	0.2		码头（西）
氨氮	25	53.2	47.7	46.7	码头（西）
高锰酸盐指数	7	14.9	14.2	1.4	四女寺
化学需氧量	19	40.4	330.5	15.5	吴桥
5 日生化需氧量	16	34.0	87.1	20.8	码头（西）
氟化物	13	27.7	4.06	3.1	小定府庄

表 2　　　　　　　　　　　　　　海河流域省界断面水质类别评价表

水质类别 断面名称	1～2 月	3～4 月	5～6 月	7～8 月	9～10 月	11～12 月	全年期	汛期	非汛期
郭家屯	Ⅲ	Ⅴ	Ⅴ	Ⅳ	Ⅲ	Ⅱ	Ⅳ	Ⅳ	Ⅲ
乌龙矶	冰期未测	＞Ⅴ	＞Ⅴ	＞Ⅴ	＞Ⅴ	＞Ⅴ	＞Ⅴ	＞Ⅴ	＞Ⅴ
洒河桥	Ⅴ	Ⅱ	Ⅲ	Ⅱ	Ⅱ	Ⅲ	Ⅱ	Ⅱ	Ⅲ
大黑汀水库	Ⅲ	Ⅱ	Ⅱ	Ⅱ	Ⅱ	Ⅱ	Ⅲ	Ⅱ	Ⅲ
潵河桥	冰期未测	Ⅱ	Ⅲ	Ⅲ	Ⅲ	Ⅲ	Ⅲ	Ⅲ	Ⅲ
沙河矫	冰期未测	Ⅱ	Ⅱ	Ⅱ	Ⅱ	Ⅱ	Ⅱ	Ⅱ	Ⅱ
龙门口	冰期未测	Ⅲ	Ⅲ	Ⅲ	Ⅲ	Ⅲ	Ⅲ	Ⅲ	Ⅲ
小定府庄	河干	＞Ⅴ	＞Ⅴ	＞Ⅴ	＞Ⅴ	＞Ⅴ	＞Ⅴ	＞Ⅴ	＞Ⅴ
下堡	Ⅰ	Ⅳ	Ⅱ	Ⅳ	Ⅳ	Ⅳ	Ⅲ	Ⅱ	Ⅲ
古北口	Ⅰ	Ⅰ	Ⅰ	Ⅲ	Ⅱ	Ⅰ	Ⅱ	Ⅱ	Ⅱ
赶水坝	＞Ⅴ	＞Ⅴ	＞Ⅴ	＞Ⅴ	＞Ⅴ	＞Ⅴ	＞Ⅴ	＞Ⅴ	＞Ⅴ
土门楼	＞Ⅴ	＞Ⅴ	＞Ⅴ	＞Ⅴ	＞Ⅴ	＞Ⅴ	＞Ⅴ	＞Ⅴ	＞Ⅴ
大沙河	冰期未测	河干	Ⅴ	Ⅴ	Ⅴ	Ⅴ	Ⅴ	Ⅴ	Ⅴ
双村	＞Ⅴ	＞Ⅴ	＞Ⅴ	＞Ⅴ	＞Ⅴ	＞Ⅴ	＞Ⅴ	＞Ⅴ	＞Ⅴ
友谊水库	Ⅳ	Ⅲ	Ⅱ	Ⅱ	Ⅱ	Ⅱ	Ⅱ	Ⅱ	Ⅱ
水闸屯	河干	Ⅲ	Ⅳ	河干	Ⅲ	Ⅱ	Ⅳ	Ⅳ	Ⅳ
堡子湾	冰期未测	＞Ⅴ	＞Ⅴ	＞Ⅴ	＞Ⅴ	＞Ⅴ	＞Ⅴ	＞Ⅴ	＞Ⅴ
册田水库	＞Ⅴ	＞Ⅴ	＞Ⅴ	＞Ⅴ	＞Ⅴ	＞Ⅴ	＞Ⅴ	＞Ⅴ	＞Ⅴ
壶流河水库	Ⅳ	Ⅲ	Ⅲ	Ⅲ	Ⅲ	Ⅲ	Ⅲ	Ⅲ	Ⅲ
八号桥	Ⅴ	Ⅴ	Ⅳ	Ⅳ	Ⅳ	Ⅴ	Ⅳ	Ⅳ	Ⅳ
固安	河干	河干	河干	河干	河干	河干	河干	河干	河干
东周大桥	河干	河干	河干	河干	河干	河干	河干	河干	河干
张坊	Ⅱ	Ⅰ	Ⅱ	Ⅱ	Ⅱ	Ⅰ	Ⅰ	Ⅱ	Ⅱ
码头（东）	河干	Ⅴ	＞Ⅴ	河干	河干	河干	＞Ⅴ	＞Ⅴ	Ⅴ
码头（西）	＞Ⅴ	＞Ⅴ	＞Ⅴ	＞Ⅴ	＞Ⅴ	＞Ⅴ	＞Ⅴ	＞Ⅴ	＞Ⅴ
水堡	Ⅱ	Ⅳ	Ⅳ	Ⅳ	Ⅲ	Ⅳ	Ⅲ	Ⅳ	Ⅲ
台头	冰期未测	河干	＞Ⅴ	＞Ⅴ	＞Ⅴ	河干	＞Ⅴ	＞Ⅴ	河干
倒马关	Ⅱ	Ⅲ	Ⅳ	Ⅳ	Ⅲ	Ⅳ	Ⅲ	Ⅳ	Ⅲ
小觉	Ⅱ	Ⅱ	Ⅲ	Ⅱ	Ⅱ	Ⅱ	Ⅱ	Ⅱ	Ⅱ
地都	＞Ⅴ	＞Ⅴ	＞Ⅴ	＞Ⅴ	＞Ⅴ	＞Ⅴ	＞Ⅴ	＞Ⅴ	＞Ⅴ
南赵扶	河干	河干	河干	河干	河干	河干	河干	河干	河干
大庄子	冰期未测	河干	Ⅴ	Ⅴ	Ⅴ	Ⅴ	Ⅴ	Ⅴ	Ⅴ
窦庄子（北）	＞Ⅴ	＞Ⅴ	＞Ⅴ	＞Ⅴ	＞Ⅴ	＞Ⅴ	＞Ⅴ	＞Ⅴ	＞Ⅴ
刘家庄	Ⅰ	Ⅱ	Ⅱ	Ⅱ	Ⅱ	Ⅱ	Ⅱ	Ⅱ	Ⅱ
匡门口	河干	Ⅴ	Ⅲ	Ⅲ	Ⅲ	Ⅱ	Ⅲ	Ⅱ	Ⅲ

续表

断面名称＼水质类别	1～2月	3～4月	5～6月	7～8月	9～10月	11～12月	全年期	汛期	非汛期
天桥断	Ⅳ	Ⅲ	Ⅲ	Ⅱ	Ⅲ	Ⅱ	Ⅲ	Ⅱ	Ⅲ
观台	河干	Ⅰ	Ⅱ	Ⅱ	Ⅱ	Ⅱ	Ⅱ	Ⅱ	Ⅱ
龙王庙	＞Ⅴ	＞Ⅴ	＞Ⅴ	＞Ⅴ	＞Ⅴ	＞Ⅴ	＞Ⅴ	＞Ⅴ	＞Ⅴ
馆陶	＞Ⅴ	＞Ⅴ	＞Ⅴ	＞Ⅴ	＞Ⅴ	＞Ⅴ	＞Ⅴ	＞Ⅴ	＞Ⅴ
先锋桥	＞Ⅴ	＞Ⅴ	＞Ⅴ	＞Ⅴ	＞Ⅴ	＞Ⅴ	＞Ⅴ	＞Ⅴ	＞Ⅴ
白庄桥	＞Ⅴ	＞Ⅴ	＞Ⅴ	＞Ⅴ	＞Ⅴ	＞Ⅴ	＞Ⅴ	＞Ⅴ	＞Ⅴ
四女寺	＞Ⅴ	＞Ⅴ	＞Ⅴ	＞Ⅴ	＞Ⅴ	＞Ⅴ	＞Ⅴ	＞Ⅴ	＞Ⅴ
第三店	＞Ⅴ	＞Ⅴ	＞Ⅴ	＞Ⅴ	＞Ⅴ	Ⅱ	＞Ⅴ	＞Ⅴ	＞Ⅴ
九宣闸	冰期末测	河干	河干	河干	Ⅲ	Ⅲ	Ⅲ	河干	Ⅲ
景庄桥	河干	河干	河干	河干	河干	河干	河干	河干	河干
吴桥	＞Ⅴ	＞Ⅴ	＞Ⅴ	＞Ⅴ	＞Ⅴ	＞Ⅴ	＞Ⅴ	＞Ⅴ	＞Ⅴ
王营盘	＞Ⅴ	＞Ⅴ	＞Ⅴ	＞Ⅴ	＞Ⅴ	＞Ⅴ	＞Ⅴ	＞Ⅴ	＞Ⅴ
辛集闸	＞Ⅴ	＞Ⅴ	＞Ⅴ	＞Ⅴ	＞Ⅴ	＞Ⅴ	＞Ⅴ	＞Ⅴ	＞Ⅴ
窦庄子（南）	＞Ⅴ	＞Ⅴ	河干	＞Ⅴ	＞Ⅴ	＞Ⅴ	＞Ⅴ	＞Ⅴ	＞Ⅴ
南乐	＞Ⅴ	＞Ⅴ	＞Ⅴ	＞Ⅴ	＞Ⅴ	＞Ⅴ	＞Ⅴ	＞Ⅴ	＞Ⅴ
沙王庄	河干	河干	河干	河干	河干	河干	河干	河干	河干
大清集	＞Ⅴ	＞Ⅴ	河干	＞Ⅴ	＞Ⅴ	河干	＞Ⅴ	＞Ⅴ	＞Ⅴ

注　每两个月的水质监测类别评价是根据两个月数据的平均值得出。

表 3　　　2010 年海河流域水资源一级区省界水体水质状况

序号	河流名称	测站名称	流向 流出省份	流向 流入省份	全年 水质类别	全年 主要超标项目	汛期 水质类别	汛期 主要超标项目	非汛期 水质类别	非汛期 主要超标项目	备注
1	滦河	郭家屯	内黄古	河北	Ⅳ		Ⅳ	高锰酸盐指数	Ⅲ		
2	滦河	乌龙矶	河北	引滦	＞Ⅴ	6价铬；氨氮	＞Ⅴ	6价铬；氨氮	＞Ⅴ	6价铬；氨氮	
3	洒河	洒河桥	河北	引滦	Ⅱ		Ⅱ		Ⅲ		
4	滦河	大黑汀水库	河北	引滦	Ⅲ		Ⅱ		Ⅲ		
5	潵河	潵河桥	河北	天津	Ⅲ		Ⅲ		Ⅲ		
6	沙河	沙河桥	河北	天津	Ⅱ		Ⅱ		Ⅱ		
7	淋河	龙门口	河北	天津	Ⅲ		Ⅲ		Ⅲ		
8	还乡河	小定府庄	河北	天津	＞Ⅴ	氨氮；氟化物	＞Ⅴ	氟化物；溶解氧	＞Ⅴ	氨氮；氟化物	
9	白河	下堡	河北	北京	Ⅲ		Ⅱ		Ⅲ		
10	潮河	古北口	河北	北京	Ⅱ		Ⅱ		Ⅱ		
11	潮白河	赶水坝	北京	河北	＞Ⅴ	氨氮；高锰酸盐指数	＞Ⅴ	氨氮；高锰酸盐指数	＞Ⅴ	氨氮；高锰酸盐指数	

续表

序号	河流名称	测站名称	流向		全年		汛期		非汛期		备注
			流出省份	流入省份	水质类别	主要超标项目	水质类别	主要超标项目	水质类别	主要超标项目	
12	北运河	土门楼	河北	天津	>V	氨氮;高锰酸盐指数	>V	氨氮;高锰酸盐指数	>V	氨氮;高锰酸盐指数	
13	北京排污河	大沙河	北京	天津	V	高锰酸盐指数;氨氮;5日生化需氧量	V	高锰酸盐指数;氨氮;5日生化需氧量	V	高锰酸盐指数;氨氮;5日生化需氧量	
14	洵河	理村	北京	河北	>V	氨氮;硫化物;高锰酸盐指数	>V	氨氮;高锰酸盐指数	>V	氨氮;硫化物;高锰酸盐指数	
15	东洋河	友谊水库	内蒙古	河北	II		II		II		
16	南洋河	水闸屯	山西	河北	IV	汞	IV	汞	II		
17	御河	堡子湾	内蒙古	山西	>V	氨氮;化学需氧量;溶解氧	>V	化学需氧量;溶解氧	>V	氨氮;化学需氧量;溶解氧	
18	桑干河	册田水库	山西	河北	>V	5日生化需氧量;化学需氧量;氨氮	>V	5日生化需氧量;化学需氧量;氨氮	>V	5日生化需氧量;化学需氧量;溶解氧	
19	壶流河	壶流河水库	山西	河北	III		III		III		
20	永定河	八号桥	河北	北京	IV	汞;氨氮	IV	汞	IV	氨氮;5日生化需氧量;汞	
21	永定河	固安	北京	河北	河干		河干		河干		
22	永定河	东周大桥	河北	天津	河干		河干		河干		
23	拒马河	张坊	河北	北京	I		II		II		
24	小清河	码头(东)	北京	河北	>V	5日生化需氧量;化学需氧量	>V	化学需氧量;5日生化需氧量	V	5日生化需氧量	
25	琉璃河	码头(西)	北京	河北	>V	氨氮;5日生化需氧量;化学需氧量	>V	氨氮;化学需氧量;5日生化需氧量	>V	氨氮;5日生化需氧量;化学需氧量	
26	唐河	水堡	山西	河北	III		IV	氨氮	III		
27	大清河	台头	河北	天津	>V	化学需氧量;硫化物;氟化物	>V	化学需氧量;硫化物	河干		
28	唐河	倒马关	山西	河北	III		IV	氨氮	III		
29	滹沱河	小觉	山西	河北	II		II		II		
30	绵河	地都	山西	河北	>V	氨氮	>V	氨氮	>V	氨氮	
31	子牙河	南赵扶	河北	天津	河干		河干		河干		
32	青静黄排水渠	大庄子	河北	天津	V	高锰酸盐指数;氨氮;5日生化需氧量	V	高锰酸盐指数;氨氮;5日生化需氧量	V	高锰酸盐指数;氨氮;5日生化需氧量	
33	北排水河	窦庄子(北)	河北	天津	>V	化学需氧量;氨氮;铅	>V	化学需氧量;氨氮;氟化物	>V	化学需氧量;氨氮;铅	

序号	河流名称	测站名称	流向		全年		汛期		非汛期		备注
			流出省份	流入省份	水质类别	主要超标项目	水质类别	主要超标项目	水质类别	主要超标项目	
34	清漳河	刘家庄	山西	河北	Ⅱ		Ⅱ		Ⅱ		
35	清漳河	匡门口	河北	河南	Ⅲ		Ⅱ		Ⅲ		
36	浊漳河	王桥断	山西	河南	Ⅲ		Ⅱ		Ⅲ		
37	漳河	观台	河南	河北	Ⅱ		Ⅱ		Ⅱ		
38	卫河	龙王庙	河南	河北	>V	氨氮；5日生化需氧量；化学需氧量	>V	化学需氧量；5日生化需氧量；氨氮	>V	氨氮；5日生化需氧量；化学需氧量	
39	卫运河	馆陶	河北	山东	>V	氨氮；5日生化需氧量；化学需氧量	>V	氨氮；5日生化需氧量；化学需氧量	>V	氨氮；5日生化需氧量；化学需氧量	
40	卫运河	先锋桥	河北	山东	>V	氨氮；5日生化需氧量；化学需氧量	>V	5日生化需氧量；化学需氧量；氨氮	>V	氨氮；5日生化需氧量；化学需氧量	
41	卫运河	白庄桥	河北	山东	>V	氨氮；化学需氧量；5日生化需氧量	>V	5日生化需氧量；化学需氧量；氨氮	>V	氨氮；化学需氧量；5日生化需氧量	
42	卫运河	四女寺	河北	山东	>V	5日生化需氧量；化学需氧量；氨氮	>V	5日生化需氧量；化学需氧量；氨氮	>V	氨氮；化学需氧量；5日生化需氧量	
43	南运河	第三店	山东	河北	>V	氨氮；化学需氧量；5日生化需氧量	>V	氨氮；5日生化需氧量；化学需氧量	>V	氨氮；化学需氧量；5日生化需氧量	
44	南运河	九宣闸	河北	天津	Ⅲ		河干		Ⅲ		
45	宣惠河	景庄桥	山东	河北	河干		河干		河干		
46	漳卫新河	吴桥	山东	河北	>V	化学需氧量；5日生化需氧量；氨氮	>V	5日生化需氧量；化学需氧量；氨氮	>V	化学需氧量；5日生化需氧量；氨氮	
47	漳卫新河	王营盘	河北	山东	>V	化学需氧量；5日生化需氧量；氨氮	>V	5日生化需氧量；化学需氧量；氨氮	>V	化学需氧量；氨氮；5日生化需氧量	
48	漳卫新河	辛集闸	山东	河北	>V	化学需氧量；氨氮；5日生化需氧量	>V	5日生化需氧量；化学需氧量；氨氮	>V	氨氮；化学需氧量；5日生化需氧量	
49	沧浪渠	窦庄子（南）	河北	天津	>V	化学需氧量；氨氮；铅	>V	氨氮；化学需氧量；铅	>V	化学需氧量；氨氮；铅	
50	马颊河	南乐	河南	河北	>V	氨氮；化学需氧量；挥发酚	>V	氨氮；化学需氧量	>V	氨氮；化学需氧量；挥发酚	
51	马颊河	沙王庄	河北	山东	河干		河干		河干		
52	徒骇河	大清集	河南	山东	>V	氨氮；5日生化需氧量；化学需氧量	>V	氨氮；5日生化需氧量；化学需氧量	>V	氨氮；5日生化需氧量；化学需氧量	

表 4　　　　　　　　　　　　2010 年海河流域省界断面水质类别统计表

流向	跨省断面数	实际监测断面数	Ⅰ类	Ⅱ类	Ⅲ类	Ⅳ类	Ⅴ类	劣Ⅴ
河北—北京	4	4	1	1	1	1		
河北—天津	12	10		1	3		1	5
河北—山东	6	5						5
河北—河南	1	1			1			
河北—引滦	3	3		1	1			1
北京—天津	1	1					1	
北京—河北	5	4						4
山西—河北	8	8		2	3	1		2
山西—河南	1	1			1			
河南—河北	3	3						2
河南—山东	1	1						1
内蒙古—河北	2	2		1		1		
内蒙古—山西	1	1						1
山东—河北	4	3						3
合计	52	47	1	7	10	3	2	24
所占比例（%）			2.1	14.9	21.3	6.4	4.3	51.0

7.3.5　专题监测报告——污染源

1. 报告名称

2012 年第三季度重点污染源监测报告——南阳市重点污染源监测及比对情况（第三季度）。

2. 报告来源

南阳市环境保护局网站，网址链接：http://hbj. nanyang. gov. cn/structure/hjjce/content_140482_1. htm。

3. 报告内容

2012 年第三季度重点污染源监测报告
南阳市重点污染源监测及比对情况

（第三季度）

南阳市环境监测站　　　　　　　　二〇一二年九月十五日

1. 污染源监测情况

2012 年南阳市国控重点污染源共计 36 家，具体为：废水污染源 16 家，废气污染源 9 家，城镇污水处理厂 12 家；其中河南天冠燃料乙醇有限公司同时为废水、废气污染源。

废水国控污染源：共监测 12 家污染源，全部达标排放。河南天冠生物工程股份有限公司、南阳市吉翔纺织原料有限公司、新野华兴酒精有限公司、唐河县金顺明胶厂未监测，未监测国控污染源原因见表1。

废气污染源：9家污染源20台（套）设备共监测18台套，全部达标排放。中国联合水泥集团有限公司南阳分公司和南阳汉冶特钢有限公司各有一台设备未监测，未监测国控污染源原因见表1。

城镇污水处理厂：12家均进行了监测，全部达标排放。

表1 　　　　　　　　　　未监测国控企业（或设备）明细表

序号	所在地市	企业名称	类型	排口（设备）名称	未监测原因
1	南阳市	河南天冠生物工程股份有限公司	废水	总排口	河南天冠生物工程有限公司废水进入河南天冠燃料乙醇公司的废水处理系统，经处理后，由燃料乙醇公司排水口统一排放，故河南天冠生物工程有限公司废水不再监测上报
2	南阳市	南阳市吉翔纺织原料有限公司	废水	总排口	生产设备和环保设备维修保养
3	新野县	新野华兴酒精有限公司	废水	总排口	夏季停车检修
4	唐河县	唐河县金顺明胶厂	废水	总排口	气温升高停产
5	镇平县	中国联合水泥集团有限公司南阳分公司	废气	1号熟料生产线	熟料库停机检修
6	南阳市	南阳汉冶特钢有限公司	废气	高炉	热风管道破裂

2. 自动监测设备比对监测情况

11家国控废水污染源进行COD自动在线监测设备比对，比对试验相对误差均符合国家有关技术要求［《水污染源在线监测系统运行与考核技术规范》（HJ/T 355—2007）］。1家废水污染源进行氨氮自动在线监测设备比对，比对试验相对误差符合国家有关技术要求。

12家城镇污水处理厂进、出口均进行COD、氨氮自动在线监测设备比对，进、出口各项指标的比对试验相对误差全部符合国家有关技术要求，合格率为100％。

完成8家国控废气企业比对监测，其中，南阳汉冶特钢有限公司由于高炉热风炉管道破裂，引起电路着火导致高炉及其他3个基站在线监控系统损害，无法进行比对监测；中国联合水泥集团有限公司南阳分公司1号机组设备检修，未进行比对，比对结果符合国家有关技术要求，合格率为100％。

3. 重金属废水国控重点企业

2012年南阳市重金属废水国控重点企业共计9家，第三季度共监测6家，3家停产，监测的6家企业中除桐柏银矿不达标外，其他企业全部达标排放。未监测重金属废水国控重点企业名单见表2。

表2 　　　　　　　　　未监测重金属废水国控重点企业明细表

序号	所在地市	企业名称	法人代码	行政区代码	未监测原因
1	南阳市	多普化冶有限公司	411303G0138	411303	受经济环境影响，公司从2009年12月停产

序号	所在地市	企业名称	法人代码	行政区代码	未监测原因
2	南阳市	南阳市卧龙金骐车辆装饰配件厂	740725699	411303	停产
3	镇平县	镇平县先锋制革有限公司	75071212x	411324	原料供应不足

7.3.6　综合监测报告——环境状况公报

中国环境状况公报是中国环境监测总站在其官方网站对外公布的重要环境公报之一，每年一期，在其网站可以查到 1989 年至今的所有环境状况公报。

1. 报告名称

2012 中国环境状况公报。

2. 报告来源

中国环境监测总站网站，网址链接：http://www.cnemc.cn/publish/totalWebSite/news/news_35889.html。

3. 报告内容

环境状况公报的内容涵盖了大气环境、水环境、噪声环境、固体废弃物、核辐射等各个方面，对全国各地、典型地区过去一年的环境状况做出仔细的说明。

因篇幅较大，不在此列举，可登录中国环境监测总站网站进行查阅。

7.3.7　综合监测报告——水资源公报

1. 报告名称

2011 年中国水资源公报。

2. 报告来源

中华人民共和国水利部网站，网址链接：http://www.mwr.gov.cn/zwzc/hygb/szygb/qgszygb/201212/t20121217_335297.html。

3. 报告内容

水资源公报的内容包括水资源量、蓄水动态、水资源开发利用、水体水质 4 部分内容，水体水质这一部分根据水利系统全国水资源质量监测站网的监测资料，采用相关质量标准对全国的河流、湖泊、水库以及地下水等水体的质量状况进行了评价，因篇幅较大，此处略去，可登录中华人民共和国水利部网站进行查阅。

7.3.8　实验室监测报告

1. 报告名称

××××水环境监测中心检测报告。

2. 报告来源

某流域水环境监测中心。

3. 报告内容

××××水环境监测中心

检 测 报 告

××××（20××）××号

样品名称	××××
送样单位	××××
样品数量	25
检测类型	常规检测
报告日期	20××年××月××日

说　　明

1. 本检测报告无 CMA 专用章无效。

2. 本检测报告无本中心公章无效。

3. 对本检测报告的复印件未重新加盖本中心公章无效。

4. 本检测报告无审核、批准人签字、无骑缝章均无效。

5. 本报告涂改无效。

6. 本中心仅对所检测样品的数据真实性负责。

7. 委托检测仅对来样负责。

8. 对检测结果有异议，可以自收到报告之日起 15 日之内向本中心提出。

　　　　地址：××××××××××××

　　　　邮政编码：××××××

　　　　电话：××××××

　　　　传真：××××××

　　　　联系人：×××

　　　　电子信箱：××××××

检测项目及标准

检测项目	检测依据	检测使用主要仪器设备	检测人员
水温	GB 13195—1991	多参数监测仪	×××
pH	GB 6920—1986		
电导率	SL 78—1994		
溶解氧	HJ 506—2009		
（浑）浊度	GB 13200—1991		
5 日生化需氧量	HJ/T 86—2002	BOD 测定仪	×××
粪大肠菌群	SL 355—2006	生物毒性测定仪	×××
石油类	GB/T 16488—1996	多参数监测仪	×××
氟化物、氯化物、硫酸盐、硝酸盐氮	HJ/T 84—2001	离子色谱仪	×××、×××
高锰酸盐指数	××－LD　001—2011	流动注射分析仪	×××
化学需氧量	××－LD　002—2011		
硝酸盐氮	××－LD　003—2011		
亚硝酸盐氮	××－LD　004—2011		
硫化物	××－LD　005—2011		
阴离子表面活性剂	××－LD　006—2011		
氨氮	××－LD　007—2011		
总氮	××－LD　008—2011		
总磷	××－LD　009—2011		×××
铬（6 价）	××－LD　010—2011		
挥发酚	××－LD　011—2011		
氰化物	××－LD　012—2011		
铜、锌、铅、镉、铁、锰、镍、铬、钾、钠、钙、镁	SL 394—2007	ICP－MS	×××
汞	SL 327.2—2005	原子荧光光度计	×××
砷	SL 327.1—2005		
硒	SL 327.3—2005		

××××水环境监测中心基本信息

样品名称	××××××	委托单位	/
送（采）样单位	×××××××××	委托单位地址联系电话	/
送（采）样单位地址联系电话	××××××××× ××××××	检测类型	常规检测
收样日期	××××××	检测环境条件情况	符合检测要求
检测地点（实验室内、外）	××××水环境监测中心实验室内、外	样品数量	25

××××（20××）2 号

××××水环境监测中心检测结果

样品编码	断面名称	采样时间	水温 （℃）	pH值	电导率 （μS/cm）	（浑）浊度 （NTU）	溶解氧	氨氮	高锰酸盐指数 mg/L	化学需氧量	铬（6价）	总氮
××××	××××	××××	8.8	8.4	542	14.6	9.9	0.03	2.7		0.005	8.6
××××	××××	××××	8.0	8.6	550	26.2	8.7	0.08	2.6		0.008	8.4
××××	××××	××××	7.9	8.1	346	23.0	8.7	0.07	5.6		<DL	0.5
××××	××××	××××	8.5	8.6	982	34.7	9.2	9.29	52.2	135.0	0.004	17.1
××××	××××	××××	7.2	7.9	1206	38.6	8.0	2.01	7.8	28.8	<DL	5.9
××××	××××	××××	8.2	8.0	576	45.4	10.2	0.14	3.3	18.5	<DL	3.1
××××	××××	××××	10.5	8.3	790	34.7	9.5	2.71	9.0	28.6	0.020	8.0
××××	××××	××××	7.9	8.2	1056	37.9	10.1	0.33	9.0	28.9	0.005	5.9
××××	××××	××××	8.5	8.6	426	31.6	9.6	0.11	11.3	45.4	<DL	1.2
××××	××××	××××	7.2	8.0	1109	151.7	6.8	0.07	2.8	16.5	0.006	5.4
××××	××××	××××	8.3	7.6	830	34.7	7.6	9.49	26.6	44.0	0.044	14.1
××××	××××	××××	9.7	8.2	734	22.1	4.4	0.06	1.8	7.8	0.013	3.1
××××	××××	××××	7.5	7.6	640	29.9	6.8	2.76	18.2	35.6	0.043	13.5
××××	××××	××××	10.3	8.5	376	61.6	2.7	6.49	14.2	32.5	0.040	15.4
××××	××××	××××	9.2	7.9	435	29.0	1.9	5.76	13.9	25.6	0.007	16.9
××××	××××	××××	9.5	8.3	8	26.6	13.2	0.20	27.8	139.5	<DL	0.9
××××	××××	××××	10.7	7.6	5	36.5	9.5	48.41	58.9	96.6	0.014	55.2
××××	××××	××××	9.3	8.5	283	37.8	9.8	8.48	18.7	77.6	0.023	10.7
××××	××××	××××	9.6	7.8	284	39.2	11.7	26.15	40.5	96.9	0.003	29.3
××××	××××	××××	16.0	8.1	8	39.8	0.6	1.53	38.4	61.3	0.007	15.6
××××	××××	××××	15.4	7.8	4	24.5	0.5	30.89	87.4	108.4	0.004	50.0
××××	××××	××××	12.7	7.7	1538	37.4	4.2	8.25	38.9	42.4	0.014	10.5
××××	××××	××××	12.1	8.3	1187	29.6	13.3	14.66	26.1	32.5	0.036	20.9
××××	××××	××××	9.7	7.6	1008	33.5	4.5	5.98		90.7	0.007	7.9
××××	××××	××××	9.7	7.4	1429	32.0	3.7	20.28	29.9	59.1	0.017	26.9

××××水环境监测中心检测结果

样品编码	断面名称	总磷	亚硝酸盐氮	挥发酚	氰化物	硫化物	阴离子表面活性剂 mg/L	氟化物	氯化物	硫酸盐	硝酸盐氮	汞
××××××	××××	0.07	0.024	<DL	<DL	<DL	0.01	0.39	28.4	92.7	6.67	0.00005
××××××	××××	0.07	0.050	<DL	0.001	<DL	0.01	0.52	17.7	47.2	5.87	0.00004
××××××	××××	0.06	<DL	<DL	0.005	<DL	0.02	0.87	59.7	233	0.32	0.00004
××××××	××××	1.27	0.021	<DL	0.005	0.033	0.04	3.14	433	742	0.01	0.00003
××××××	××××	0.29	0.151	<DL	0.009	<DL	0.63	1.27	173	166	2.43	0.00005
××××××	××××	0.07	0.007	<DL	0.008	<DL	0.01	0.66	30.5	42.6	2.13	0.00007
××××××	××××	0.33	0.417	<DL	0.011	<DL	0.02	0.95	112	124	3.43	0.00006
××××××	××××	0.15	0.050	<DL	0.001	<DL	0.02	0.78	134	216	3.43	0.00005
××××××	××××	0.11	<DL	<DL	<DL	<DL	0.02	1.22	220	306	0.81	0.00012
××××××	××××	0.18	0.008	<DL	<DL	<DL	0.03	0.25	12.5	30.2	4.25	0.00004
××××××	××××	4.03	0.300	<DL	<DL	<DL	0.09	0.57	202	157	0.85	0.00005
××××××	××××	0.04	<DL	<DL	<DL	<DL	0.01	0.26	10.0	56.6	2.76	0.00007
××××××	××××	2.05	2.378	<DL	0.011	<DL	0.06	0.71	145	133	8.16	0.00034
××××××	××××	1.57	1.017	<DL	0.005	<DL	0.06	0.38	258	314	4.40	0.00004
××××××	××××	0.50	1.690	<DL	0.006	<DL	0.05	0.35	239	289	6.19	0.00004
××××××	××××	0.07	0.038	<DL	0.009	<DL	0.06	1.34	2320	1624	0.03	0.00004
××××××	××××	0.10	0.062	<DL	0.009	<DL	0.15	1.64	1015	916	0.20	0.00003
××××××	××××	0.44	0.318	<DL	0.004	<DL	0.05	1.33	951	575	0.68	0.00004
××××××	××××	<DL	0.140	<DL	0.001	<DL	0.02	2.47	1914	533	0.41	0.00005
××××××	××××	0.11	<DL	<DL	0.002	0.159	0.04	0.52	590	475	0.02	0.00004
××××××	××××	1.07	0.011	<DL	0.006	<DL	0.32	4.10	589	834	<DL	0.00005
××××××	××××	4.26	<DL	<DL	0.007	<DL	0.12	0.63	223	194	<DL	0.00004
××××××	××××	3.31	0.843	<DL	0.005	<DL	0.07	0.67	145	132	4.06	0.00004
××××××	××××	4.07	0.457	<DL	0.003	<DL	0.14	0.63	174	46.0	0.69	0.00007
××××××	××××	3.98	<DL	<DL	<0.0002	<DL	0.12	0.62	240	187	0.05	0.00006
××××××	××××	0.07	0.024	<DL	0.001	<DL	0.01	0.39	28.4	92.7	6.67	0.00005
××××××	××××	0.07	0.050	<DL	0.005	<DL	0.01	0.52	17.7	47.2	5.87	0.00004
××××××	××××	0.06	<DL	<DL	0.005	<DL	0.02	0.87	59.7	233	0.32	0.00004
××××××	××××	1.27	0.021	<DL	0.005	0.033	0.04	3.14	433	742	0.01	0.00003

×××× (20××) 2 号

×××× 水环境监测中心检测结果

mg/L

样品编码	断面名称	砷化物	硒	铜	铅	锌	镉	铁	锰	镍	铬	5日生化需氧量
××××	××××	0.0006	0.0004	0.00267	<DL	<DL	<DL	0.27529	0.00817	<DL	<DL	2.9
××××	××××	0.0008	0.00033	<DL	<DL	<DL	<DL	0.14560	0.00350	<DL	<DL	0.8
××××	××××	0.00135	0.0004	<DL	<DL	<DL	<DL	0.04650	0.00118	<DL	<DL	0.3
××××	××××	0.0127	0.00045	0.00585	<DL	0.00524	<DL	0.13393	0.09631	<DL	<DL	5.4
××××	××××	0.0030	0.0026	0.00351	<DL	0.00320	<DL	0.05409	0.25028	<DL	<DL	2.5
××××	××××	0.00109	0.00044	<DL	<DL	<DL	<DL	0.10061	0.00606	<DL	<DL	1.7
××××	××××	0.00290	0.00050	<DL	<DL	<DL	<DL	0.41942	0.01321	<DL	<DL	3.8
××××	××××	0.00286	0.00049	<DL	<DL	<DL	<DL	0.10017	0.01956	<DL	<DL	2.5
××××	××××	0.0058	0.0005	<DL	<DL	<DL	<DL	0.05698	0.00467	<DL	<DL	1.8
××××	××××	0.0009	0.00047	<DL	<DL	<DL	<DL	0.02895	0.00328	<DL	<DL	4.8
××××	××××	0.0032	0.00059	<DL	<DL	<DL	<DL	0.08436	0.00540	0.00418	<DL	1.2
××××	××××	0.0007	0.0004	<DL	<DL	<DL	<DL	0.17513	0.00294	<DL	<DL	3.2
××××	××××	0.0042	0.00036	<DL	<DL	<DL	<DL	0.21938	0.00300	<DL	<DL	4.9
××××	××××	0.0028	0.00073	<DL	<DL	<DL	<DL	0.20833	0.04267	<DL	<DL	3.2
××××	××××	0.0013	0.00048	0.00229	<DL	<DL	<DL	0.01151	0.00422	<DL	<DL	4.0
××××	××××	0.0038	0.00124	0.00537	<DL	<DL	<DL	0.05142	0.01860	0.00426	<DL	3.4
××××	××××	0.0008	0.00056	0.00630	<DL	0.00218	<DL	0.23233	0.27366	0.02875	<DL	2.9
××××	××××	0.0035	0.00042	0.00682	<DL	0.05639	<DL	0.04191	0.01593	0.00597	<DL	2.6
××××	××××	0.0007	0.00037	0.00570	<DL	<DL	<DL	0.05044	0.25112	0.03919	<DL	2.2
××××	××××	0.0050	0.00033	0.00291	<DL	<DL	<DL	0.08106	0.05476	<DL	<DL	4.6
××××	××××	0.01103	0.0038	0.00215	<DL	<DL	<DL	0.12385	0.32729	0.01007	<DL	3.2
××××	××××	0.0037	0.0004	0.00268	<DL	<DL	<DL	0.12742	0.00776	0.00402	<DL	4.0
××××	××××	0.0038	0.0003	<DL	<DL	<DL	<DL	0.01750	0.00317	<DL	<DL	4.0
××××	××××	0.0069	0.0004	0.00259	<DL	<DL	<DL	0.00281	0.01406	<DL	<DL	4.1
××××	××××	0.0030	0.0005	0.00231	<DL	<DL	<DL	0.10580	0.00858	0.00444	<DL	3.7

××××水环境监测中心

检测分析结论

检测结论	所测项目按照《地表水环境质量标准》（GB 3838—2002）评价结果为： ×××为Ⅱ类水质；×××、×××、×××、×××、×××为Ⅲ类水质；×××为Ⅳ类水质；×××、×××、×××、×××、×××、×××、×××、×××、×××、×××、×××、×××、×××、×××、×××、×××、×××为劣Ⅴ类水质
备注	×××、×××、×××河干
编制人	×××× ××××年×月×日　　　　校核人　　×××× ××××年×月×日
审核人	×××× ××××年×月×日　　　　批准人　　×××× ××××年×月×日

思 考 题

1. 什么是水环境监测报告?
2. 按照编制方式的不同,水环境监测报告可以分为哪几类?分别出于什么需要编制?
3. 按照编制的周期长短,水环境监测报告可以分为哪几类?应包含哪些信息?
4. 按照编制的内容,水环境监测报告可以分为哪几类?分别反映什么状况?
5. 编制水环境监测报告时应遵从什么原则?
6. 实验室监测报告包含哪些内容?应该如何编制?

情景 8 综 合 实 训
——校园周边水环境监测

1. 实训任务

对校园周边河流进行水质监测，掌握河水的质量状况，并依据水环境质量标准判断其水环境质量是否符合国家标准。

2. 实训目的

（1）通过水环境监测综合实训，进一步巩固水环境调查、监测方案制定、水样采集、水样分析测定、数据分析与整理、水环境监测报告编制等单项技能，形成水环境监测的综合技能。

（2）通过小组分工合作，锻炼学生沟通与团队协作能力，培养实践操作技能及综合分析问题的能力。

（3）培养良好的职业道德，爱岗敬业，具备安全意识和环境保护意识；培养职业岗位必备的质量意识，遵守国家和行业规范。

3. 实训内容

（1）制定监测方案。

要求理论联系实际，实地进行调查和资料收集，了解校园周边河段有关水污染源及受纳水体情况，以及相应的水文和水质参数。在了解监测河段基本信息的基础上，分小组制订监测方案，方案应包括以下内容：

1）小组人员分工。

2）采样布点。

3）确定采样时间和采样频率。

4）选择合适的采样器和采样方法。

5）水样的现场测定项目及方法。

6）水样的保存管理和运输办法。

7）监测项目及分析方法的确定等。

（2）采集水样。

1）确定监测断面，布设采样点。根据监测的目的和监测的项目，合理地确定监测断面和采样点的位置，尽可能以最少的断面和采样点获取足够的有代表性的水环境信息，同时还要考虑实际采样时的可行性和方便性。

2）采样时间和采样频率。因监测目的和监测水体的不同，采样的频率往往也不同。一般情况下每天每个水质参数只采样一个。对校园的总废水排放口，可每隔 2～3h 采样一次。

3）采集水样。根据监测项目确定是混合采样还是单独采样，对于需要单独采样的监测项目单独采集水样。选择合适的采水器和水样瓶，采样前按照要求洗净、沥干备用，并于采样前用被采集的水样润洗 2～3 次。采样时应保证采样点的位置准确，避免激烈搅动水体，采水器迎着水流方向浸入水中，水充满后迅速提出水面。采样量要满足监测项目的用水量需求。

4）现场测定。因某些水质项目在水样的存放过程特别容易发生变化，要求现场测定，如水温、pH 值等，对于这些监测项目，进行现场测定，严格记录现场检测结果并妥善保管。

5）水样的保存和管理。除一部分用于现场测定外，大部分要运回实验室进行分析测定，为了保持水质，水样若不能及时进行分析，应选择适当的方法对水样进行保存。运回实验室分析测定的样品，应认真填写标签，粘贴在采样容器上，并填写水样登记表。

6）填写采样记录表。认真填写"水质采样记录表"，用签字笔或硬质铅笔在现场记录，字迹应端正、清晰，项目完整。

7）水样的运输。水样采集后立即送回实验室，装运前根据采样记录表清点样品，按照要求对水样容器进行密封。视具体运输状况采取相应的保护措施。

8）水样的交接。接受者与送样者双方在样品登记表上签名，以示负责。

（3）分析水样。

1）实验准备。选择分析水样所需要使用的仪器和试剂，并按照要求的浓度和剂量配制试验时需要用到的试剂。对需要进行预处理的水样按照规范进行预处理。

2）分析测定。选择地表水常规监测项目进行分析测定，选择的分析方法应成熟、准确、操作简便。

3）数据处理。对监测结果进行分析和处理，原始数据根据有效数字的保留规则正确书写，运算要遵循运算规则。在数据处理中，对于出现的可疑数据，应从技术上查明原因，然后再用统计检验方法进行检验，剔除离群数据，保证测定结果符合客观实际。

（4）监测结果。

样品编码	断面名称	采样时间	水温	pH 值	溶解氧	高锰酸盐指数	化学需氧量	氨氮	铬（6价）	……
1										
2										
3										
...										

（5）水质评价。

依据监测结果，对照《地表水环境质量标准》（GB 3838—2002）对监测河段的水质状况进行简单的水质评价，判断水质类别。

（6）编写水环境监测报告。

报告应包含以下几部分内容：

1）封面。应包含监测水体、监测类型、报告日期、报告编制人、校核人、审核人等信息。

2）水样说明。应包含采样地点、采样方式、样品数量、接样时间、保存技术、样品特征、采样人、采样时间等信息。

3）监测项目及标准。应包含监测项目、监测依据、监测方法、使用的主要仪器设备、监测人员等信息。

4）监测结果。用表格的形式列出各监测项目的监测数据。

5）监测分析结论。按照《地表水环境质量标准》（GB 3838—2002），给出监测水体的水质类别。

附录

附录 1　地表水环境质量标准

中华人民共和国国家标准

地表水环境质量标准

Environmental quallty standards for surface water

GB 3838—2002

1　范围

1.1　本标准按照地表水环境功能分类和保护目标，规定了水环境质量应控制的项目及限值，以及水质评价、水质项目的分析方法和标准的实施与监督。

1.2　本标准适用于中华人民共和国领域内江河、湖泊、运河、渠道、水库等具有使用功能的地表水水域。具有特定功能的水域，执行相应的专业用水水质标准。

2　引用标准

《生活饮用水卫生规范》（卫生部，2001 年）和本标准表 4 至表 6 所列分析方法标准及规范中所含条文在本标准中被引用即构成为本标准条文，与本标准同效。当上述标准和规范被修订时，应使用其最新版本。

3　水域功能和标准分类

依据地表水水域环境功能和保护目标，按功能高低依次划分为 5 类：

Ⅰ类主要适用于源头水、国家自然保护区；

Ⅱ类主要适用于集中式生活饮用水地表水源地一级保护区、珍稀水生生物栖息地、鱼虾类产场、仔稚幼鱼的索饵场等；

Ⅲ类主要适用于集中式生活饮用水地表水源地二级保护区、鱼虾类越冬场、洄游通道、水产养殖区等渔业水域及游泳区；

Ⅳ类主要适用于一般工业用水区及人体非直接接触的娱乐用水区；

Ⅴ类主要适用于农业用水区及一般景观要求水域。

对应地表水上述 5 类水域功能，将地表水环境质量标准基本项目标准值分为 5 类，不同功能类别分别执行相应类别的标准值。水域功能类别高的标准值严于水域功能类别低的标准值。同一水域兼有多类使用功能的，执行最高功能类别对应的标准值。实现水域功能与功能类别标准为同一含义。

4　标准值

4.1　地表水环境质量标准基本项目标准限值见表 1。

4.2　集中式生活饮用水地表水源地补充项目标准限值见表 2。

4.3 集中式生活饮用水地表水源地特定项目标准限值见表3。

5　水质评价

5.1 地表水环境质量评价应根据应实现的水域功能类别，选取相应类别标准，进行单因子评价，评价结果应说明水质达标情况，超标的应说明超标项目和超标倍数。

5.2 丰、平、枯水期特征明显的水域，应分水期进行水质评价。

5.3 集中式生活饮用水地表水源地水质评价的项目应包括表1中的基本项目、表2中的补充项目以及由县级以上人民政府环境保护行政主管部门从表3中选择确定的特定项目。

6　水质监测

6.1 本标准规定的项目标准值，要求水样采集后自然沉降30min，取上层非沉降部分按规定方法进行分析。

6.2 地表水水质监测的采样布点、监测频率应符合国家地表水环境监测技术规范的要求。

6.3 本标准水质项目的分析方法应优先选用表4～表6规定的方法，也可采用ISO方法体系等其他等效分析方法，但须进行适用性检验。

7　标准实施与监督

7.1 本标准由县级以上人民政府环境保护行政主管部门及相关部门按职责分工监督实施。

7.2 集中式生活饮用水地表水源地水质超标项目经自来水厂净化处理后，必须达到《生活饮用水卫生规范》的要求。

7.3 省、自治区、直辖市人民政府可以对本标准中未作规定的项目，制定地方补充标准，并报国务院环境保护行政主管部门备案。

表1　　　　　　　　　地表水环境质量标准基本项目标准限值　　　　　　　单位：mg/L

序号	标准值 分类 项目	Ⅰ类	Ⅱ类	Ⅲ类	Ⅳ类	Ⅴ类
1	水温（℃）	人为造成的环境水温变化应限制在：周平均最大温升≤1　周平均最大温降≤2				
2	pH值（无量纲）	6～9				
3	溶解氧≥	饱和率90%（或7.5）	6	5	3	2
4	高锰酸盐指数≤	2	4	6	10	15
5	化学需氧量（COD）≤	15	15	20	30	40
6	5日生化需氧量（BOD_5）≤	3	3	4	6	10
7	氨氮（NH_3-N）≤	0.15	0.5	1.0	1.5	2.0
8	总磷（以P计）≤	0.02（湖、库0.01）	0.1（湖、库0.025）	0.2（湖、库0.05）	0.3（湖、库0.1）	0.4（湖、库0.2）

序号	项目 \ 标准值 \ 分类	I 类	II 类	III 类	IV 类	V 类
9	总氮（湖、库，以 N 计）≤	0.2	0.5	1.0	1.5	2.0
10	铜≤	0.01	1.0	1.0	1.0	1.0
11	锌≤	0.05	1.0	1.0	2.0	2.0
12	氟化物（以 F⁻ 计）≤	1.0	1.0	1.0	1.5	1.5
13	硒≤	0.01	0.01	0.01	0.02	0.02
14	砷≤	0.05	0.05	0.05	0.1	0.1
15	汞≤	0.00005	0.00005	0.0001	0.001	0.001
16	镉≤	0.001	0.005	0.005	0.005	0.01
17	铬（6 价）≤	0.01	0.05	0.05	0.05	0.1
18	铅≤	0.01	0.01	0.05	0.05	0.1
19	氰化物≤	0.005	0.05	0.2	0.2	0.2
20	挥发酚≤	0.002	0.002	0.005	0.01	0.1
21	石油类≤	0.05	0.05	0.05	0.5	1.0
22	阴离子表面活性剂≤	0.2	0.2	0.2	0.3	0.3
23	硫化物≤	0.05	0.1	0.2	0.5	1.0
24	粪大肠菌群（个/L）≤	200	2000	10000	20000	40000

表 2　　　　集中式生活饮用水地表水源地补充项目标准限值　　　　单位：mg/L

序号	项目	标准值	序号	项目	标准值
1	硫酸盐（以 SO₄²⁻ 计）	250	4	铁	0.3
2	氯化物（以 Cl⁻ 计）	250	5	锰	0.1
3	硝酸盐（以 N 计）	10			

表 3　　　　集中式生活饮用水地表水源地特定项目标准限值　　　　单位：mg/L

序号	项目	标准值	序号	项目	标准值
1	三氯甲烷	0.06	11	四氯乙烯	0.04
2	四氯化碳	0.002	12	氯丁二烯	0.002
3	三溴甲烷	0.1	13	六氯丁二烯	0.0006
4	二氯甲烷	0.02	14	苯乙烯	0.02
5	1，2-二氯乙烷	0.03	15	甲醛	0.9
6	环氧氯丙烷	0.02	16	乙醛	0.05
7	氯乙烯	0.005	17	丙烯醛	0.1
8	1，1-二氯乙烯	0.03	18	三氯乙醛	0.01
9	1，2-二氯乙烯	0.05	19	苯	0.01
10	三氯乙烯	0.07	20	甲苯	0.7

续表

序号	项　　目	标准值	序号	项　　目	标准值
21	乙苯	0.3	51	活性氯	0.01
22	二甲苯①	0.5	52	滴滴涕	0.001
23	异丙苯	0.25	53	林丹	0.002
24	氯苯	0.3	54	环氧七氯	0.0002
25	1，2-二氯苯	1.0	55	对硫磷	0.003
26	1，4-二氯苯	0.3	56	甲基对硫磷	0.002
27	三氯苯②	0.02	57	马拉硫磷	0.05
28	四氯苯③	0.02	58	乐果	0.08
29	六氯苯	0.05	59	敌敌畏	0.05
30	硝基苯	0.017	60	敌百虫	0.05
31	二硝基苯④	0.5	61	内吸磷	0.03
32	2，4-二硝基甲苯	0.0003	62	百菌清	0.01
33	2，4，6-三硝基甲苯	0.5	63	甲萘威	0.05
34	硝基氯苯⑤	0.05	64	溴氰菊酯	0.02
35	2，4-二硝基氯苯	0.5	65	阿特拉津	0.003
36	2，4-二氯苯酚	0.093	66	苯并（a）芘	2.8×10^{-6}
37	2，4，6-三氯苯酚	0.2	67	甲基汞	1.0×10^{-6}
38	五氯酚	0.009	68	多氯联苯⑥	2.0×10^{-5}
39	苯胺	0.1	69	微囊藻毒素-LR	0.001
40	联苯胺	0.0002	70	黄磷	0.003
41	丙烯酰胺	0.0005	71	钼	0.07
42	丙烯腈	0.1	72	钴	1.0
43	邻苯二甲酸二丁酯	0.003	73	铍	0.002
44	邻苯二甲酸二(2-乙基己基)酯	0.008	74	硼	0.5
45	水合肼	0.01	75	锑	0.005
46	四乙基铅	0.0001	76	镍	0.02
47	吡啶	0.2	77	钡	0.7
48	松节油	0.2	78	钒	0.05
49	苦味酸	0.5	79	钛	0.1
50	丁基黄原酸	0.005	80	铊	0.0001

① 二甲苯：指对-二甲苯、间-二甲苯、邻-二甲苯。
② 三氯苯：指1，2，3-三氯苯、1，2，4-三氯苯、1，3，5-三氯苯。
③ 四氯苯：指1，2，3，4-四氯苯、1，2，3，5-四氯苯、1，2，4，5-四氯苯。
④ 二硝基苯：指对-二硝基苯、间-二硝基苯、邻-二硝基苯。
⑤ 硝基氯苯：指对-硝基氯苯、间-硝基氯苯、邻-硝基氯苯。
⑥ 多氯联苯：指 PCB-1016、PCB-1221、PCB1232、PCB1242、PCB-1248、PCB-1254、PCB-1260。

表 4　　　　　　　　　　　地表水环境质量标准基本项目分析方法

序号	项　目	分析方法	最低检出限（mg/L）	方法来源
1	水温	温度计法		GB 13195—91
2	pH 值	玻璃电极法		GB 6920—86
3	溶解氧	碘量法	0.2	GB 7489—87
		电化学探头法		GB 11913—89
4	高锰酸盐指数		0.5	GB 11892—89
5	化学需氧量	重铬酸盐法	5	CB 11914—89
6	5 日生化需氧量	稀释与接种法	2	GB 7488—87
7	氨氮	纳氏试剂比色法	0.05	GB 7479—87
		水杨酸分光光度法	0.01	GB 7481—87
8	总磷	钼酸铵分光光度法	0.01	GB 11893—89
9	总氮	碱性过硫酸钾消解紫外分光光度法	0.05	GB 11894—89
10	铜	2，9-二甲基-1，10-菲啰啉分光光度法	0.06	GB 7473—87
		二乙基二硫代氨基甲酸钠分光光度法	0.010	GB 7474—87
		原子吸收分光光度法（整合萃取法）	0.001	GB 7475—87
11	锌	原子吸收分光光度法	0.05	GB 7475—87
12	氟化物	氟试剂分光光度法	0.05	GB 7483—87
		离子选择电极法	0.05	GB 7484—87
		离子色谱法	0.02	HJ/T 84—2001
13	硒	2，3-二氨基萘荧光法	0.00025	GB 11902—89
		石墨炉原子吸收分光光度法	0.003	GB/T 15505—1995
14	砷	二乙基二硫代氨基甲酸银分光光度法	0.007	GB 7485—87
		冷原子荧光法	0.00006	①
15	汞	冷原子吸收分光光度法	0.00005	GB 7468—87
		冷原子荧光法	0.00005	①
16	镉	原子吸收分光光度法（螯合萃取法）	0.001	GB 7475—87
17	铬（六价）	二苯碳酰二肼分光光度法	0.004	GB 7467—87
18	铅	原子吸收分光光度法螯合萃取法	0.01	GB 7475—87
19	氰化物	异烟酸-吡唑啉酮比色法	0.004	GB 7487—87
		吡啶-巴比妥酸比色法	0.002	
20	挥发酚	蒸馏后 4-氨基安替比林分光光度法	0.002	GB 7490—87
21	石油类	红外分光光度法	0.01	GB/T 16488—1996
22	阴离子表面活性剂	亚甲蓝分光光度法	0.05	GB 7494—87
23	硫化物	亚甲基蓝分光光度法	0.005	GB/T 16489—1996
		直接显色分光光度法	0.004	GB/T 17133—1997
24	粪大肠菌群	多管发酵法、滤膜法		①

注　暂采用下列分析方法，待国家方法标准发布后，执行国家标准。
①　《水和废水监测分析方法（第三版）》，中国环境科学出版社，1989 年。

表 5 集中式生活饮用水地表水源地补充项目分析方法

序号	项 目	分析方法	最低检出限 (mg/L)	方法来源
1	硫酸盐	重量法	10	GB 11899—89
		火焰原子吸收分光光度法	0.4	GB 13196—91
		铬酸钡光度法	8	①
		离子色谱法	0.09	HJ/T 84—2001
2	氯化物	硝酸银滴定法	10	GB 11896—89
		硝酸汞滴定法	2.5	①
		离子色谱法	0.02	HJ/T 84—2001
3	硝酸盐	酚二磺酸分光光度法	0.02	GB 7480—87
		紫外分光光度法	0.08	①
		离子色谱法	0.08	HJ/T 84—2001
4	铁	火焰原子吸收分光光度法	0.03	GB 11911—89
		邻菲啰啉分光光度法	0.03	①
5	锰	高碘酸钾分光光度法	0.02	GB 11906—89
		火焰原子吸收分光光度法	0.01	GB 11911—89
		甲醛肟光度法	0.01	①

注 暂采用下列分析方法，待国家方法标准发布后，执行国家标准。
① 《水和废水监测分析方法（第三版）》，中国环境科学出版社，1989 年。

表 6 集中式生活饮用水地表水源地特定项目分析方法

序号	项 目	分析方法	最低检出限 (mg/L)	方法来源
1	三氯甲烷	顶空气相色谱法	0.0003	GB/T 17130—1997
		气相色谱法	0.0006	①
2	四氯化碳	顶空气相色谱法	0.00005	GB/T 17130—1997
		气相色谱法	0.0003	①
3	三溴甲烷	顶空气相色谱法	0.001	GB/T 17130—1997
		气相色谱法	0.006	①
4	二氯甲烷	顶空气相色谱法	0.0087	①
5	1，2-二氯乙烷	顶空气相色谱法	0.0125	①
6	环氧氯丙烷	气相色谱法	0.02	①
7	氯乙烯	气相色谱法	0.001	①
8	1，1-二氯乙烯	吹出捕集气相色谱法	0.000018	①
9	1，2-二氯乙烯	吹出捕集气相色谱法	0.000012	①
10	三氯乙烯	顶空气相色谱法	0.0005	GB/T 17130—1997
		气相色谱法	0.003	①
11	四氯乙烯	顶空气相色谱法	0.0002	GB/T 17130—1997
		气相色谱法	0.0012	①

序号	项　目	分析方法	最低检出限（mg/L）	方法来源
12	氯丁二烯	顶空气相色谱法	0.002	①
13	六氯丁二烯	气相色谱法	0.00002	①
14	苯乙烯	气相色谱法	0.01	①
15	甲醛	乙酰丙酮分光光度法	0.05	GB 13197—91
		4-氨基-3-联氨-5-疏基-1，2，4-三氮杂茂（AHMT）分光光度法	0.05	①
16	乙醛	气相色谱法	0.24	①
17	丙烯醛	气相色谱法	0.019	①
18	三氯乙醛	气相色谱法	0.001	①
19	苯	液上气相色谱法	0.005	GB 11890—89
		顶空气相色谱法	0.00042	①
20	甲苯	液上气相色谱法	0.005	GB 11890—89
		二硫化碳萃取气相色谱法	0.05	
		气相色谱法	0.01	①
21	乙苯	液上气相色谱法	0.005	GB 11890—89
		二硫化碳萃取气相色谱法	0.05	
		气相色谱法	0.01	①
22	二甲苯	液上气相色谱法	0.005	GB 11890—89
		二硫化碳萃取气相色谱法	0.05	
		气相色谱法	0.01	①
23	异丙苯	顶空气相色谱法	0.0032	①
24	氯苯	气相色谱法	0.01	HJ/T 74—2001
25	1，2-二氯苯	气相色谱法	0.002	GB/T 17131—1997
26	1，4-二氯苯	气相色谱法	0.005	GB/T 17131—1997
27	三氯苯	气相色谱法	0.00004	①
28	四氯苯	气相色谱法	0.00002	①
29	六氯苯	气相色谱法	0.00002	①
30	硝基苯	气相色谱法	0.0002	GB 13194—91
31	二硝基苯	气相色谱法	0.2	①
32	2，4-二硝基甲苯	气相色谱法	0.0003	GB 13194—91
33	2，4，6-三硝基甲苯	气相色谱法	0.1	①
34	硝基氯苯	气相色谱法	0.0002	GB 13194—91
35	2，4-二硝基氯苯	气相色谱法	0.1	①
36	2，4-二氯苯酚	电子捕获—毛细色谱法	0.0004	①
37	2，4，6-三氯苯酚	电子捕获—毛细色谱法	0.00004	①

序号	项　目	分析方法	最低检出限（mg/L）	方法来源
38	五氯酚	气相色谱法	0.00004	GB 8972—88
		电子捕获—毛细色谱法	0.000024	①
39	苯胺	气相色谱法	0.002	①
40	联苯胺	气相色谱法	0.0002	①
41	丙烯酰胺	气相色谱法	0.00015	①
42	丙烯脂	气相色谱法	0.10	①
43	邻苯二甲酸二丁酯	液相色谱法	0.0001	HJ/T 72—2001
44	邻苯二甲酸二（2-乙基己基）酯	气相色谱法	0.0004	①
45	水合肼	对二甲氨基苯甲醛直接分光光度法	0.005	①
46	四乙基铅	双硫腙比色法	0.0001	①
47	吡啶	气相色谱法	0.031	GB/T 14672—93
		巴比土酸分光光度法	0.05	①
48	松节油	气相色谱法	0.02	①
49	苦味酸	气相色谱法	0.001	①
50	丁基黄原酸	铜试剂亚铜分光光度法	0.002	①
51	活性氯	N，N-二乙基对苯二胺（DPD）分光光度法	0.01	①
		3，3′，5，5，—四甲基联苯胺比色法	0.005	①
52	滴滴涕	气相色谱法	0.0002	GB 7492—87
53	林丹	气相色谱法	$4×10^{-6}$	GB 7492—87
54	环氧七氯	液液萃取气相色谱法	0.000083	①
55	对硫磷	气相色谱法	0.00054	GB 13192—91
56	甲基对硫磷	气相色谱法	0.00042	GB 13192—91
57	马拉硫磷	气相色谱法	0.00064	GB 13192—91
58	乐果	气相色谱法	0.00057	GB 13192—91
59	敌敌畏	气相色谱法	0.00006	GB 13192—91
60	敌百虫	气相色谱法	0.000051	GB 13192—91
61	内吸磷	气相色谱法	0.0025	①
62	百菌清	气相色谱法	0.0004	①
63	甲萘威	高效液相色谱法	0.01	①
64	溴氰菊酯	气相色谱法	0.0002	①
		高效液相色谱法	0.002	①
65	阿特拉律	气相色谱法		②
66	苯并（a）芘	乙酰化滤纸层析荧光分光光度法	$4×10^{-6}$	GB 11895—89
		高效液相色谱法	$1×10^{-6}$	GB 3198—91

续表

序号	项　目	分析方法	最低检出限 （mg/L）	方法来源
67	甲基汞	气相色谱法	1×10^{-8}	GB/T 17132—1997
68	多氯联苯	气相色谱法		②
69	微囊藻毒素-LR	高效液相色谱法	0.00001	①
70	黄磷	钼—锑—抗分光光度法	0.0025	①
71	钼	无火焰原子吸收分光光度法	0.00231	①
72	钴	无火焰原子吸收分头光度法	0.00191	①
73	铍	铬菁 R 分光光度法	0.0002	HJ/T 58—2000
		石墨炉原子吸收分光光度法	0.00002	HJ/T 59—2000
		三色素荧光分光光度法	0.0002	①
74	硼	姜黄素分光光度法	0.02	HJ/T 49—1999
		甲亚胺-H 分光光度法	0.2	①
75	锑	氢化原子吸收分光光度法	0.00025	①
76	镍	无火焰原子吸收分光光度法	0.00248	①
77	钡	无火焰原子吸收分光光度法	0.00618	①
78	钒	钽试剂（BPHA）萃取分光光度法	0.018	GB/T 15503—1995
		无火焰原子吸收分光光度法	0.00698	①
79	钛	催化示波极谱法	0.0004	①
		水杨基荧光酮分光光度法	0.02	①
80	铊	无火焰原子吸收分光光度法	1×10^{-6}	①

注　暂采用下列分析方法，待国家方法标准发布后，执行国家标准。
① 《生活饮用水卫生规范》，中华人民共和国卫生部，2001 年。
② 《水和废水标准检验法（第 15 版）》，中国建筑工业出版社，1985 年。

附录2 地下水质量标准

中华人民共和国国家标准
地下水质量标准

Quality standard for ground water

GB/T 14848—93

1 引言

为保护和合理开发地下水资源，防止和控制地下水污染，保障人民身体健康，促进经济建设，特制订本标准。

本标准是地下水勘查评价、开发利用和监督管理的依据。

2 主题内容与适用范围

2.1 本标准规定了地下水的质量分类，地下水质量监测、评价方法和地下水质量保护。

2.2 本标准适用于一般地下水，不适用于地下热水、矿水、盐卤水。

3 引用标准

GB 5750 生活饮用水标准检验方法

4 地下水质量分类及质量分类指标

4.1 地下水质量分类

依据我国地下水水质现状、人体健康基准值及地下水质量保护目标，并参照了生活饮用水、工业、农业用水水质最高要求，将地下水质量划分为五类。

Ⅰ类主要反映地下水化学组分的天然低背景含量。适用于各种用途。

Ⅱ类主要反映地下水化学组分的天然背景含量。适用于各种用途。

Ⅲ类以人体健康基准值为依据。主要适用于集中式生活饮用水水源及工、农业用水。

Ⅳ类以农业和工业用水要求为依据。除适用于农业和部分工业用水外，适当处理后可作生活饮用水。

Ⅴ类不宜饮用，其他用水可根据使用目的选用。

4.2 地下水质量分类指标（见表1）。

表1　　　　　　　　　　　　　　地下水质量分类指标

项目序号	标准值　类别 项目	Ⅰ类	Ⅱ类	Ⅲ类	Ⅳ类	Ⅴ类
1	色（度）	≤5	≤5	≤15	≤25	>25
2	嗅和味	无	无	无	无	有

项目序号	标准值 类别 项目	I 类	II 类	III 类	IV 类	V 类
3	浑浊度（度）	$\leqslant 3$	$\leqslant 3$	$\leqslant 3$	$\leqslant 10$	> 10
4	肉眼可见物	无	无	无	无	有
5	pH 值		6.5～8.5		5.5～6.5，8.5～9	$<5.5，>9$
6	总硬度（以 $CaCO_3$，计）（mg/L）	$\leqslant 150$	$\leqslant 300$	$\leqslant 450$	$\leqslant 550$	> 550
7	溶解性总固体（mg/L）	$\leqslant 300$	$\leqslant 500$	$\leqslant 1000$	$\leqslant 2000$	> 2000
8	硫酸盐（mg/L）	$\leqslant 50$	$\leqslant 150$	$\leqslant 250$	$\leqslant 350$	> 350
9	氯化物（mg/L）	$\leqslant 50$	$\leqslant 150$	$\leqslant 250$	$\leqslant 350$	> 350
10	铁（Fe）（mg/L）	$\leqslant 0.1$	$\leqslant 0.2$	$\leqslant 0.3$	$\leqslant 1.5$	> 1.5
11	锰（Mn）（mg/L）	$\leqslant 0.05$	$\leqslant 0.05$	$\leqslant 0.1$	$\leqslant 1.0$	> 1.0
12	铜（Cu）（mg/L）	$\leqslant 0.01$	$\leqslant 0.05$	$\leqslant 1.0$	$\leqslant 1.5$	> 1.5
13	锌（Zn）（mg/L）	$\leqslant 0.05$	$\leqslant 0.5$	$\leqslant 1.0$	$\leqslant 5.0$	> 5.0
14	钼（Mo）（mg/L）	$\leqslant 0.001$	$\leqslant 0.01$	$\leqslant 0.1$	$\leqslant 0.5$	> 0.5
15	钴（Co）（mg/L）	$\leqslant 0.005$	$\leqslant 0.05$	$\leqslant 0.05$	$\leqslant 1.0$	> 1.0
16	挥发性酚类（以苯酚计）（mg/L）	$\leqslant 0.001$	$\leqslant 0.001$	$\leqslant 0.002$	$\leqslant 0.01$	> 0.01
17	阴离子合成洗涤剂（mg/L）	不得检出	$\leqslant 0.1$	$\leqslant 0.3$	$\leqslant 0.3$	> 0.3
18	高锰酸盐指数（mg/L）	$\leqslant 1.0$	$\leqslant 2.0$	$\leqslant 3.0$	$\leqslant 10$	> 10
19	硝酸盐（以 N 计）（mg/L）	$\leqslant 2.0$	$\leqslant 5.0$	$\leqslant 20$	$\leqslant 30$	> 30
20	亚硝酸盐（以 N 计）（mg/L）	$\leqslant 0.001$	$\leqslant 0.01$	$\leqslant 0.02$	$\leqslant 0.1$	> 0.1
21	氨氮（NH_4）（mg/L）	$\leqslant 0.02$	$\leqslant 0.02$	$\leqslant 0.2$	$\leqslant 0.5$	> 0.5
22	氟化物（mg/L）	$\leqslant 1.0$	$\leqslant 1.0$	$\leqslant 1.0$	$\leqslant 2.0$	> 2.0
23	碘化物（mg/L）	$\leqslant 0.1$	$\leqslant 0.1$	$\leqslant 0.2$	$\leqslant 1.0$	> 1.0
24	氰化物（mg/L）	$\leqslant 0.001$	$\leqslant 0.01$	$\leqslant 0.05$	$\leqslant 0.1$	> 0.1
25	汞（Hg）（mg/L）	$\leqslant 0.00005$	$\leqslant 0.0005$	$\leqslant 0.001$	$\leqslant 0.001$	> 0.001
26	砷（As）（mg/L）	$\leqslant 0.005$	$\leqslant 0.01$	$\leqslant 0.05$	$\leqslant 0.05$	> 0.05
27	硒（Se）（mg/L）	$\leqslant 0.01$	$\leqslant 0.01$	$\leqslant 0.01$	$\leqslant 0.1$	> 0.1
28	镉（Cd）（mg/L）	$\leqslant 0.0001$	$\leqslant 0.001$	$\leqslant 0.01$	$\leqslant 0.01$	> 0.01
29	铬（6 价）（Cr^{6+}）（mg/L）	$\leqslant 0.005$	$\leqslant 0.01$	$\leqslant 0.05$	$\leqslant 0.1$	> 0.1
30	铅（Pb）（mg/L）	$\leqslant 0.005$	$\leqslant 0.01$	$\leqslant 0.05$	$\leqslant 0.1$	> 0.1
31	铍（Be）（mg/L）	$\leqslant 0.00002$	$\leqslant 0.0001$	$\leqslant 0.0002$	$\leqslant 0.001$	> 0.001
32	钡（Ba）（mg/L）	$\leqslant 0.01$	$\leqslant 0.1$	$\leqslant 1.0$	$\leqslant 4.0$	> 4.0
33	镍（Ni）（mg/L）	$\leqslant 0.005$	$\leqslant 0.05$	$\leqslant 0.05$	$\leqslant 0.1$	> 0.1
34	滴滴涕（$\mu g/L$）	不得检出	$\leqslant 0.005$	$\leqslant 1.0$	$\leqslant 1.0$	> 1.0
35	六六六（$\mu g/L$）	$\leqslant 0.005$	$\leqslant 0.05$	$\leqslant 5.0$	$\leqslant 5.0$	> 5.0

续表

项目序号	标准值　　　类别 项目	Ⅰ类	Ⅱ类	Ⅲ类	Ⅳ类	Ⅴ类
36	总大肠菌群（个/L）	≤3.0	≤3.0	≤3.0	≤100	>100
37	细菌总数（个/mL）	≤100	≤100	≤100	≤1000	>1000
38	总 σ 放射性（Bq/L）	≤0.1	≤0.1	≤0.1	>0.1	>0.1
39	总 β 放射性（Bq/L）	≤0.1	≤1.0	≤1.0	>1.0	>1.0

　　根据地下水各指标含量特征，分为 5 类，它是地下水质量评价的基础。以地下水为水源的各类专门用水，在地下水质量分类管理基础上，可按有关专门用水标准进行管理。

5　地下水水质监测

5.1　各地区应对地下水水质进行定期检测。检验方法，按国家标准《生活饮用水标准检验方法》GB 5750 执行。

5.2　各地地下水监测部门，应在不同质量类别的地下水域设立监测点进行水质监测，监测频率不得少于每年二次（丰、枯水期）。

5.3　监测项目为：pH、氨氮、硝酸盐、亚硝酸盐、挥发性酚类、氰化物、砷、汞、铬（6 价）、总硬度、铅、氟、镉、铁、锰、溶解性总固体、高锰酸盐指数、硫酸盐、氯化物、大肠菌群，以及反映本地区主要水质问题的其他项目。

6　地下水质量评价

6.1　地下水质量评价以地下水水质调查分析资料或水质监测资料为基础，可分为单项组分评价和综合评价两种。

6.2　地下水质量单项组分评价，按本标准所列分类指标，划分为 5 类，代号与类别代号相同，不同类别标准值相同时，从优不从劣。

　　例：挥发性酚类Ⅰ、Ⅱ类标准值均为 0.001mg/L，若水质分析结果为 0.001mg/L 时，应定为Ⅰ类，不定为Ⅱ类。

6.3　地下水质量综合评价，采用加附注的评分法。具体要求与步骤如下：

6.3.1　参加评分的项目，应不少于本标准规定的监测项目，但不包括细菌学指标。

6.3.2　首先进行各单项组分评价，划分组分所属质量类别。

6.3.3　对各类别按下列规定（表 2）分别确定单项组分评价分值 F_i。

表 2

类　别	Ⅰ	Ⅱ	Ⅲ	Ⅳ	Ⅴ
F_i	0	1	3	6	10

6.3.4　按式（1）和式（2）计算综合评价分值 F。

$$F = \sqrt{\frac{\overline{F}^2 + F_{anax}^1}{2}} \tag{1}$$

$$\overline{F} = \frac{1}{n} \sum_{i=1}^{n} F_i \qquad\qquad (2)$$

式中　$\overline{F}$——各单项组分评分值 F_i 的平均值；

　　　F_{anax}——单项组分评价分值 F_i 中的最大值；

　　　n——项数。

6.3.5　根据 F 值，按以下规定（表 3）划分地下水质量级别，再将细菌学指标评价类别注在级别定名之后。如"优良（Ⅱ类）"、"较好（Ⅲ类）"。

表 3

级　别	优良	良好	较好	较差	极差
F	<0.80	0.80～<2.50	2.50～<4.25	4.25～<7.20	>7.20

6.4　使用两次以上的水质分析资料进行评价时，可分别进行地下水质量评价，也可根据具体情况，使用全年平均值和多年平均值或分别使用多年的枯水期、丰水期平均值进行评价。

6.5　在进行地下水质量评价时，除采用本方法外，还可采用其他评价方法进行对比。

7　地下水质量保护

7.1　为防止地下水污染和过量开采、人工回灌等引起的地下水质量恶化，保护地下水水源，必须按《中华人民共和国水污染污染防治法》和《中华人民共和国水法》有关规定执行。

7.2　利用污水灌溉、污水排放、有害废弃物（城市垃圾、工业废渣、核废料等）的堆放和地下处置，必须经过环境地质可行性论证及环境影响评价，征得环境保护部门批准后方能施行。

　附加说明
　本标准由中华人民共和国地质矿产部提出。
　本标准由地质矿产部地质环境管理司、地质矿产部水文地质工程地质研究所归口。
　本标准由地质矿产部地质环境管理司、地质矿产部水文地质工程地质研究所、全国环境水文地质总站、吉林省环境水文地质总站、河南省水文地质总站、陕西省环境水文地质总站、广西壮族自治区环境水文地质总站、江西省环境地质大队负责起草。
　本标准主要起草人李梅玲、张锡根、阎葆瑞、李京森、苗长青、吕水明、沈小珍、席文跃、多超美、雷觐韵。

附录 3 污水综合排放标准

中华人民共和国国家标准
污水综合排放标准

Integrated wastewater discharge standard

GB 8978—1996 替代 GB 8978—88

国家技术监督局 1996.10.4 发布 1998.1.1 实施

为贯彻《中华人民共和国环境保护法》、《中华人民共和国水污染防治法》和《中华人民共和国海洋环境保护法》，控制水污染，保护江河、湖泊、运河、渠道、水库和海洋等地面水以及地下水质的良好状态，保障人体健康，维护生态平衡，促进国民经济和城乡建设的发展，特制定本标准。

1 主题内容与适用范围

1.1 主题内容

本标准按照污水排放去向，分年限规定了 69 种水污染物最高允许排放浓度及部分行业最高允许排水量。

1.2 适用范围

本标准适用于现有单位水污染物的排放管理，以及建设项目的环境影响评价、建设项目环境保护设施设计、竣工验收及其投产后的排放管理。

按照国家综合排放标准与国家行业排放标准不交叉执行的原则，造纸工业执行《造纸工业水污染物排放标准》（GB 3544—92），船舶执行《船舶污染物排放标准》（GB 3552—83），船舶工业执行《船舶工业污染物排放标准》（GB 4286—84），海洋石油开发工业执行《海洋石油开发工业含油污水排放标准》（GB 4914—85），纺织染整工业执行《纺织染整工业水污染物排放标准》（GB 4287—92），肉类加工工业执行《肉类加工工业水污染物排放标准》（GB 13457—92），合成氨工业执行《合成氨工业水污染物排放标准》（GB 13458—92），钢铁工业执行《钢铁工业水污染物排放标准》（GB 13456—92），航天推进剂使用执行《航天推进剂水污染物排放标准》（GB 14374—93），兵器工业执行《兵器工业水污染物排放标准》（GB 14470.1—14470.3—93 和 GB 4274—4279—84），磷肥工业执行《磷肥工业水污染物排放标准》（GB 15580—95），烧碱聚氯乙烯工业执行《烧碱聚氯乙烯工业水污染染物排放标准》（GB 15581—95），其他水污染物排放均执行本标准。

1.3 本标准颁布后，新增加国家行业水污染物排放标准的行业，其适用范围执行相应的国家水污染物行业标准，不再执行本标准。

2 引用标准

下列标准所包含的条文，通过在本标准中引用而构成为本标准的条文。

GB 3097—82　海水水质标准

GB 3838—88　地面水环境质量标准

GB 8703—88　辐射防护规定

3　定义

3.1　污水：指在生产与生活活动中排放的水的总称。

3.2　排水量：指在生产过程中直接用于工艺生产的水的排放量。不包括间接冷却水、厂区锅炉、电站排水。

3.3　一切排污单位：指本标准适用范围所包括的一切排污单位。

3.4　其他排污单位：指在某一控制项目中，除所列行业外的一切排污单位。

4　技术内容

4.1　标准分级

4.1.1　排入 GB 3838 Ⅲ类水域（划定的保护区和游泳区除外）和排入 GB 3097 中Ⅱ类海域的污水，执行一级标准。

4.1.2　排入 GB 3838 中Ⅳ、Ⅴ类水域和排入 GB 3097 中Ⅲ类海域的污水，执行二级标准。

4.1.3　排入设置二级污水处理厂的城镇排水系统的污水，执行三级标准。

4.1.4　排入未设置二级污水处理厂的城镇排水系统的污水，必须根据排水系统出水受纳水域的功能要求，分别执行 4.1.1 和 4.1.2 的规定。

4.1.5　GB 3838 中Ⅰ、Ⅱ类水域和Ⅲ类水域中划定的保护区和游泳区，GB 3097 中Ⅰ类海域，禁止新建排污口，现有排污口应按水体功能要求，实行污染物总量控制，以保证受纳水体水质符合规定用途的水质标准。

4.2　标准值

4.2.1　本标准将排放的污染物按其性质及控制方式分为两类。

4.2.1.1　第Ⅰ类污染物，不分行业和污水排放方式，也不分受纳水体的功能类别，一律在车间或车间处理设施排放口采样，其最高允许排放浓度必须达到本标准要求（采矿行业的尾矿坝出水口不得视为车间排放口）。

4.2.1.2　第Ⅱ类污染物，在排污单位排放口采样，其最高允许排放浓度必须达到本标准要求。

4.2.2　本标准按年限规定了第Ⅰ类污染物和第Ⅱ类污染物最高允许排放浓度及部分行业最高允许排水量，分别为：

4.2.2.1　1997 年 12 月 31 日之前建设（包括改、扩建）的单位，水污染物的排放必须同时执行表 1、表 2、表 3 的规定。

4.2.2.2　1998 年 1 月 1 日起建设（包括改、扩建）的单位，水污染物的排放必须同时执行表 1、表 3、表 4 的规定。

4.2.2.3　建设（包括改、扩建）单位的建设时间，以环境影响评价报告书（表）批准日期为准划分。

4.3　其他规定

4.3.1 同一排放口排放两种或两种以上不同类别的污水,且每种污水的排放标准又不同时,其混合污水的排放标准按附录 A 计算。

4.3.2 工业污水污染物的最高允许排放负荷量按附录 B 计算。

4.3.3 污染物最高允许年排放总量按附录 C 计算。

4.3.4 对于排放含有放射性物质的污水,除执行本标准外,还须符合《辐射防护规定》(GB 8703—88)的规定。

表 1　　　　　　　　　　　第 Ⅰ 类污染物最高允许排放浓度　　　　　　　　　　单位:mg/L

序号	污染物	最高允许排放浓度	序号	污染物	最高允许排放浓度
1	总汞	0.05	8	总镍	1.0
2	烷基汞	不得检出	9	苯并(a)芘	0.00003
3	总镉	0.1	10	总铍	0.005
4	总铬	1.5	11	总银	0.5
5	6 价铬	0.5	12	总 α 放射性	1Bq/L
6	总砷	0.5	13	总 β 放射性	10Bq/L
7	总铅	1.0			

表 2　　　　　　　　　　　　第 Ⅱ 类污染物最高允许排放浓度
(1997 年 12 月 31 日之前建设的单位)　　　　　　　　　　单位:mg/L

序号	污染物	适用范围	一级标准	二级标准	三级标准
1	pH 值	一切排污单位	6~9	6~9	6~9
2	色度 (稀释倍数)	染料工业	50	180	—
		其他排污单位	50	80	—
3	悬浮物 (SS)	采矿、选矿、选煤工业	100	300	—
		脉金选矿	100	500	—
		边远地区砂金选矿	100	800	—
		城镇二级污水处理厂	20	30	—
		其他排污单位	70	200	400
4	5 日生化需氧量 (BOD₅)	甘蔗制糖、苎麻脱胶、湿法纤维板工业	30	100	600
		甜菜制糖、酒精、味精、皮革、化纤浆粕工业	30	150	600
		城镇二级污水处理厂	20	30	—
		其他排污单位	30	60	300
5	化学需氧量 (COD)	甜菜制糖、焦化、合成脂肪酸、湿法纤维板、染料、洗毛、有机磷农药工业	100	200	1000
		味精、酒精、医药原料药、生物制药、苎麻脱胶、皮革、化纤浆粕工业	100	300	1000
		石油化工工业(包括石油炼制)	100	150	500
		城镇二级污水处理厂	60	120	—
		其他排污单位	100	150	500

续表

序号	污染物	适用范围	一级标准	二级标准	三级标准
6	石油类	一切排污单位	10	10	30
7	动植物油	一切排污单位	20	20	100
8	挥发酚	一切排污单位	0.5	0.5	2.0
9	总氰化合物	电影洗片（铁氰化合物）	0.5	5.0	5.0
		其他排污单位	0.5	0.5	1.0
10	硫化物	一切排污单位	1.0	1.0	2.0
11	氨氮	医药原料药、染料、石油化工工业	15	50	—
		其他排污单位	15	25	—
12	氟化物	黄磷工业	10	20	20
		低氟地区（水体含氟量小于 0.5mg/L）	10	20	30
		其他排污单位	10	10	20
13	磷酸盐（以 P 计）	一切排污单位	0.5	1.0	—
14	甲醛	一切排污单位	1.0	2.0	5.0
15	苯胺类	一切排污单位	1.0	2.0	5.0
16	硝基苯类	一切排污单位	2.0	3.0	5.0
17	阴离子表面活性剂（LAS）	合成洗涤剂工业	5.0	15	20
		其他排污单位	5.0	10	20
18	总铜	一切排污单位	0.5	1.0	2.0
19	总锌	一切排污单位	2.0	5.0	5.0
20	总锰	合成脂肪酸工业	2.0	5.0	5.0
		其他排污单位	2.0	2.0	5.0
21	彩色显影剂	电影洗片	2.0	3.0	5.0
22	显影剂及氧化物总量	电影洗片	3.0	6.0	6.0
23	元素磷	一切排污单位	0.1	0.3	0.3
24	有机磷农药（以 P 计）	一切排污单位	不得检出	0.5	0.5
25	粪大肠菌群数	医院*、兽医院及医疗机构含病原体污水	500 个/L	1000 个/L	5000 个/L
		传染病、结核病医院污水	100 个/L	500 个/L	1000 个/L
26	总余氯（采用氯化消毒的医院污水）	医院*、兽医院及医疗机构含病原体污水	<0.5**	≥3（接触时间≥1h）	≥2（接触时间1h）
		传染病、结核病医院污水	<0.5**	≥6.5（接触时间≥1.5h）	≥5（接触时间≥1.5h）

* 指 50 个床位以上的医院。

** 加氯消毒后须进行脱氯处理，达到本标准。

表 3　　　　　　　　　　　**第 Ⅱ 类污染物最高允许排放浓度**

（1998 年 1 月 1 日后建设的单位）　　　　　　　　　　单位：mg/L

序号	污染物	适用范围	一级标准	二级标准	三级标准
1	pH 值	一切排污单位	6～9	6～9	6～9
2	色度（稀释倍数）	一切排污单位	50	80	—
3	悬浮物（SS）	采矿、选矿、选煤工业	70	300	—
		脉金选矿	70	400	—
		边远地区砂金选矿	70	800	—
		城镇二级污水处理厂	20	30	—
		其他排污单位	70	150	400
4	5 日生化需氧量（BOD$_5$）	甘蔗制糖、苎麻脱胶、湿法纤维板、染料、洗毛工业	20	60	600
		甜菜制糖、酒精、味精、皮革、化纤浆粕工业	20	100	600
		城镇二级污水处理厂	20	30	—
		其他排污单位	20	30	300
5	化学需氧量（COD）	甜菜制糖、合成脂肪酸、湿法纤维板、染料、洗毛、有机磷农药工业	100	200	1000
		味精、酒精、医药原料药、生物制药、苎麻脱胶、皮革、化纤浆粕工业	100	300	1000
		石油化工工业（包括石油炼制）	60	120	500
		城镇二级污水处理厂	60	120	—
		其他排污单位	100	150	500
6	石油类	一切排污单位	5	10	20
7	动、植物油	一切排污单位	10	15	100
8	挥发酚	一切排污单位	0.5	0.5	2.0
9	总氰化合物	一切排污单位	0.5	0.5	1.0
10	硫化物	一切排污单位	1.0	1.0	1.0
11	氨氮	医药原料药、染料、石油化工工业	15	50	—
		其他排污单位	15	25	—
12	氟化物	黄磷工业	10	15	20
		低氟地区（水体含氟量小于 0.5mg/L）	10	20	30
		其他排污单位	10	10	20
13	磷酸盐（以 P 计）	一切排污单位	0.5	1.0	—
14	甲醛	一切排污单位	1.0	2.0	5.0
15	苯胺类	一切排污单位	1.0	2.0	5.0
16	硝基苯类	一切排污单位	2.0	3.0	5.0
17	阴离子表面活性剂（LAS）	一切排污单位	5.0	10	20
18	总铜	一切排污单位	0.5	1.0	2.0

序号	污染物	适用范围	一级标准	二级标准	三级标准
19	总锌	一切排污单位	2.0	5.0	5.0
20	总锰	合成脂肪酸工业	2.0	5.0	5.0
		其他排污单位	2.0	2.0	5.0
21	彩色显影剂	电影洗片	1.0	2.0	3.0
22	显影剂及氧化物总量	电影洗片	3.0	3.0	6.0
23	元素磷	一切排污单位	0.1	0.1	0.3
24	有机磷农药（以 P 计）	一切排污单位	不得检出	0.5	0.5
25	乐果	一切排污单位	不得检出	1.0	2.0
26	对硫磷	一切排污单位	不得检出	1.0	2.0
27	甲基对硫磷	一切排污单位	不得检出	1.0	2.0
28	马拉硫磷	一切排污单位	不得检出	5.0	10
29	五氯酚及五氯酚钠（以五氯酚计）	一切排污单位	5.0	8.0	10
30	可吸附有机卤化物（AOX）（以 Cl 计）	一切排污单位	1.0	5.0	8.0
31	三氯甲烷	一切排污单位	0.3	0.6	1.0
32	四氯化碳	一切排污单位	0.03	0.06	0.5
33	三氯乙烯	一切排污单位	0.3	0.6	1.0
34	四氯乙烯	一切排污单位	0.1	0.2	0.5
35	苯	一切排污单位	0.1	0.2	0.5
36	甲苯	一切排污单位	0.1	0.2	0.5
37	乙苯	一切排污单位	0.4	0.6	1.0
38	邻-二甲苯	一切排污单位	0.4	0.6	1.0
39	对-二甲苯	一切排污单位	0.4	0.6	1.0
40	间-二甲苯	一切排污单位	0.4	0.6	1.0
41	氯苯	一切排污单位	0.2	0.4	1.0
42	邻二氯苯	一切排污单位	0.4	0.6	1.0
43	对二氯苯	一切排污单位	0.4	0.6	1.0
44	对硝基氯苯	一切排污单位	0.5	1.0	5.0
45	2，4-二硝基氯苯	一切排污单位	0.5	1.0	5.0
46	苯酚	一切排污单位	0.3	0.4	1.0
47	间-甲酚	一切排污单位	0.1	0.2	0.5
48	2，4-二氯酚	一切排污单位	0.6	0.8	1.0
49	2，4，6-三氯酚	一切排污单位	0.6	0.8	1.0

续表

序号	污染物	适用范围	一级标准	二级标准	三级标准
50	邻苯二甲酸二丁酯	一切排污单位	0.2	0.4	2.0
51	邻苯二甲酸二辛酯	一切排污单位	0.3	0.6	2.0
52	丙烯腈	一切排污单位	2.0	5.0	5.0
53	总硒	一切排污单位	0.1	0.2	0.5
54	粪大肠菌群数	医院*、兽医院及医疗机构含病原体污水	500 个/L	1000 个/L	5000 个/L
		传染病、结核病医院污水	100 个/L	500 个/L	1000 个/L
55	总余氯（采用氯化消毒的医院污水）	医院*、兽医院及医疗机构含病原体污水	<0.5**	>3（接触时间≥1h）	>2（接触时间≥1h）
		传染病、结核病医院污水	<0.5**	>6.5（接触时间≥1.5h）	>5（接触时间≥1.5h）
56	总有机碳（TOC）	合成脂肪酸工业	20	40	—
		苎麻脱胶工业	20	60	—
		其他排污单位	20	30	—

注　其他排污单位：指除在该控制项目中所列行业以外的一切排污单位。

*　50 个床位以上的医院。

**　加氯消毒后须进行脱氯处理，达到本标准。

5　监测

5.1　采样点

采样点应按 4.2.1.1 及 4.2.1.2 第Ⅰ、Ⅱ类污染物排放口的规定设置，在排放口必须设置排放口标志、污水水量计量装置和污水比例采样装置。

5.2　采样频率

工业污水按生产周期确定监测频率。生产周期在 8h 以内的，每 2h 采样一次；生产周期大于 8h 的，每 4h 采样一次。其他污水采样，24h 不少于 2 次。最高允许排放浓度按日均值计算。

5.3　排水量

以最高允许排水量或最低允许水重复利用率来控制，均以月均值计。

5.4　统计

企业的原材料使用量、产品产量等，以法定月报表或年报表为准。

5.5　测定方法

本标准采用的测定方法见表 4。

表 4　　　　　测　定　方　法

序号	项目	测　定　方　法	方法来源
1	总汞	冷原子吸收光度法	GB 7468—87
2	烷基汞	气相色谱法	GB/T 14204—93

续表

序号	项目	测 定 方 法	方法来源
3	总镉	原子吸收分光光度法	GB 7475—87
4	总铬	高锰酸钾氧化-二苯碳酰二肼分光光度法	GB 7466—87
5	6 价铬	二苯碳酰二肼分光光度法	GB 7467—87
6	总砷	二乙在二硫代氨基甲酸银分光光度法	GB 7485—87
7	总铅	原子吸收分光光度法	GB 7475—87
8	总镍	火焰原子吸收分光光度法	GB 11912—89
		丁二酮肟分光光度法	GB 11910—89
9	苯并（a）芘	纸层析-荧光分光光度法	GB 5750—85
		乙酰化滤纸层析荧光分光光度法	GB11895—89
10	总铍	活性炭吸附—铬天菁 S 光度法	①
11	总银	火焰原子吸收分光光度法	GB11907—89
12	总 α	物理法	②
13	总 β	物理法	②
14	pH 值	玻璃电极法	GB6920—86
15	色度	稀释倍数法	GB11903—89
16	悬浮物	重量法	GB11901—89
17	生化需氧量（BOD₅）	稀释与接种法	GB7488—87
		重铬酸钾紫外光度法	待颁布
18	化学需氧量（COD）	重铬酸钾法	GB11914—89
19	石油类	红外光度法	GB/T 16488—1996
20	动植物油	红外光度法	GB/T 16488—1996
21	挥发酚	蒸馏后用 4 -氨基安替比林分光光度法	GB 7490—87
22	总氰化物	硝酸银滴定法	GB 7486—87
23	硫化物	亚甲基蓝分光光度法	GB /T16489—1996
24	氨氮	蒸馏和滴定法	GB 7479—87
25	氟化物	离子选择电极法	GB 7484—87
26	磷酸盐	钼蓝比色法	①
27	甲醛	乙酰丙酮分光光度法	GB 13197—91
28	苯胺类	N–（1-萘基）乙二胺偶氮分光光度法	GB 11889—89
29	硝基苯类	还原-偶氮比色法或分光光度法	①
30	阴离子表面活性剂	亚甲蓝分光光度法	GB 17494—87
31	总铜	原子吸收分光光度法	GB 7475—87
		二乙基二硫化氨基甲酸钠分光光度法	GB 7474—87
32	总锌	原子吸收分光光度法	GB 7475—87
		双硫腙分光光度法	GB 7472—87

续表

序号	项目	测 定 方 法	方法来源
33	总锰	火焰原子吸收分光光度法	GB 11911—89
		高碘酸钾分光光度法	GB 11906—89
34	彩色显影剂	169 成色剂法	③
35	显影剂及氧化物总量	碘—淀粉比色法	③
36	元素磷	磷钼蓝比色法	③
37	有机磷农药（以 P 计）	有机磷农药的测定	GB 13192—91
38	乐果	气相色谱法	GB 13192—91
39	对硫磷	气相色谱法	GB 13192—91
40	甲基对硫磷	气相色谱法	GB 13192—91
41	马拉硫磷	气相色谱法	GB 13192—91
42	五氯酚及五氯酚钠（以五氯酚计）	气相色谱法	GB 8972—88
		藏红 T 分光光度法	GB 9803—88
43	可吸附有机卤化物（AOX）（以 Cl 计）	微库仑法	GB /T15959—95
44	三氯甲烷	气相色谱法	待颁布
45	四氯化碳	气相色谱法	待颁布
46	三氯乙烯	气相色谱法	待颁布
47	四氯乙烯	气相色谱法	待颁布
48	苯	气相色谱法	GB 11890—89
49	甲苯	气相色谱法	GB 11890—89
50	乙苯	气相色谱法	GB 11890—89
51	邻-二甲苯	气相色谱法	GB 11890—89
52	对-二甲苯	气相色谱法	GB 11890—89
53	间-二甲苯	气相色谱法	GB 11890—89
54	氯苯	气相色谱法	待颁布
55	邻二氯苯	气相色谱法	待颁布
56	对二氯苯	气相色谱法	待颁布
57	对硝基氯苯	气相色谱法	GB 13194—91
58	2，4 -二硝基氯苯	气相色谱法	GB 13194—91
59	苯酚	气相色谱法	待颁布
60	间-甲酚	气相色谱法	待颁布
61	2，4 -二氯酚	气相色谱法	待颁布
62	2，4，6 -三氯酚	气相色谱法	待颁布
63	邻苯二甲酸二丁酯	气相、液相色谱法	待颁布
64	邻苯二甲酸二辛酯	气相、液相色谱法	待颁布
65	丙烯腈	气相色谱法	待颁布

续表

序号	项目	测定方法	方法来源
66	总硒	2，3-二氨基萘荧光法	GB 11902—89
67	粪大肠菌群数	多管发酵法	①
68	余氯量	N，N-二乙基-1，4-苯二胺分光光度法	GB 11898—89
		N，N-二乙基-1，4-苯二胺滴定法	GB 11897—89
69	总有机碳（TOC）	非色散红外吸收法	待制定
		直接紫外荧光法	待制定

注 暂采用下列方法，待国家方法标准发布后，执行国家标准。
① 《水和废水监测分析方法（第三版）》，中国环境科学出版社，1989 年。
② 《环境监测技术规范（放射性部分）》，国家环境保护局。

6　标准实施监督

6.1　本标准由县级以上人民政府环境保护行政主管部门负责监督实施。

6.2　省、自治区、直辖市人民政府对执行国家水污染物排放标准不能保证达到水环境功能要求时，可以制定严于国家水污染物排放标准的地方水污染物排放标准，并报国家环境保护行政主管部门备案。

附录 A（标准的附录）

关于排放单位在同一个排污口排放两种或两种以上工业污水，且每种工业污水中同一污染物的排放标准又不同时，可采用以下方法计算混合排放时该污染物的最高允许排放浓度（$C_{混合}$）。

$$C_{混合} = \frac{\sum_{i=1}^{n} C_i Q_i Y_i}{\sum_{i=1}^{n} Q_i Y_i}$$

式　　$C_{混合}$——混合污水某污染物最高允许排放浓度，mg/L；

　　　C_i——不同工业污水某污染物最高允许排放浓度，mg/L；

　　　Q_i——不同工业的最高允许排水量，m^3/t(产品)；

　　　Y_i——某种工业产品产量（t/d，以月平均计）。

（本标准未作规定的行业，其最高允许排水量由地方环保部门与有关部门协商确定）。

附录 B（标准的附录）

工业污水污染物最高允许排放负荷计算：

$$L_负 = C \times Q \times 10^{-3}$$

式中　$L_负$——工业污水污染物最高允许排放负荷，kg/t（产品）；

　　　C——某污染物最高允许排放浓度，mg/L；

Q——某工业的最高允许排水量，m³/t（产品）。

附录 C（标准的附录）

　　某污染物最高允许年排放总量的计算：

$$L_总 = L_负 \times Y \times 10^{-3}$$

式中　$L_总$——某污染物最高允许年排放量，t/a；

　　　$L_负$——某污染物最高允许排放负荷，kg/t（产品）；

　　　Y——核定的产品年产品，t（产品）/a。

附录 4 常用元素国际相对原子质量表

元素	符号	相对原子质量	元素	符号	相对原子质量	元素	符号	相对原子质量
银	Ag	107.8682	钆	Gd	157.25	铂	Pt	195.078
铝	Al	26.98154	锗	Ge	72.61	镭	Ra	226.0254
氩	Ar	39.948	氢	H	1.00794	铷	Rb	85.4678
砷	As	74.9216	氦	He	4.00260	铼	Re	186.207
金	Au	196.9665	汞	Hg	200.59	铑	Rh	102.9055
硼	B	10.811	碘	I	126.9045	钌	Ru	101.072
钡	Ba	137.33	铟	In	114.82	硫	S	32.066
铍	Be	9.01218	钾	K	39.0983	锑	Sb	121.760
铋	Bi	208.9804	氪	Kr	83.80	钪	Sc	44.95591
溴	Br	79.904	镧	La	138.9055	硒	Se	78.963
碳	C	12.011	锂	Li	6.941	硅	Si	28.0855
钙	Ca	40.078	镥	Lu	174.967	钐	Sm	150.36
镉	Cd	112.41	镁	Mg	24.305	锡	Sn	118.710
铈	Ce	140.12	锰	Mn	54.9380	锶	Sr	87.62
氯	Cl	35.453	钼	Mo	95.94	钽	Ta	180.9479
钴	Co	58.9332	氮	N	14.0067	碲	Te	127.60
铬	Cr	51.9961	钠	Na	22.98977	钍	Th	232.0381
铯	Cs	132.9054	钕	Nd	144.24	钛	Ti	47.867
铜	Cu	63.546	氖	Ne	20.1797	铊	Tl	204.383
镝	Dy	1 62.50	镍	Ni	58.69	铀	U	238.0289
铒	Er	167.26	氧	O	15.9994	钒	V	50.9415
铕	Eu	15 1.964	磷	P	30.97376	钨	W	183.84
氟	F	18.998403	铅	Pb	207.2	钇	Y	88.90585
铁	Fe	55.845	钯	Pd	106.42	锌	Zn	65.39
镓	Ga	69.723	镨	Pr	140.90765	锆	Zr	91.224

参 考 文 献

［1］ 国家环境保护总局《水和废水监测分析方法》编委会. 水和废水监测分析方法 ［M］. 第 4 版. 北京：中国环境出版社，2006.

［2］ 李青山，李怡亭. 水环境监测实用手册 ［M］. 北京：中国水利水电出版社，2003.

［3］ 中华人民共和国水利部. 水环境监测规范 （SL 219—98）［S］. 北京：中国水利水电出版社，1998.

［4］ 国家环境保护总局. 地表水和污水监测技术规范 （HJ/T 91—2002）［S］. 北京：中国环境科学出版社，2002.

［5］ 2011 年中国环境状况公报. 中国环境监测总站，2012.

［6］ 姚运先. 水环境监测 ［M］. 北京：化学工业出版社，2005.

［7］ 张尧旺. 水质监测与评价 ［M］. 郑州：黄河水利出版社，2008.

［8］ 夏宏生. 城镇给排水工程水质检测 ［M］. 北京：中国水利水电出版社，2011.

［9］ 王有志. 水质分析技术 ［M］. 北京：化学工业出版社，2007.

［10］ 雒文生，李怀恩. 水环境保护 ［M］. 北京：中国水利水电出版社，2009.

［11］ 奚旦立，等. 环境监测 ［M］. 修订版. 北京：高等教育出版社，1996.

［12］ 孙成. 环境监测实验 ［M］. 第 2 版. 北京：科学出版社，2010.

［13］ 陈静生. 河流水质原理及中国河流水质 ［M］. 北京：科学出版社，2006.

［14］ 刘健. 废水污染源在线监控系统理论与实践 ［M］. 郑州：黄河水利出版社，2007.

［15］ 李虎. 环境自动连续监测技术 ［M］. 北京：化学工业出版社，2008.